Go语言

程序设计及实例

郑阿奇 ◎ 主编

電子工業出版社
Publishing House of Electronics Industry
北京 · BEIJING

内 容 简 介

Go语言，也称Golang，是由谷歌公司开发的一种静态强类型、编译型、并发型，具有垃圾回收功能的编程语言。目前，Go语言已经成为互联网后端开发的主流语言之一。

本书共13章，第1～7章介绍Go语言基础知识，包括Go语言及编程环境、Go语言基础、Go语言面向对象编程、Go语言并发编程、源代码组织与管理、文件与数据库操作、Go语言网络编程；第8～13章介绍Go语言应用开发，包括Go语言微服务开发入门、Go语言基础实训：日期-星期计算器、Go语言面向对象和并发实训：高铁订票系统、与Go语言微服务交互文件实训：Python网上商店、与Go语言混合编程实训：Qt简版微信、与Go语言微服务交互数据库实训：PHP学生成绩管理系统。

本书可以作为高等学校和高等职业院校Go语言相关专业的教材，也可以作为Go语言自学人员和培训学校的参考书。

图书在版编目（CIP）数据

Go 语言程序设计及实例 / 郑阿奇主编. -- 北京 :
电子工业出版社, 2024. 10. -- ISBN 978-7-121-49431
-4

Ⅰ. TP312

中国国家版本馆 CIP 数据核字第 2025H0M530 号

责任编辑：李书乐
印　　刷：三河市良远印务有限公司
装　　订：三河市良远印务有限公司
出版发行：电子工业出版社
　　　　　北京市海淀区万寿路 173 信箱　　　　邮编：100036
开　　本：787×1092　　1/16　　印张：20.75　　字数：557.76 千字
版　　次：2024 年 10 月第 1 版
印　　次：2024 年 10 月第 1 次印刷
定　　价：65.00 元

前 言

Go 语言于 2009 年 11 月被正式推出，成为开放源代码项目，并在 Linux 及 macOS 平台上进行了实现，后来追加了在 Windows 平台上的实现。

Go 语言的语法接近 C 语言，但对于变量的声明与 C 语言有所不同。Go 语言具有垃圾回收功能。Go 语言的并行模型是以托尼·霍尔的通信顺序进程（Communicating Sequential Processes，CSP）为基础的，采取类似模型的其他语言包括 Occam 和 Limbo。除此之外，它还具有 PI（π）运算的特征，如通道传输。Go 1.8 版本加入了对开放插件（Plugin）的支持，这意味着现在能从 Go 语言中动态加载部分函数。Go 2.0 版本支持泛型；类型断言虽然存在，但不太推荐使用；不支持类型继承。不同于 Java 语言，Go 语言内嵌了关联数组[也被称为哈希表（Hashes）或字典（Dictionaries）]，类似于字符串类型。

目前，Go 语言已经成为互联网后端开发的主流语言之一，每半年发布一个二级版本（从 a.x 升级到 a.y，其中 a 是大版本号，x 和 y 是小版本号）。目前市场上有很多介绍 Go 语言基本内容的书籍，但介绍 Go 语言应用开发的书籍很少，本书不仅系统地介绍了 Go 语言的基础知识，而且针对当下各种流行的应用场景以一个个详实的实训案例生动地演示了实际应用的开发过程，让读者能够快速上手各类典型的 Go 应用项目。

本书共 13 章，第 1～7 章介绍 Go 语言基础知识，包括 Go 语言及编程环境、Go 语言基础、Go 语言面向对象编程、Go 语言并发编程、源代码组织与管理、文件与数据库操作、Go 语言网络编程；第 8～13 章介绍 Go 语言应用开发，包括 Go 语言微服务开发入门、Go 语言基础实训：日期-星期计算器、Go 语言面向对象和并发实训：高铁订票系统、与 Go 语言微服务交互文件实训：Python 网上商店、与 Go 语言混合编程实训：Qt 简版微信、与 Go 语言微服务交互数据库实训：PHP 学生成绩管理系统。

本书配套提供 PPT、Go 语言基础应用实例和 Go 语言应用开发工程，读者可以在电子工业出版社官方网站上免费下载。通过学习本书和上机操作实践，读者可以在较快的时间内掌握 Go 语言及其应用开发方法。

由于本书采用黑白印刷，因此无法呈现彩色效果，请读者结合程序运行界面进行学习。

本书由南京师范大学郑阿奇主编，还有部分同志参与了编写、应用实例的开发和 PPT 的制作，在此一并表示感谢！由于编者水平有限，书中难免存在不足之处，敬请广大读者批评与指正。

意见建议邮箱：easybooks@163.com。

编　者

2024.6

目录

第 1 章 Go 语言及编程环境

1.1 Go 语言简介

1.1.1 诞生背景

现代互联网应用系统的规模越来越大，功能模块数量呈指数级增长，而新功能从开发到上线的周期却越来越短，对大量新加入互联网的小微企业来说，应用产品的快速迭代是保证其存活的关键，但是使用传统语言编写的应用程序在规模很大时哪怕只是一次小的升级，重新编译和部署整个系统的代价也是巨大的。另外，应用程序大多部署在“云”上，实现云计算的基础设施大多是多核 CPU 的服务器（集群），而传统语言（如 C、C++、Java 等）都是单核 CPU 时代的产物，缺乏对并发的有力支持，无法在语言层面充分发挥多核编程的优势。

为应对新时代互联网下应用程序的需要，谷歌公司的 Robert Griesemer、Rob Pike 和 Ken Thompson 于 2007 年 9 月开始着手设计一种全新的编程语言——Go 语言，随后 Ian Lance Taylor 和 Russ Cox 加入该项目，Go 语言不仅原生支持并发多核编程，极大提升了编译速度，而且彻底摒弃了传统语言中很多复杂（并不实用）的语法，让程序员能集中精力解决实际应用问题而不是身陷语言本身的“坑”中。Go 语言一经推出就广受欢迎，于 2009 年 11 月开放源代码，并在 Linux 及 macOS 平台上进行了实现，后来还追加了在 Windows 平台上的实现。

1.1.2 设计哲学

1. 少即是多

少即是多是 Go 语言的核心理念，由其创始人之一罗布·派克（出自他在 2012 年 Go SF 会议上发表的 *Less is exponentially more* 一文）提出。它借鉴了“大道至简”的思想，从设计伊始就没有刻意追求语言特性的大而全，而是通过以下几种方式给语言“做减法”。

1）做任何事只提供一种方法

正如用一个方向盘就可以控制汽车行驶，因此没必要生产具有多个方向盘甚至复杂方向变换系统的汽车。Go 语言只有 for 循环语句，不像其他语言还有 while、do while、foreach 等多种循环语句。其只提供一种方法做事情，旨在把事情做到极致，不提供雷同的功能和语句，有效地避免了混乱，解放了程序员。

2）提供正交的语言特性

数学中的正交是指两个向量垂直，现实中的正交是指多个因素中的一个发生变化，不会影响其他因素。例如，Go 语言中的协程、接口、类型系统之间是相互独立（正交）的，因此在编程中通过组合运用这些特性，可以极大地提升语言表现力，实现很多复杂的功能。

3）遵循“二八定律”

在编程领域中也有一个所谓的“二八定律”，即百分之八十的代码仅使用百分之二十的语言特性。可见，单纯地增加语言特性并不能保证开发效率的提升，原因是它会增加复杂性，使程序员更容易犯错。所以，Go 语言果断抛弃了类似 C++语言的运算符重载、多重继承等不常用的语言特性，将很多复杂的语言特性改为通过库等其他形式来支持，在保持语言本身简洁、优雅的前提下，功能丝毫不弱于 C++语言。

2. 世界是组合的

世界是由物质组合而成的，微观世界由夸克、电子等基本粒子组合成分子和原子；宏观世界由恒星、行星组合成星系（团）。

Go 语言的设计者从物质世界的构成模式得到启发，发现“组合”才是世间万物较为基本和常见的关系，而过往的以“继承”为基础的面向对象语言（典型代表为 Java），在对事物的描述上存在根本的缺陷，类和对象更适合表现孤立的单个事物，一旦涉及多个事物间的复杂交互就会出现各种问题，为此，Go 语言的设计者提出“组合优于继承”的观点，采用组合的方式来描述对象之间的关系，更贴近真实的自然世界。

Go 语言没有像 Java 语言一样完全面向对象，而是结合了面向过程、函数式设计及面向对象的优点，其语法元素与 C 语言有相似之处，用结构体（struct）及其强大的类型系统来构建具有自身特色的面向对象体系，通过函数、接口、类型、闭包等元素的组合，能够轻松地把大型程序中的各个模块巧妙地衔接运作起来。组合模式使 Go 语言的面向对象体系具有更强大的表现力，完全可以媲美 Java 的各种优秀设计模式。

3. 面向接口编程

Go 语言编程是面向接口的，采用一种 Duck 模型，即类型（类）不再需要显式地声明自己实现了哪个（些）接口，接口类型的判断完全交给底层语言编译器处理，这就将接口与其实现彻底地分开，形成了一种“面向接口”的全新编程方式。

程序员无须在一开始就精心设计整个系统的接口继承体系，可以先基于当下具体的某个应用需求局部设计实现一些小的接口，再根据需求变化和应用扩展的需要，通过已有接口的自由组合，构造出更抽象、更普适、功能更强的新接口。这使得 Go 程序的重构变得非常容易，尤其适用于互联网时代应用快速迭代的开发方式。

1.1.3 优势特性

Go 语言是一种静态强类型的编译型语言，它的语法接近 C 语言，但功能强于 C 语言；有着 C++语言的强大功能，但比 C++语言要简洁得多；像 Java 语言一样支持面向对象的一切特性，又比 Java 语言对世界的表现力强。总的来说，Go 语言的优势特性主要体现在以下几个方面。

（1）Go 语言的语法十分简洁，仅仅用了 25 个关键字，是所有主流编程语言中所用关键字最少的。

（2）Go 语言支持垃圾回收功能；内置强大的类型系统支持各种复合数据类型，如关联数组、切片、映射和列表等；内存安全，如内置数组边界检查功能，极大地减少了越界访问带来的安全隐患；拥有大量的包和第三方库的支持。

（3）Go 语言基于类似 C 语言的结构体以组合方式构建的面向对象系统，不仅具备 Java 对象系统的所有功能，而且对问题域的描述更详细、表现力更强，更贴近客观真实的世界；内置接口类型，通过接口组合形成新的接口，非侵入式的接口机制彻底解除了接口与实现的耦合，便于快速重构和迭代开发大型应用系统。

（4）Go 语言在语言级别原生支持并发，简化了并发程序设计流程，基于通道和协程通信的并发机制相比传统语言的线程机制效率更高，有利于充分发挥多核 CPU 的能力，是互联网云时代微服务开发的首选语言。

总之，Go 语言简单易学，天生支持并发，完美契合当下高并发的互联网生态。目前已被广泛应用于人工智能、云计算开发、容器虚拟化、大数据开发、数据分析及科学计算、运维开发、爬虫开发、游戏开发等领域。

1.2　Go 语言的安装与使用

1.2.1　平台与版本

Go 语言是跨平台的编程语言，在各主流操作系统平台上都有对应的安装包。访问 Go 语言官方网站可分别下载其在 Windows、macOS、Linux 平台上的安装包（见图 1.1）及源代码。

图 1.1　Go 语言在 Windows、macOS、Linux 平台上的安装包

其中，Windows 要求版本在 Windows 7 及 Windows 7 以上；macOS 要求版本在 macOS 11 及 macOS 11 以上；Linux 要求内核版本在 2.6 以上。在实际开发中通常选择 CentOS（当下十分流行的企业级 Linux 发行版）系列。而 Go 语言运行的硬件环境无一例外全都要求必须是 64 位处理器，这也是互联网云服务器的标配。

为方便读者学习，本书所用的 Go 语言环境安装在 Windows 10 上，但也可以将编写的程序代码移植到其他平台上运行。读者在 Windows 平台上学好了 Go 语言，可以很容易地转到其他平台上从事实际的开发工作。

1.2.2 在 Windows 平台上安装 Go 语言环境

1. 下载 Go 语言安装包

在图 1.1 所示的页面上单击“Microsoft Windows”区块中的链接，下载 Go 语言安装包，得到文件名为 go1.20.4.windows-amd64.msi 的安装包。

2. 安装 Go 语言环境

（1）双击下载的安装包文件，启动安装向导，如图 1.2 所示，单击“Next”按钮。

（2）在“End-User License Agreement”对话框中勾选“I accept the terms in the License Agreement”复选框，接受许可条款，如图 1.3 所示，单击“Next”按钮。

（3）在“Destination Folder”对话框中设置 Go 语言的安装目录，这个目录作为 Go 语言环境的 GOROOT 路径，通常默认为“C:\Program Files\Go\”，如图 1.4 所示，单击“Next”按钮。

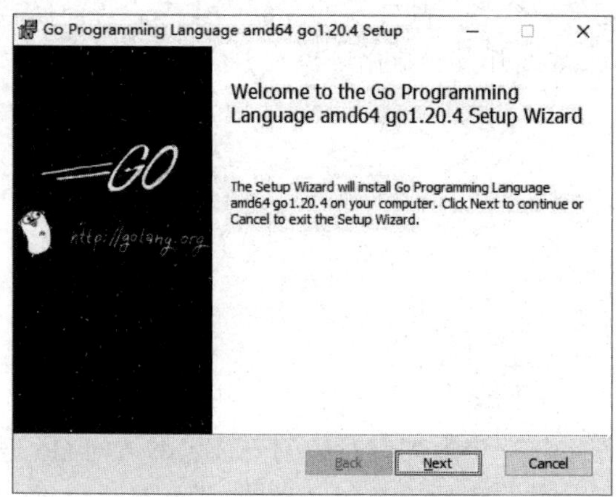

图 1.2 Go 语言安装向导

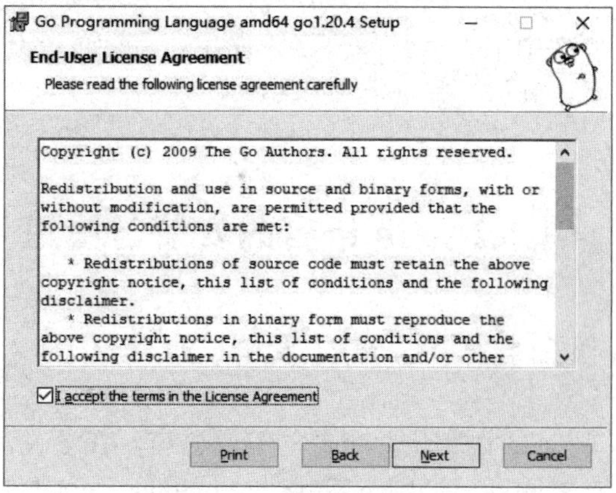

图 1.3 接受许可条款

（4）在弹出的对话框中单击“Install”按钮开始安装，进度条显示安装进度，安装完成后单击“Finish”按钮关闭安装向导，结束安装。以管理员身份打开 Windows 命令行，输入“go version”命令，若出现 Go 语言的版本信息，就表示安装成功，如图 1.5 所示。

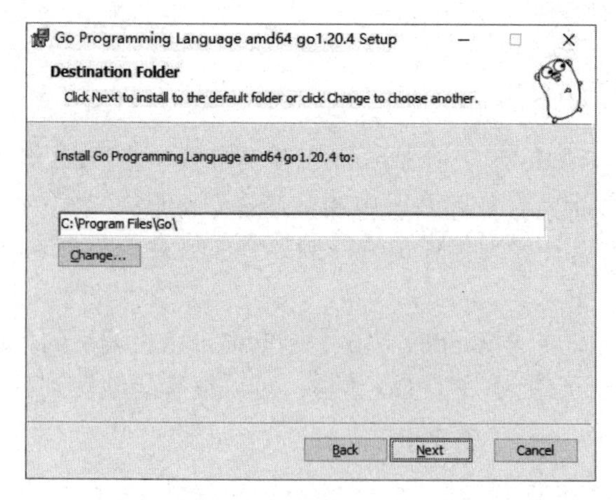

图 1.4 Go 语言环境的 GOROOT 路径

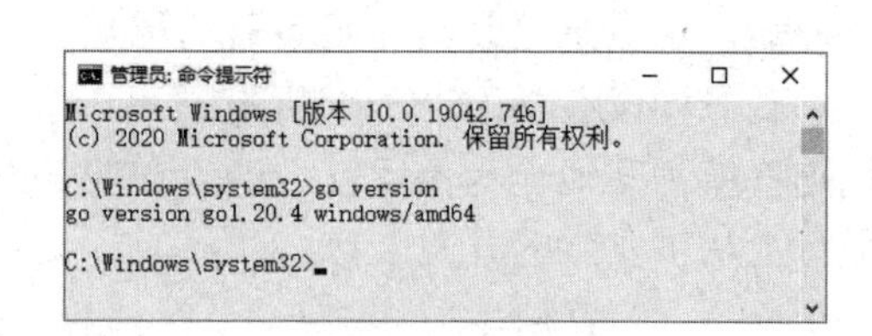

图 1.5 安装成功

1.2.3　第一个 Go 程序

安装了 Go 语言环境后，就可以用普通文本编辑器（如记事本）编写 Go 程序了，保存为.go 文件，在 Windows 命令行下编译运行。

1．编写 Go 程序

【实例 1.1】 编写第一个 Go 程序。

打开 Windows 记事本，编写如下程序代码（hello.go）：

```
package main                                          // (a)

import "fmt"                                          // (b)

func main() {                                         // (c)
    fmt.Printf("Hello,我爱 Go 语言！@easybooks\n")    // (d)
}
```

说明：

（a）包声明语句。在所有 Go 源程序文件头部都要用一行“package 包名”声明其代码所在的包，Go 语言通过包来管理和组织源代码。这里的包名“main”是 Go 可执行程序的包名，由于本程序含入口函数 main，因此其所在的包必须是 main，这是 Go 语言的规定。

（b）包导入语句。“import "包名"”语句用于导入包，通常 Go 程序都要像这样在开头用一条或多条 import 语句导入一个或多个需要引用的外部包，可以是 Go 语言内置标准库的包，也可以是第三方包或自定义的包。这里导入的 fmt 是 Go 语言的标准输入/输出包，本程序用它来输出字符串。

（c）声明入口函数。用 func 关键字声明一个函数，这里所声明的 main 函数是 Go 程序的入口函数，程序通过编译后由此进入。与大多数程序设计语言一样，Go 语言的函数体代码也是用一对大括号（{}）括起来的，但需要特别注意的是，Go 语言函数体开头的“{”必须位于函数声明行的尾部而不能另起一行，如下面这种写法就是错误的：

```
func 函数名()
{    //错误！不能换行
    ...//函数体
}
```

（d）“fmt.Printf("Hello,我爱 Go 语言！@easybooks\n")”表示调用标准输入/输出包的 Printf 函数输出字符串，要输出的字符串作为实际参数传入 Printf 函数，必须用英文双引号引起来，注意这里不能用单引号。此外，Go 语言程序语句的结尾是没有分号的，这是与其他语言不同的地方。

2．运行 Go 程序

在操作系统当前用户目录（笔者的计算机是 C:\Users\Administrator）下创建一个名为“go”的目录，作为 Go 语言环境的 GOPATH 目录，其中存放编写的第一个 Go 程序源文件 hello.go。

在 Windows 命令行下运行 Go 程序有如下两种方式。

（1）使用 go run 命令直接运行。

使用 go run 命令直接编译并执行源代码中的 main 函数。打开命令行，使用 cd 命令进入 GOPATH 目录，输入如下命令：

```
go run hello.go
```

可立即看到程序输出结果。

（2）使用 go build 命令生成可执行程序文件后再运行。

使用 go build 命令先将源代码编译为可执行程序（.exe）文件，再由用户运行该文件来执行程序。

在命令行的 GOPATH 目录中执行如下命令：

```
go build hello.go
```

待命令执行完后，在 GOPATH 目录下将生成一个 hello.exe 文件。

直接输入如下命令，运行 hello.exe 文件：

```
hello.exe
```

输出结果与第一种方式相同。

以上两种方式运行 Go 程序的过程如图 1.6 所示。

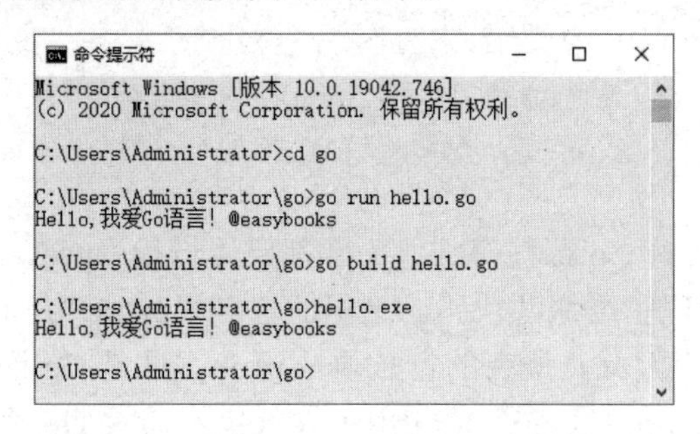

图 1.6　两种方式运行 Go 程序的过程

1.3　Go 语言集成开发环境

1.3.1　常用集成开发环境

虽然直接用记事本和命令行就能编写并运行 Go 程序，但在实际开发中需要编写很多.go 源文件，将其分门别类地存放于不同的包中组成项目工程，因此通常要使用集成开发环境（Integrated Development Environment，IDE）来提高开发效率。

可用于 Go 语言编程的集成开发环境有很多种，常用的有如下几种。

1）GoLand

GoLand 是由著名的 JetBrains 公司推出的一个商业 IDE，它整合了 IntelliJ 平台的有关 Go 语言的编码辅助功能和工具集成特点，具有智能代码补全、代码检查、快速修复、重构和快速导航等功能。

2）LiteIDE

LiteIDE 是由国内开发者制作的一个专门针对 Go 语言的轻量级开发环境，它基于 Qt、Kate 和 SciTE，包含了跨平台开发及其他一些必要特性，对代码编写、自动补全和运行调试都有很好的支持，同时包含了源代码的抽象语法树视图和一些内置工具。

3）Sublime Text

这是一个跨平台的文本编辑器，支持编写非常多的编程语言代码，它通过一个 GoSublime 插件来支持 Go 语言的代码补全和程序模板创建。

4）GoClipse

GoClipse 是一个为 Eclipse 添加 Go 语言编程功能的插件，通过 gocode 实现代码补全，为初学者创造了一个开发 Go 语言的环境。它依附于著名的 Eclipse 平台，可以很容易地享有 Eclipse 所具有的诸多功能。

5）VS Code

VS Code 是一款由微软公司开发的跨平台开源代码编辑器，它使用 JSON 格式的配置文件进行所有功能和特性的配置，通过扩展程序为编辑器实现语法高亮、参数提示、编译、调试、文档生成等各种功能。

在以上所述的集成开发环境中，只有 GoLand 和 LiteIDE 是 Go 语言专属环境（其余都是通用代码编辑器或插件）。相比而言，GoLand 的功能更为全面和成熟，也是目前 Go 语言开发最为主流的工具，所以本书所述的 Go 语言以 Windows 下的 GoLand 作为开发平台。

1.3.2　GoLand 的安装与配置

1．安装

（1）单击 GoLand 官方网站主页上的“Download”按钮，跳转到下载页面，单击下载页面上的“direct link”链接下载 GoLand 安装包。

（2）双击下载的安装包 goland-2023.1.2.exe，启动 GoLand 安装向导，如图 1.7 所示，单击“Next”按钮。

（3）在“Choose Install Location”对话框中设置 GoLand 的安装目录，单击“Next”按钮。

（4）在“Installation Options”对话框中对 GoLand 的安装选项进行配置，如图 1.8 所示。

① Create Desktop Shortcut ☑GoLand：在桌面上创建 GoLand 的快捷方式。

② Update Context Menu ☑Add“Open Folder as Project”：将“Open Folder as Project”选项添加到右键快捷菜单中。

③ Create Associations ☑.go：关联后缀为.go 的文件。

④ Update PATH Variable(restart needed) ☑Add“bin”folder to the PATH：将所安装 Go 语言环境的 bin 目录（GOROOT\bin，笔者的计算机为 C:\Program Files\Go\bin）添加到系统环境变量 PATH 的路径中。

为方便使用 Go 语言环境，建议勾选以上全部复选框，然后单击“Next”按钮。

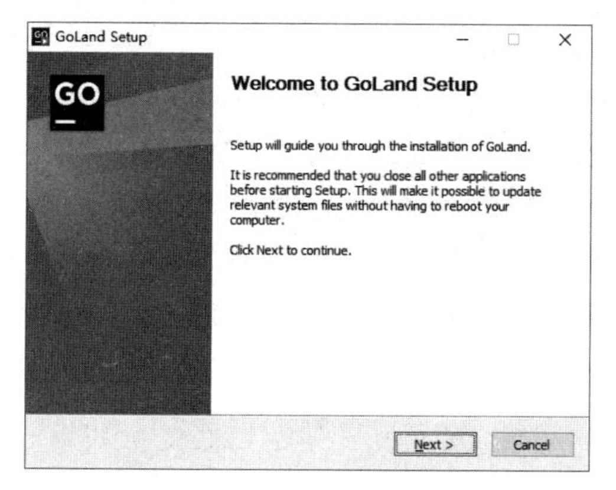

图 1.7　GoLand 安装向导

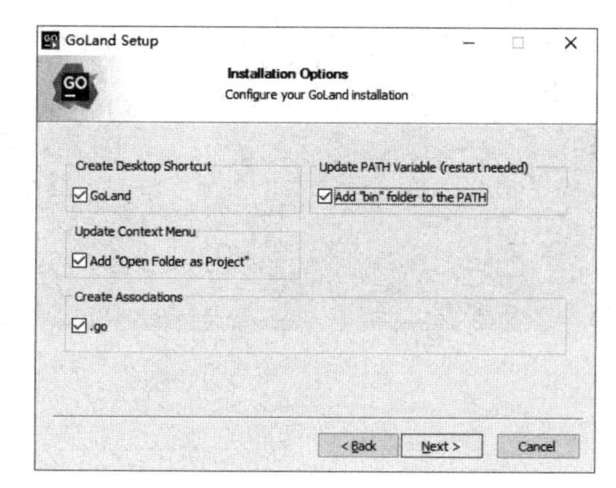

图 1.8　配置 GoLand 的安装选项

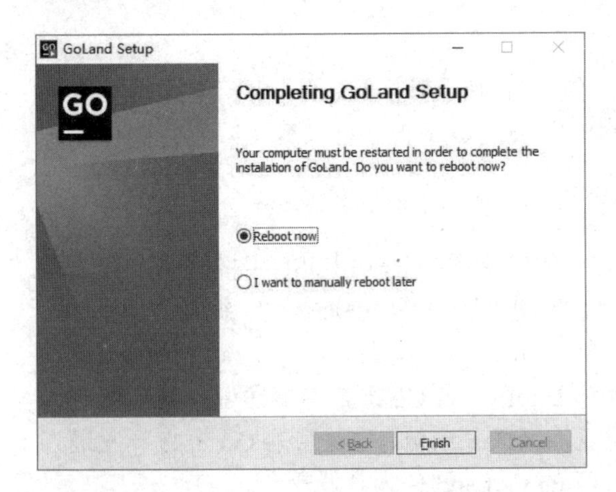

图 1.9　选中“Reboot now”单选按钮

（5）在“Choose Start Menu Folder”对话框中选择（命名）要在其中创建程序快捷方式的开始菜单目录（通常保持默认的“JetBrains”），单击“Install”按钮开始安装，进度条显示安装进度，安装完成后需要在“Completing GoLand Setup”对话框中选中“Reboot now”单选按钮，如图 1.9 所示，单击“Finish”按钮关闭安装向导，系统会自动重启，使所有的GoLand安装选项生效。

2. 初始启动

（1）GoLand 集成开发环境支持老用户使用已有的配置，在初次启动时会弹出图 1.10 所示的对话框询问是否导入已有配置，由于笔者的计算机是第一次安装 GoLand，因此选中“Do not import settings”单选按钮，不导入已有配置，然后单击“OK”按钮。

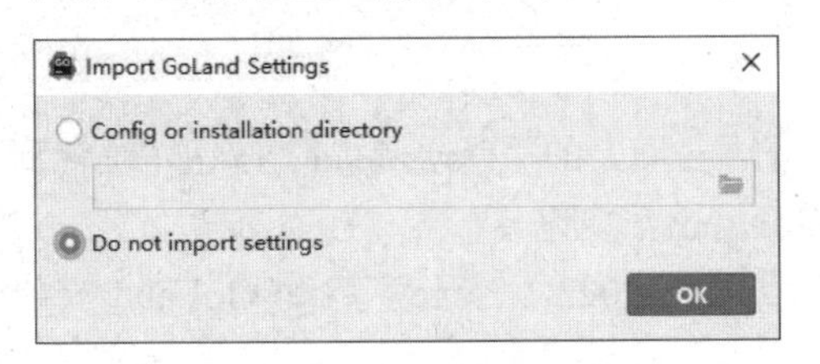

图 1.10　不导入已有配置

（2）GoLand 是商业软件，需要先激活才能使用。在图 1.11 所示的对话框中选中“Activate GoLand”和“Activation code”单选按钮，在下方输入框中粘贴获取到的激活码，并单击“Activate”按钮，激活成功后，在弹出的对话框中单击“Continue”按钮，弹出欢迎对话框，如图 1.12 所示。

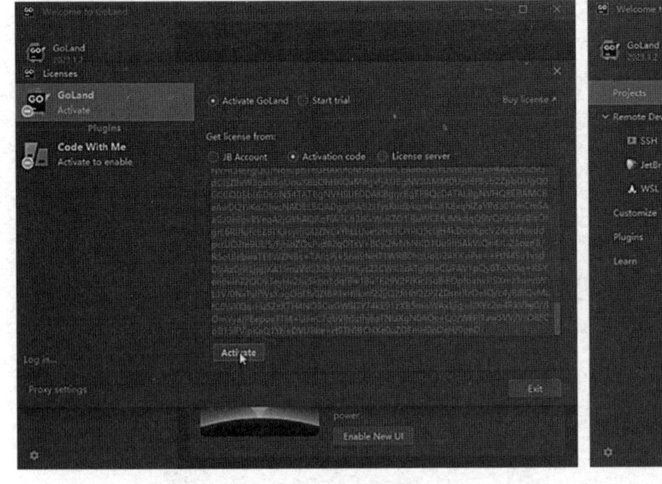

图 1.11　激活 GoLand

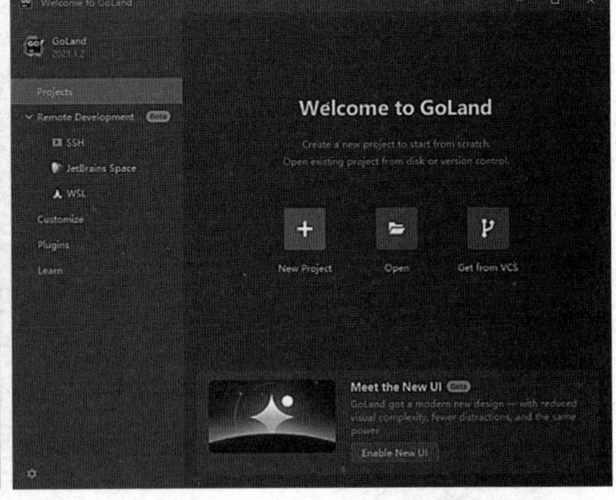

图 1.12　GoLand 的欢迎对话框

（3）GoLand 软件界面的默认背景是暗黑色的，如果读者不习惯使用该颜色，则可以进行更改，操作方法是：选择欢迎对话框左侧的“Customize”选项切换至环境定制选项对话框，在

"Color theme"下拉列表中选择"IntelliJ Light"选项，背景立刻变为舒适的亮白色，如图 1.13 所示。选择左侧的"Projects"选项切换到欢迎对话框，如图 1.14 所示。

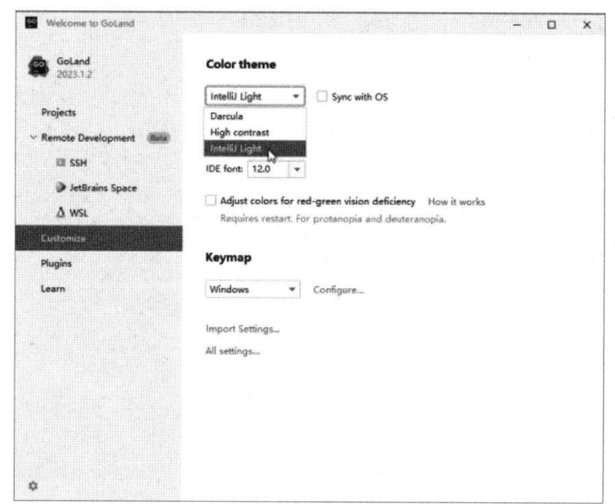

图 1.13　更改背景颜色

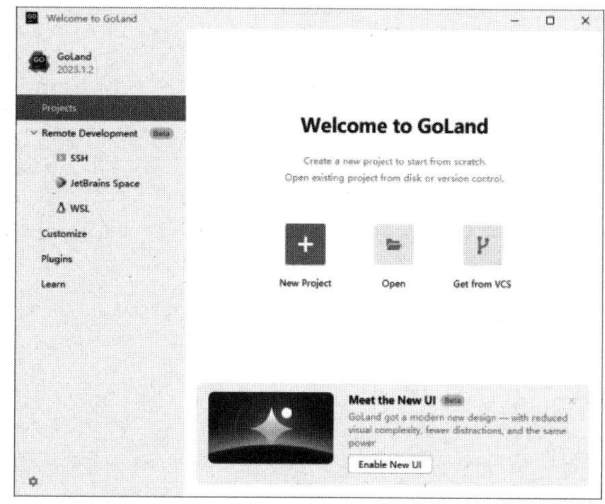

图 1.14　亮白色的欢迎对话框

3．项目配置

1）创建 Go 项目

单击 GoLand 欢迎对话框中的"New Project"（+）图标，弹出"New Project"对话框，在"Location"输入框中设置项目保存路径及给项目命名。项目默认保存在操作系统当前用户的 GolandProjects 目录下，当第一次创建项目时，GoLand 会自动生成这个目录，并给项目取默认名 awesomeProject，如图 1.15 所示。单击对话框底部右下角的"Create"按钮创建项目。

2）配置项目的 Go 语言环境

项目的 Go 语言环境通过 GOROOT 与 GOPATH 这两个环境变量来配置，在 1.2 节中对它们的意义已有所提及。

GOROOT：Go 语言本身（与所使用的开发工具无关）的安装目录，通常默认为"C:\Program Files\Go"，当然在安装 Go 语言时也可通过安装向导的"Destination Folder"对话框进行更改。

GOPATH：Go 程序在编译时参考的工作目录，类似于 Java 的工作区，由用户自己创建或指定，笔者的计算机是 C:\Users\Administrator\go。在开发时，Go 项目所要引用的第三方库、框架及其他独立的.go 源文件都存放在这个目录（及其子目录）下，以便 Go 编译器能够找到。

在创建项目时，GoLand 能自动识别本地计算机的 GOROOT 及其 Go 语言版本，加载显示在"New Project"对话框的"GOROOT"列表框中（见图 1.15）。

GOPATH 则需要用户来设置，可以在一开始创建项目时就通过选择"New Project"对话框左侧的"Go(GOPATH)"选项切换到另一个选项对话框中设置 GOPATH，也可以在项目创建好后在 GoLand 集成开发环境中选择"File"→"Settings"命令，打开图 1.16 所示的"Settings"对话框，在左侧项目树状视图中选择"Go"→"GOPATH"选项，在右侧"Global GOPATH"栏的工具条上单击"Add"（+）图标添加 GOPATH 路径条目。

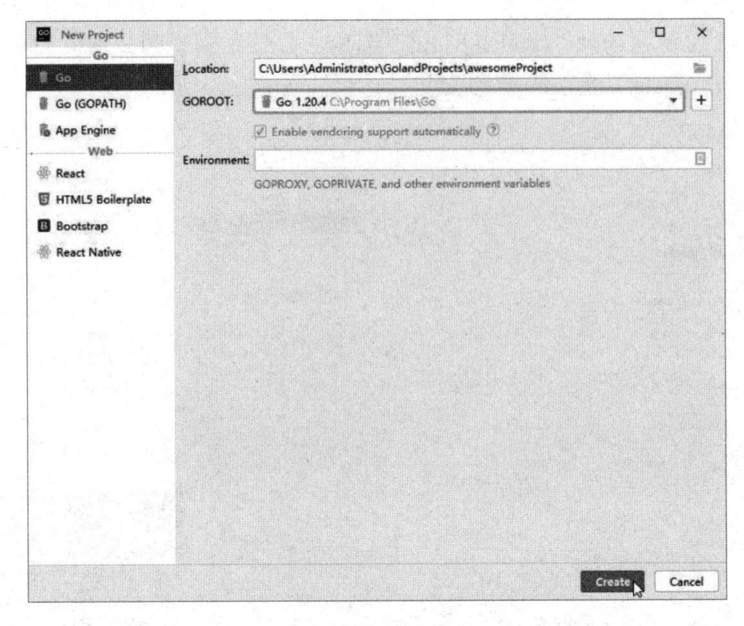

图 1.15　GoLand 自动生成的项目目录及项目名

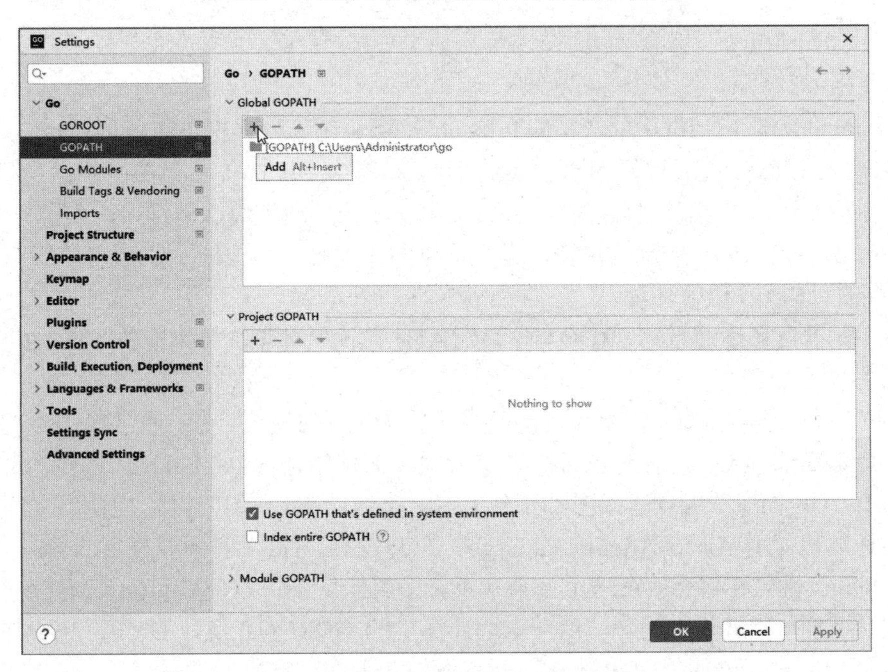

图 1.16　通过“Settings”对话框添加 GOPATH 路径条目

1.3.3　在集成开发环境下编写 Go 程序

【实例 1.2】 在 GoLand 集成开发环境下编写和运行第一个 Go 程序。

1. 编写 Go 程序

在 GoLand 集成开发环境下右击项目名，在弹出的快捷菜单中选择“New”→“Go File”命令，弹出“New Go File”提示框提示用户输入文件名，这里选择“Empty file”选项，输入“hello”，如图 1.17 所示，直接按回车键，即可在项目中创建一个 Go 程序文件 hello.go。

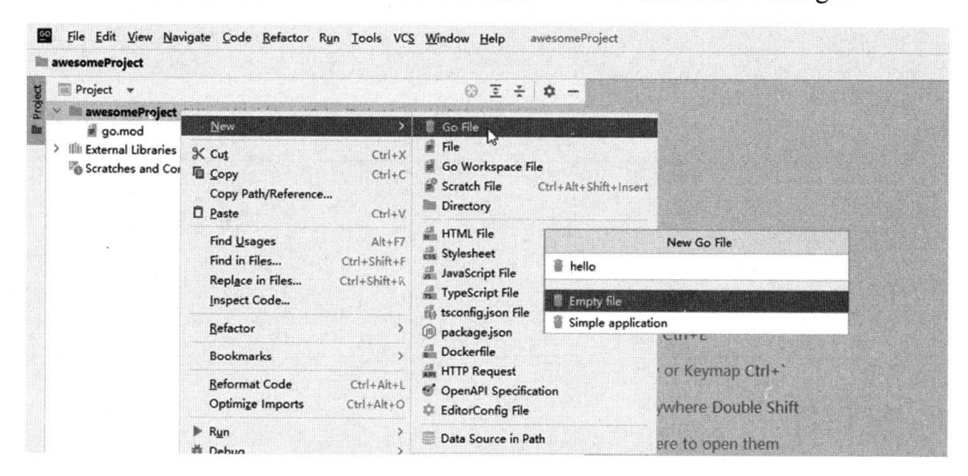

图 1.17　创建 Go 程序文件

GoLand 自动打开 hello.go 文件编辑器，在其中编写 Go 程序代码（或将 1.2.3 节中的程序代码复制、粘贴到编辑器中）后保存即可，如图 1.18 所示。

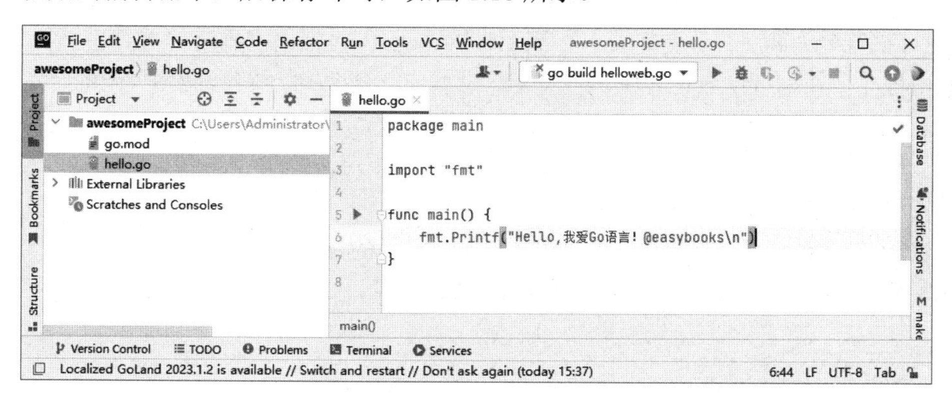

图 1.18　编写 Go 程序代码

2. 运行 Go 程序

右击 GoLand 集成开发环境左侧项目树状视图中的 hello.go 文件，在弹出的快捷菜单中选择 "Run 'go build hello.go'" 命令或直接单击工具栏上的 ▶ 图标运行程序，在 GoLand 集成开发环境底部的子窗口中显示运行结果，如图 1.19 所示。

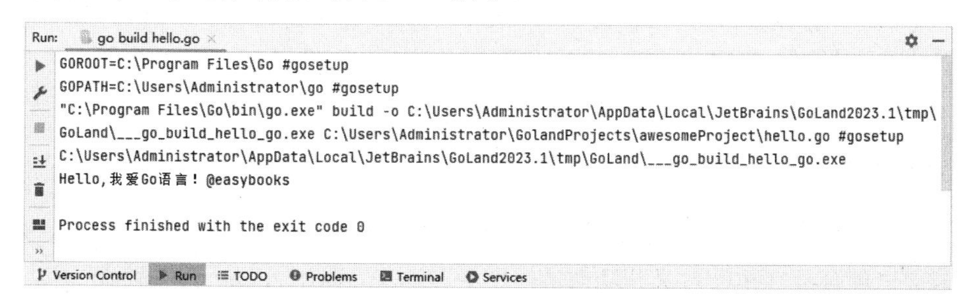

图 1.19　显示运行结果

第 2 章 Go 语言基础

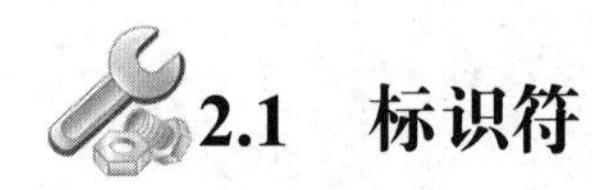2.1 标识符

2.1.1 标识符及命名规范

标识符是程序中用来标识变量、常量、数据类型、函数、接口、包等语法元素的字符序列。Go 语言的标识符分为两类：一类是 Go 语言设计者预留的，包括语言本身的关键字及内置保留字；另一类是由程序员在编程中自己定义的变量名、常量名、函数名等符合命名规范的字符序列。

Go 语言标识符的命名规范如下。

（1）标识符由任意多个字符（大/小写字母 A～Z/a～z）、数字（0～9）、下画线（_）组成。

（2）第一个字符必须是字母或下画线。

（3）区分字母大小写，如 hello 和 Hello 是两个不同的标识符。

（4）标识符中不能含有空格及#、$、@等特殊符号。

例如：

```
_123                        //合法
123                         //非法，不能以数字开头
a123                        //合法
$a123                       //非法，不能含有特殊符号$
HelloWorld                  //合法
Hello World                 //非法，不能含有空格
Subject                     //合法
Subject#                    //非法，不能含有特殊符号#
```

为了增强程序代码的可读性，建议读者在编程时除了遵守以上规范，还应尽量给标识符取有意义的英文名，做到“见名知义”。

2.1.2 关键字

Go 语言的关键字（Keywords）是被 Go 语言设计者赋予了特定语法含义的一类特殊的标识符。每个关键字都有其独特的含义和功能，代表不同语义。Go 语言是一种极简的语言，仅有 25 个关键字，它们按功能的不同大致可分为 3 类，如表 2.1 所示。

表2.1　Go语言的各类关键字

分　类	关　键　字	功　　能
引导程序整体结构	package	声明程序所在的包
	import	导入程序要用的外部（含第三方）包
	var	声明变量
	const	声明常量
	func	声明和定义函数
	defer	延迟执行
	go	并发执行
	return	函数返回值
定义特殊类型	type	自定义类型
	struct	定义结构体
	interface	定义接口
	map	声明或创建映射
	chan	创建通道（并发编程）
控制程序流程	if	条件语句
	else	
	for	控制循环
	range	
	break	
	continue	
	switch	分支语句
	select	
	case	
	default	
	fallthrough	
	goto	跳转语句

关键字是Go语言预留的标识符，读者在编程时应注意自己定义的标识符不能与表2.1中的关键字重名，不然会造成混乱。

2.1.3　保留字

除了关键字，Go语言还有一些内部保留字，用于预定义内置数据类型、内置函数及内部常量。Go语言共有39个保留字，分类列于表2.2中。

表2.2　Go语言的各类保留字

分　类	保　留　字	说　　明
内置数据类型	int	整型
	int8	
	int16	
	int32	
	int64	

续表

分　类	保 留 字	说　明
内置数据类型	byte	无符号整型
	uint	
	uint8	
	uint16	
	uint32	
	uint64	
	uintptr	
	float32	浮点型
	float64	
	complex64	复数型
	complex128	
	string	字符串型
	rune	
	bool	布尔型
	error	接口型
内置函数	make	这些函数都是 Go 语言内置的，具有“全局可见性”，在编程时可直接调用，无须使用 import 导入或声明
	new	
	len	
	cap	
	append	
	copy	
	delete	
	panic	
	recover	
	close	
	complex	
	real	
	imag	
	print	
	println	
内部常量	true	布尔型值
	false	
	iota	连续的枚举值
	nil	指针/引用的默认空值

保留字虽然也属于 Go 语言预定义的一种标识符，但与关键字有所不同，程序员可以在编程中重新定义它们以实现某些特殊的用途，但切忌过度使用，以免引起语义不清。

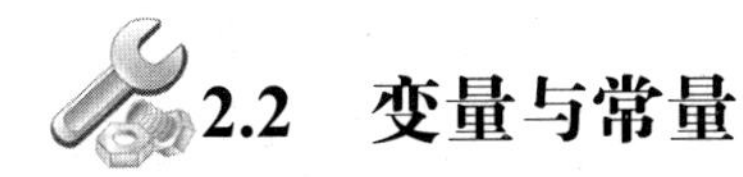

2.2　变量与常量

Go 语言通过一个标识符来绑定一块特定的内存，这样程序员在程序中就可以使用该标识符对这块内存地址进行操作。与某块内存绑定的标识符可以分为两类：一类称为"变量"，顾名思义，变量所指向的内存可以改变；另一类称为"常量"，其指向的内存不可改变。

2.2.1　变量

变量实质上就是一块（或多块）存储程序计算结果或中间值的内存。Go 语言是静态强类型语言，其变量必须具有明确的类型，编译器会严格检查变量类型的正确性。程序中的所有变量都必须先声明再使用，且声明后必须使用，否则编译无法通过。

1. 变量声明

在 Go 语言中，变量的声明比较灵活，有如下 3 种方式。

1）标准方式

标准方式是指使用关键字 var 显式地声明单独的变量，格式如下：

```
var 变量名 类型
```

例如：

```
var name string                    //声明字符串型变量 name
var sex bool                       //声明布尔型变量 sex
var age int                        //声明整型变量 age
```

2）批量方式

在需要使用一组相关的多个变量的情形下，使用批量方式进行声明会更加高效。此方式根据多个变量类型是否相同，又有如下两种不同的声明形式。

（1）多个相同类型变量的声明。

当要声明的几个变量的类型都相同时，只需在标准方式的基础上扩充即可，格式变为：

```
var 变量名 1, 变量名 2, ..., 变量名 n 类型
```

例如：

```
var age, weight, height int     //声明 3 个整型变量 age、weight、height
```

（2）多个不同类型变量的声明。

当要批量声明的一组相关变量的类型不同时，Go 语言提供了一种新方法，即使用关键字 var 搭配括号将这组变量的定义放在一起，格式如下：

```
var (
    变量名 1 类型 1
    变量名 2 类型 2
    ...
    变量名 n 类型 n
)
```

例如：

```
var (
    name string                    //姓名
    sex bool                       //性别
```

```
    weight int                  //体重
    height int                  //身高
    bmi float32                 //身体质量指数（体重/身高^2）
)
```

3）简短方式

这种方式不使用关键字 var，直接以“:=”操作符在声明变量的同时就对其进行初始化，格式如下：

```
变量名 := 表达式         //声明（同时初始化）单个变量
```

或者

```
变量名 1，变量名 2，...，变量名 n := 表达式 1，表达式 2，...，表达式 n
                         //声明（同时初始化）多个变量（右边表达式要与左边变量名一一对应）
```

简短方式的变量声明只能用在函数（方法）内部，在声明时不能显式地指定变量类型，而由 Go 编译器根据“:=”右边表达式的值自动进行类型推断。

在实际编程中，前两种带关键字 var 的声明方式多用于需要明确定义变量类型而变量初始值不太重要的场合，如全局变量；后一种声明方式被广泛应用于局部变量的声明和初始化。

2. 变量赋值

1）变量初始值

凡是使用关键字 var 声明的变量，Go 语言都会自动赋予其初始值，值为变量类型的零值或空值，如 string 类型为空字符串，bool 类型为 false，int 类型为 0 等。

【实例 2.1】 声明并查看不同类型变量的初始值。

程序代码如下（var01.go）：

```
package main
import "fmt"
func main() {
    var name string                         //使用标准方式声明字符串变量
    var weight, height int                  //使用批量方式声明同类型变量
    var (
        sex bool
        age int
        bmi float32
    )                                       //使用批量方式声明不同类型变量
    note := "我的体态"                       //使用简短方式声明并初始化变量
    //输出各个变量的初始值
    fmt.Println(note + "\n 姓名:" + name)
    fmt.Println("性别：", sex)
    fmt.Println("年龄:", age)
    fmt.Println("体重:", weight)
    fmt.Println("身高:", height)
    fmt.Println("身体质量指数：", bmi)
}
```

运行结果如图 2.1 所示。

```
我的体态
姓名：
性别：  false
年龄：  0
体重：  0
身高：  0
身体质量指数：  0
```

图2.1　运行结果

可以看到，除了使用简短方式声明的字符串变量 note，其余变量的初始值均为各自类型的空值或零值。

2）单个变量赋值

给单个变量赋值的标准格式如下：

```
var 变量名 [类型] = 值
```

其中，“类型”可省略，Go编译器能够根据所赋值的类型自动推断出变量的类型。例如，下面这两条语句是等价的：

```
var name string = "周何骏"                //单个变量赋值
var name = "周何骏"                       //单个变量赋值（省略类型）
```

3）多个变量赋值

给多个变量赋值的标准格式如下：

```
var (
    变量名1 [类型1] = 值1
    变量名2 [类型2] = 值2
    ...
    变量名n [类型n] = 值n
)
```

这里，各个变量的类型也是可以省略的，交给Go编译器自行推断。

例如：

```
var (
    name string = "周何骏"                //姓名
    sex bool = true                       //性别
    weight int = 60                       //体重
    height int = 173                      //身高
    bmi float32 = 20.05                   //身体质量指数（体重/身高^2）
)
```

也可以将多个变量的赋值语句写为一行，形式如下：

```
var 变量名1, 变量名2, ..., 变量名n = 值1, 值2, ..., 值n
```

各个变量名与所赋的值按顺序一一对应列于等号的两边，变量名或值之间以英文逗号分隔。变量类型可以相同也可以不同，Go编译器能够自动识别。

例如：

```
var weight, height = 60, 173              //给类型相同的多个变量赋值
var name, sex, age = "周何骏", true, 19   //给类型不同的多个变量赋值
```

【实例2.2】 用多种方式给单个或多个变量赋值，并查看所赋的值。

程序代码如下（var02.go）：

```
package main
import "fmt"
```

```
func main() {
    var name = "周何骏"                          //单个变量赋值
    var weight, height = 60, 173                //多个变量赋值（写为一行）
    var (
        sex = true
        age = 19
        bmi = 20.05
    )                                           //多个变量赋值（标准格式）
    note := "我的体态"
    //输出各个变量所赋的值
    fmt.Println(note + "\n 姓名：" + name)
    fmt.Println("性别：", sex)
    fmt.Println("年龄：", age)
    fmt.Println("体重：", weight)
    fmt.Println("身高：", height)
    fmt.Println("身体质量指数：", bmi)
}
```

运行结果如图 2.2 所示。

```
我的体态
姓名：周何骏
性别： true
年龄： 19
体重： 60
身高： 173
身体质量指数： 20.05
```

图 2.2　运行结果

2.2.2　常量

常量在编译时被创建在内存中，用于存储程序运行过程中不会改变的数据。

1. 常量声明

Go 语言的常量使用关键字 const 声明，语法格式如下：

```
const 常量名 [类型] = 值
```

常量必须在声明的同时就被赋予一个确定值，这是与变量不一样的地方。读者会发现，常量声明语句与单个变量的赋值语句在形式上是一样的，其“类型”也可省略，交给 Go 编译器自行推断。

例如：

```
const e float32 = 2.71828                //自然常数 e
const c int = 299792458                  //光速 c
const g = 6.67e-11                       //引力常数 G（省略类型）
const pi = 3.1416                        //圆周率 π（省略类型）
const language string = "Go 语言"         //字符串型常量
const sex bool = true                    //布尔型常量
```

也可以像变量声明那样批量声明一组常量，只需给关键字 const 搭配括号即可。

例如：

```
const (
    name = "周何骏"
    sex = true
    weight = 60
    height = 173
)
```

常量的值必须在编译时就确定，可以在其赋值表达式中涉及计算过程，但是所有用于计算的值必须在编译期间就能获得。

例如：

```
//错误（weight、height为变量，直到运行期间才被赋值）
var weight, height = 60, 173
const bmi = weight/((height/100)^2)

//正确（weight、height为常量，在编译期间就得到值）
const weight, height = 60, 173
const bmi = weight/((height/100)^2)
```

所有常量的运算都是在编译期间完成的，这样不仅可以减少运行时的工作量，也便于代码的优化。当程序操作的数是常量时，还可以将一些运行时的错误（如除数为0、字符串索引越界等）提前到编译期间发现，从而有利于代码的维护。

2. 常量初始化

对于一组数值间存在递增（减）关系的常量，可以使用Go语言的常量生成器iota进行初始化。iota可自动生成一组以相似规则初始化的常量，不用每行都写一遍初始化表达式。

在一个const声明语句中，第一个声明的常量所在行的iota会被置为0，之后每个有常量声明行的iota都会被自动加1。

例如：

```
const (
    c0 = iota          //c0 == 0
    c1 = iota          //c1 == 1
    c2 = iota          //c2 == 2
    ...
    cn = iota          //cn == n
)
```

也可以简写为：

```
const (
    c0 = iota          //c0 == 0
    c1                 //c1 == 1
    c2                 //c2 == 2
    ...
    cn                 //cn == n
)
```

【实例2.3】用常量生成器iota初始化月份常量值。

程序代码如下（const.go）：

```
package main
```

```
import "fmt"
func main() {
    const (
        month = iota
        Jan
        Feb
        Mar
        Apr
    )
    fmt.Print(Jan, "月、", Feb, "月、", Mar, "月、", Apr, "月...")
}
```

运行结果如图 2.3 所示。

```
1月、2月、3月、4月...
```

图 2.3　运行结果

2.3　运算符与表达式

运算符是用来对变量和常量执行特定运算的符号，由运算符连接变量、常量等构成的式子被称为表达式。显然，表达式中可以包含一个或多个不同（或相同）的运算符、变量和（或）常量，而单独的一个变量或常量也可以被视作一个表达式。

1. 运算符

Go 语言有几十种运算符，可以分为十几个类别，如表 2.3 所示。

表 2.3　Go 语言运算符一览表

优先级	分类	运算符	结合性
1（最高）	括号	()、[]	从左向右
2	单目运算符	!、*（指针）、&、++、--、+（正号）、-（负号）	从右向左
3	乘 / 除 / 取余	*、/、%	从左向右
4	加 / 减	+、-	从左向右
5	位移运算符	<<、>>	从左向右
6	关系运算符	<、<=、>、>=	从左向右
7	等于 / 不等于	==、!=	从左向右
8	按位“与”	&	从左向右
9	按位“异或”	^	从左向右
10	按位“或”	|	从左向右
11	逻辑“与”	&&	从左向右
12	逻辑“或”	||	从左向右
13	赋值运算符	=、+=、-=、*=、/=、%=、>>=、<<=、&=、^=、|=	从右向左
14	逗号运算符	,	从左向右

2．优先级和结合性

如果表达式中存在多个运算符，就会涉及优先级的问题。所谓优先级，是指当多个运算符出现在同一个表达式中时，其执行的先后顺序，这个其实很简单，按以下几条原则来处理即可。

（1）算术运算符的优先级与数学运算的相同。

因为 Go 语言中大部分算术运算符（包括加、减、乘、除、取余等）的优先级和数学运算中的一致，所以只要知道数学运算的优先级，就可以正确计算算术表达式的值。例如：

```
var a, b, c int = 2, 4, 8
d := a + b * c
```

第 2 行程序语句中的表达式“a + b * c”，按照数学运算规则，应该先计算乘法，再计算加法。因为“b * c”的结果为 32，a + 32 的结果为 34，所以 d 最终的值是 34。

事实上 Go 编译器也是这样处理的（先计算乘法再计算加法），和数学运算中的规则一样。

（2）带括号的部分先计算。

从表 2.3 中可见，括号的优先级最高，所以不管表达式如何复杂，都要先计算其带括号的部分。例如，要想改变表达式“a+b*c”的求值顺序（先计算加法再计算乘法），只需对其加法部分添加括号即可，语句改为如下格式：

```
d := (a + b) * c
```

（3）多个括号最内层的先计算。

当表达式中有多个括号嵌套时，最内层的括号最先计算。例如：

```
const bmi = weight / ((height/100) ^ 2)
```

在计算时应当先执行内层括号里的“height / 100”（将身高的单位换算成米）运算，然后执行外层括号的乘方（^2）运算。

（4）其余遵循 Go 语言中运算符的优先级。

由多种不同类别运算符混合构成的表达式，则根据 Go 语言运算符的优先级来决定运算顺序，可参照表 2.3。

运算符的结合性是指当相同优先级的运算符在同一个表达式（且没有括号）中时，计算的顺序，通常有“从左向右”和“从右向左”两个方向。例如，除运算符（/）的结合性是从左向右，表达式“weight / height / 100”就被解析成“(weight / height) / 100”，如果表达式不符合实际要求，就要通过添加括号来改变其结合性。

3．运算符测试

下面简单介绍几个运算符并通过实例来测试它们的性质。

1）自增（++）和自减（--）运算符

自增（如 a++，a 是变量）表示将变量值加 1。Go 语言为了保持简洁性，避免混淆和出错，取消了对前缀自增（如++a）的支持，这与绝大多数语言（如 C、C++、Java 等）不一样。同理，自减也仅支持后缀自减（如 a--），表示将变量值减 1。另外，GO 语言中的 a++、a--等都是语句而非表达式，必须单独写为一行。

【实例 2.4】 测试自增和自减运算符。

程序代码如下（opt01.go）：

```
package main
import "fmt"
func main() {
```

```
    var i1, i2 = 5, 10

    i2++
    var i int = i2
    //var i int = i2++                              //错误，i2++是语句，必须单独写为一行
    fmt.Println("i =", i)
    fmt.Println("i2 =", i2)

    i2 += 1
    //++i2                                          //错误，Go 语言不支持前缀自增
    i = i2
    fmt.Println("i =", i)
    fmt.Println("i2 =", i2)

    i1 -= 1
    //--i1                                          //错误，Go 语言不支持前缀自减
    i = i1
    fmt.Println("i =", i)
    fmt.Println("i1 =", i1)

    i1--
    i = i1
    //i = i1--                                      //错误，i1--是语句，必须单独写为一行
    fmt.Println("i =", i)
    fmt.Println("i1 =", i1)
}
```

运行结果如图 2.4 所示。

```
i = 11
i2 = 11
i = 12
i2 = 12
i = 4
i1 = 4
i = 3
i1 = 3
```

图 2.4　运行结果

2）位运算符

位运算符是对变量值按其在计算机内部的二进制表示按位进行操作的一类运算符，介绍如下。

（1）按位“与”(&)。

对参与运算的两个数值相应的二进制位进行与运算，规则为：0 & 0 = 0，0 & 1 = 0，1 & 0 = 0，1 & 1 = 1。

（2）按位“或”(|)。

对参与运算的两个数值相应的二进制位进行或运算，规则为：0 | 0 = 0，0 | 1 = 1，1 | 0 = 1，1 | 1 = 1。

（3）按位“异或”(^)。

对参与运算的两个数值相应的二进制位进行异或运算，即相同的是 0、不相同的是 1：

0 ^ 0 = 0，1 ^ 0 = 1，0 ^ 1 = 1，1 ^ 1 = 0。

异或运算还有一个特殊的性质，对于两个整数 x 和 y，表达式(x ^ y) ^ y 的值又会还原为 x，利用这个特性可以对数值进行加密。

（4）右移（>>）。

将一个数值的所有二进制位向右移若干位，右移后左边空出的位用 0 填充。向右移一位相当于整除 2（舍弃小数部分）。

（5）左移（<<）。

将一个数值的所有二进制位向左移若干位，左移后右边空出的位用 0 填充。左边移出的位并不丢弃（依然有效），故左移一位相当于乘以 2。

【实例 2.5】测试位运算符。

程序代码如下（opt02.go）：

```
package main
import "fmt"
func main() {
    var a1 = 203                              //11001011
    var b = 252                               //11111100
    a1 = a1 & b                               //11001000（前 6 位不变，最后 2 位清零）
    fmt.Println("a1 =", a1)

    var a2 = 200                              //11001000
    b = 3                                     //00000011
    a2 = a2 | b                               //11001011（前 6 位不变，最后 2 位置 1）
    fmt.Println("a2 =", a2)

    var a3 = 163                              //10100011
    b = 200                                   //11001000
    a3 = a3 ^ b                               //01101011
    fmt.Println("a3 =", a3)

    var a4 = 163                              //10100011
    a4 = a4 >> 2                              //00101000
    fmt.Println("a4 =", a4)
    a5 := a4 << 3                             //001 01000000
    fmt.Println("a5 =", a5)
    a6 := 0x4A << 2                           //01001010<<2 为 01 00101000
    fmt.Println("a6 =", a6)

    var password = 20190925
    var key int = 0x1f1f1f
    fmt.Print("明文：", password, "\n")
    password = password ^ key                 //执行异或运算进行加密
    fmt.Print("密文：", password, "\n")
    password = password ^ key                 //再次执行异或运算进行解密
    fmt.Print("解密：", password, "\n")
}
```

运行结果如图 2.5 所示。

```
a1 = 200
a2 = 203
a3 = 107
a4 = 40
a5 = 320
a6 = 296
明文：20190925
密文：19597778
解密：20190925
```

图 2.5　运行结果

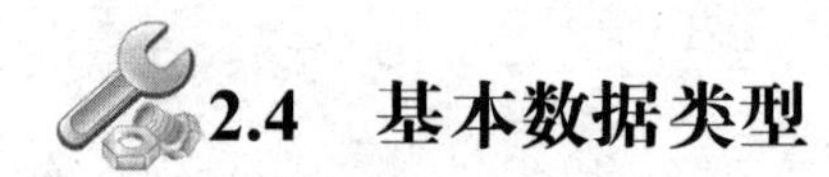

2.4　基本数据类型

Go 语言的数据类型十分丰富，基本数据类型有整型、浮点型、复数型、布尔型和字符串型。

2.4.1　整型

Go 语言内置了 12 种整型，大体分为无符号和有符号两大类，整型的名称、描述及取值范围如表 2.4 所示。

表 2.4　Go 语言整型一览表

分　类	名　称	描　述	取值范围
无符号	uint8	8 位整型	0～255
	byte	uint8 的别名	0～255
	uint16	16 位整型	0～65535
	uint32	32 位整型	0～4294967295
	uint64	64 位整型	0～18446744073709551615
	uint	32 位或 64 位（基于架构）整型	—
	uintptr	用于存放指针的整型（基于架构）	—
有符号	int8	8 位整型	-128～127
	int16	16 位整型	-32768～32767
	int32	32 位整型	-2147483648～2147483647
	int64	64 位整型	-9223372036854775808～9223372036854775807
	int	32 位或 64 位（基于架构）整型	—

其中，uint、uintptr 和 int 这 3 种类型是基于架构的，即它们的位数由实际运行程序的操作系统来决定，在 32 位操作系统上就是 32 位（4 字节）整型，而在 64 位操作系统上则变成 64 位整型。

不同类型的整型变量在相互赋值时必须进行强制类型转换。例如：

```
var a int = 2
var b int32
b = int32(a)                            //正确
//b = a                                 //错误
fmt.Println("b =", b)
```

整型常量有十进制、八进制、十六进制 3 种表示法，十进制数直接写出数值，八进制数以数字 0 开头，十六进制数以 0x 或 0X 开头。例如：

```
var i int = 123                           //十进制正整数
fmt.Println("i =", i)                     //i = 123

var i int = -48                           //十进制负整数
fmt.Println("i =", i)                     //i = -48

var i int = 017                           //八进制正整数
fmt.Println("i =", i)                     //i = 15

var i int = -021                          //八进制负整数
fmt.Println("i =", i)                     //i = -17

var i int16 = 32768
fmt.Println("i =", i)                     //错误，超范围

var i int = 0x12a6                        //十六进制数
fmt.Println("i =", i)                     //i = 4774 (1*16^3 + 2*16^2 + 10*16 + 6)

var a, b = 0xAB12, -0x1a0                 //十六进制数
fmt.Print("a = ", a, ", b = ", b)  //a = 43794, b = -416
```

整型支持算术运算和位运算，算术表达式和位操作表达式的结果还是整型。

2.4.2 浮点型

浮点型用于表示包含小数点的数值，Go 语言内置了两种浮点型，即 float32 和 float64，分别表示 32 位浮点数和 64 位浮点数，它们都遵循 IEEE 754 标准，该标准采用二进制数据的科学记数法来表示浮点数。

float32：用 1 位表示数字的符号，用 8 位表示指数（底数为 2），用 23 位表示尾数，能够表示的数值范围大致为-3.40×10^{38}～3.40×10^{38}。

float64：用 1 位表示数字的符号，用 11 位表示指数（底数为 2），用 52 位表示尾数，能够表示的数值范围大致为-1.80×10^{308}～1.80×10^{308}。

浮点数有两种表示形式。

1）十进制小数形式

直接写出含小数点的数，当数的整数或小数部分为 0 时可省略小数点前或后的数字，但小数点两边的数字不能同时省略且小数点不能省略。例如：

```
var f float32 = 3.14
fmt.Println("f =", f)                     //f = 3.14

var f float32 = 5.
fmt.Println("f =", f)                     //f = 5

var f float32 = .618
fmt.Println("f =", f)                     //f = 0.618
```

```
var f float32 = 036.70
fmt.Println("f =", f)                    //f = 36.7

var f float32 = .                        //错误，小数点两边的数字不能同时省略
fmt.Println("f =", f)
```

2）科学记数法形式

如 1.26×10^{-21} 表示为 1.26e−21 或 1.26E−21，e 或 E 的前面必须有数字且后面必须是一个正整数或负整数（正号可省略）。例如：

```
const h float64 = 6.62607015E-34         //普朗克常数
fmt.Println("h =", h)                    //h = 6.62607015E-34

const c float32 = 2.99792458e8           //真空中的光速
fmt.Println("c =", c)                    //c = 2.9979245e+08

const c float64 = 2.99792458e8
fmt.Println("c =", c)                    //c = 2.99792458e+08

const c float64 = .299792458E09
fmt.Println("c =", c)                    //c = 2.99792458e+09

var f float32 = 4.e+0
fmt.Println("f =", f)                    //f = 4

var f float32 = 6E3
fmt.Println("f =", f)                    //f = 6000
```

使用浮点型时还要特别注意以下两点。

（1）浮点型变量会被 Go 编译器默认推断为 float64 型。

（2）目前的计算机事实上并不能精确表示和存储浮点数，因此不应在程序中使用==或!=直接比较两个浮点数。

例如：

```
f1 := 2.71828
var f2 float32 = f1                      //错误，f1 为 float64 型
var f2 float32 = float32(f1)             //正确

const pi = math.Pi                       //圆周率 π
var p float64 = 3.1415926                //祖冲之计算值
fmt.Println(p == pi)                     //false，直接比较一定是不相等的
fmt.Println(math.Abs(p-pi) < 1e-6) //true，应当根据差的绝对值小于给定误差来判断
```

2.4.3 复数型

Go 语言原生支持复数，内置了两种复数型：complex64 和 complex128。复数在计算机内部用两个浮点数表示，一个为实部，另一个为虚部。相应地，Go 语言的复数型也由两种浮点型构成，complex64 是由两种 float32 型构成的，而 complex128 则是由两种 float64 型构成的。

在程序中，复数的写法与数学表示法一样，其实部和虚部数值的表示形式同浮点型。例如：

```
var c complex64 = 2 + 4i
fmt.Println("c =", c)                  //c = (2+4i)

var c complex64 = 1.2 + 3i
fmt.Println("c =", c)                  //c = (1.2+3i)

var c complex64 = 0.i
fmt.Println("c =", c)                  //c = (0+0i)

var c complex64 = 3.14i
fmt.Println("c =", c)                  //c = (0+3.14i)

var c complex64 = .618i
fmt.Println("c =", c)                  //c = (0+0.618i)

var c complex64 = 4.80 + 05i
fmt.Println("c =", c)                  //c = (4.8+5i)

var c complex64 = 1.e+0i
fmt.Println("c =", c)                  //c = (0+1i)

var c complex64 = 1E-2i
fmt.Println("c =", c)                  //c = (0+0.01i)

var c complex128 = .299792458e+9i
fmt.Println("c =", c)                  //c = (0+2.99792458e+08i)
```

此外，Go 语言还有 3 个内置函数专门用于处理复数，使用方式如下：

```
var c = complex(2.718, 0.618)       //构造一个复数
a := real(c)                        //返回实部
b := imag(c)                        //返回虚部
fmt.Print("c = (", a, "+", b, "i)") //c = (2.718+0.618i)
```

2.4.4 布尔型

布尔型用来表示逻辑值，其值只可以是常量 true（真）或 false（假）。

1. 布尔运算

因为布尔型无法参与数值运算，所以不能用算术运算符（+、-、*、/、%等）对它进行操作，但可以用逻辑运算符（&&、||、!）将多个关系表达式、布尔型变量（或常量）组成一个逻辑表达式（布尔表达式）进行运算，称为“布尔运算”，规则如下。

（1）a && b（“与”运算）：只有 a 与 b 都为 true，结果才为 true；若 a 或 b 有一个为 false，结果就为 false。

（2）a || b（“或”运算）：只有 a 与 b 都为 false，结果才为 false；若 a 或 b 有一个为 true，结果就为 true。

（3）!a（“非”运算）：单目运算符!取与 a 值相反的布尔值，因此，!true 的值为 false。

布尔运算的结果一定也是布尔值，另外，关系运算符（<、<=、>、>=、==、!=等）的比较操作也会产生布尔值。例如：

```
fmt.Println(!true == false)              //true

var b = 88
fmt.Println(b == 86)                     //false

var x, y = 14, 8
fmt.Println((x - y) < 2*4)               //true
fmt.Println((x > y) && ((x - y) > 7))   //false
```

在实际运算中，Go 编译器对布尔表达式按照“短路”方式生成目标代码。例如，在计算 a || b && c 时，若 a 的值为 true，则 b && c 就不再进行计算，最后结果一定是 true；只有当 a 为 false 时，b && c 才有被执行的机会。当进一步计算 b && c 时，仍是短路计算，即若 b 是 false，则 c 就不用计算，结果直接为 false；只有当 b 为 true 时，c 才有被执行的机会。

2. 布尔型的转换

在 Go 语言中，布尔型无法与其他数据类型直接转换。例如，不允许将布尔型强制转换为整型参与算术运算：

```
var b = true
fmt.Println(int(b) + 2)
```

编译错误，输出信息：

```
cannot convert b (variable of type bool) to type int
```

而且，布尔值也不会被隐式转换为数值 0 或 1，反之亦然，只能通过编写程序代码来转换。例如：

```
var b = true
fmt.Println(b + 2)                       //错误
var bVal = 0
if b {
    bVal = 1
}
fmt.Println(bVal + 2)                    //正确，输出 3
```

【实例 2.6】利用布尔运算判断性别。

程序代码如下（bool.go）：

```
package main
import (
    "fmt"
    "strings"                                //Go 语言内置字符串处理包
)
func main() {
    var (
        name string = "王燕"                 //姓名
        profession = "女博士"                //身份
        sex bool = true                      //性别（男为 true；女为 false）
    )
```

```
    var gender bool = strings.Contains(profession, "女") || !sex
    var sexString = "男性"
    if gender {
        sex = false
        sexString = "女性"
    }
    fmt.Println("sex =", sex)
    fmt.Print(name+"是一名", sexString)
}
```

说明：这里Go编译器按照“短路”方式先计算布尔表达式“strings.Contains(profession, "女") || !sex”的前半段，即用内置字符串处理包strings的Contains函数判断人员身份信息中是否含有“女”字，因“女博士”肯定是女性，故不再判断sex变量的值，直接得出此人为女性的结论，据此重置sex变量并将布尔值gender转换为性别描述字符串输出。

运行结果如图2.6所示。

```
sex = false
王燕是一名女性
```

图2.6 运行结果

2.4.5 字符串型

字符串是由一串字符连接起来组成的长度固定的字符序列。Go语言中的字符串是由字节组成的，每字节使用UTF-8编码，UTF-8字符长度灵活（可根据需要占用1～4字节），可节省存储空间。

1. 字符串创建

因为Go语言将字符串作为一种原生的基本数据类型，所以创建一个字符串非常容易。例如：

```
var s = "Hello,Go语言！"
```

这句代码声明了字符串s，并初始化其内容为“Hello,Go语言！”。

Go程序字符串的内容可用英文双引号（"）或反引号（`）引起来。其中，双引号引用的字符串可以被解析，支持转义，但不能跨行；反引号引用的字符串可以跨行，且可以包含除反引号外的其他所有字符，但不支持转义。

【实例2.7】字符串内容的两种引用方式。

程序代码如下（string01.go）：

```
package main
import "fmt"
func main() {
    s1 := "我爱\"Go语言\"编程\n@easybooks"    //支持转义，但不能跨行
    s2 := `我爱\"Go语言\"
程序设计\n@easybooks`                        //可以跨行，但不支持转义
    fmt.Println(s1)
    fmt.Println(s2)
}
```

运行结果如图 2.7 所示。

```
我爱"Go语言"编程
@easybooks
我爱\"Go语言\"
程序设计\n@easybooks
```

图 2.7 运行结果

说明：s1 的换行是因为有转义字符“\n”；而 s2 是其内容的引用方式本身就支持跨行，但所有转义字符（连同反斜杠“\”）均原样输出，不起作用。

在实际应用中，英文双引号的使用最广泛，而反引号多用于书写多行消息文本、HTML 源代码及正则表达式的场合。

在 Go 语言中，字符串是不可变的，但程序员可以对其进行级联（+）或追加（+=）操作。例如：

```
s := "我爱" + "Go 语言编程！"
fmt.Println(s)                                   //我爱 Go 语言编程！
s += "@easybooks"
fmt.Println(s)                                   //我爱 Go 语言编程！@easybooks
```

2. 字符串访问

1）单字节字符串访问

如果一个字符串全部由单字节字符构成，它就是“单字节字符串”。例如：

```
s1 := "I love Go programming!"
s2 := "Hello World!"
s3 := "Hello,Go language.@easybooks"
```

简单地说，这类字符串的内容全都是英文字母（或其他 ASCII 字符），而不含中文、特殊语言文字符号之类的多字节字符。

单字节字符串可以通过索引直接提取其任意位置的字节，在方括号（[]）内写入索引，索引从 0 开始计数。例如，对于字符串 s，s[0]表示访问首字节，s[i-1]表示访问第 i 字节，s[len(s)-1]表示访问最后 1 字节。如果想要获取字节所对应的字符内容，则需要通过 string 来转换，如第 i 字节的字符为 string(s[i-1])。

【实例 2.8】单字节字符串访问。

程序代码如下（string02.go）：

```
package main
import "fmt"
func main() {
    s := "Hello,Go language.@easybooks"
    fmt.Println("总字节数：", len(s))
    fmt.Println(s[0])                   //索引位置 0（首字节）的 ASCII 码值
    fmt.Println(string(s[0]))           //索引位置 0（首字节）对应的字符
    fmt.Println(s[6:8])                 //截取索引位置 6～7（不包含 8）的字符串
    fmt.Println(s[18:])                 //从索引位置 18（对应字符@）一直截取至末尾
    fmt.Println(s[:5])                  //截取索引位置 0～4（不包含 5）的字符串
}
```

运行结果如图 2.8 所示。

```
总字节数： 28
72
H
Go
@easybooks
Hello
```

图 2.8 运行结果

2）多字节字符串访问

如果字符串的字符不全是单字节的（如含有中文），就不能直接使用索引访问，Go 语言专门提供了一个 rune 类型用于对这类字符串进行操作。rune 是 Go 语言内置 int32 的别名，占 4 字节（UTF-8 编码最大字节），能表示不同字长的字符。在使用时，先将待访问的字符串转换为 rune 类型，然后就可以按单字节索引的方式获取指定位置的字符内容了。

【实例 2.9】 多字节字符串访问。

程序代码如下（string03.go）：

```
package main
import (
    "fmt"
    "unicode/utf8"
)
func main() {
    s := "Hello,Go 语言。@easybooks"
    fmt.Println("总字节数: ", len(s))//一个中文字符占 3 字节
    fmt.Println("总字符数: ", utf8.RuneCountInString(s))
    sc := []rune(s)                    //将字符串转换为 rune 类型
    fmt.Println(sc[0])                 //索引位置 0（首字节）的 ASCII 码值
    fmt.Println(string(sc[0]))         //索引位置 0（首字节）对应的字符
    fmt.Println(string(sc[6:11]))      //截取索引位置 6～10[不包含 11（对应中文。）]的字符串
    fmt.Println(string(sc[12:]))       //从索引位置 12（对应字符@）一直截取至末尾
    fmt.Println(string(sc[:5]))        //截取索引位置 0～4（不包含 5）的字符串
}
```

运行结果如图 2.9 所示。

```
总字节数： 28
总字符数： 22
72
H
Go 语言
@easybooks
Hello
```

图 2.9 运行结果

3. 字符串修改

在 Go 语言中，不能直接修改字符串的内容，例如，下面这种试图修改字符串中指定字符的方式是不被允许的：

```
s := "Hello,Go 语言。@easybooks"
s[6] = "g"
```

编译错误，输出信息：

```
cannot assign to s[6] (value of type byte)
```

要想修改字符串的内容，必须先将字符串复制到一个可写的变量中，再进行修改。对单字节字符串和多字节字符串来说，接收它们的变量类型是不同的。

1）单字节字符串修改

将单字节字符串复制到一个 byte 类型（Go 字节类，uint8 的别名）的变量中，语法格式如下：

```
字符串 := "......"
变量 := []byte(字符串)
变量[索引] = '值'                          //注意，值要用单引号（不能用双引号）引起来
```

2）多字节字符串修改

将多字节字符串复制到一个 rune 类型的变量中，语法格式如下：

```
字符串 := "......"
变量 := []rune(字符串)
变量[索引] = '值'                          //注意，值要用单引号（不能用双引号）引起来
```

【实例 2.10】单字节字符串和多字节字符串修改。

程序代码如下（string04.go）：

```
package main
import "fmt"
func main() {
    //单字节字符串修改
    ss := "Hello,Go language.@easybooks"
    fmt.Println("单字节：", ss)
    bStr := []byte(ss)              //转换为 byte 类型，字符串被自动复制到变量 bStr 中
    bStr[6] = 'g'
    ss = string(bStr)
    fmt.Println("修改后：", ss)

    //多字节字符串修改
    sc := "Hello,Go 语言。@easybooks"
    fmt.Println("多字节：", sc)
    rStr := []rune(sc)              //转换为 rune 类型，字符串被自动复制到变量 rStr 中
    rStr[9] = '程'
    rStr[10] = '序'
    sc = string(rStr)
    fmt.Println("修改后：", sc)
}
```

运行结果如图 2.10 所示。

```
单字节： Hello,Go language.@easybooks
修改后： Hello,go language.@easybooks
多字节： Hello,Go 语言。@easybooks
修改后： Hello,Go 程序。@easybooks
```

图 2.10　运行结果

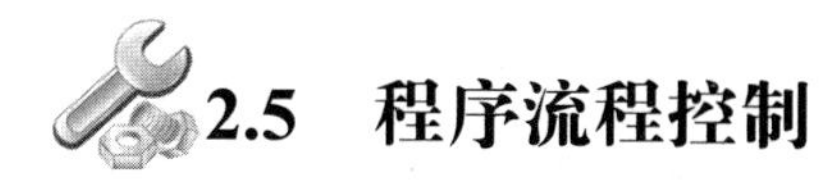

2.5　程序流程控制

像绝大多数高级程序设计语言一样，Go 语言的流程控制语句也包括条件语句、分支语句、循环语句和跳转语句这几种，它们用于控制 Go 程序的运行流程。

2.5.1　条件语句

条件语句又称 if 语句，它使部分程序代码块只有在满足特定条件时才会被执行，语法格式如下：

```
if <布尔表达式 1> {
    <语句块 1>
} [else if <布尔表达式 2> {
    <语句块 2>
}
...
} else if <布尔表达式 n> {
    <语句块 n>
} else {
    <语句块 n+1>
}]
```

说明：

（1）该语句首先计算<布尔表达式 1>的值，若是 true，则执行<语句块 1>，当<语句块 1>执行完成后，结束整个 if 语句的执行；当<布尔表达式 1>的值是 false 时，计算<布尔表达式 2>的值，若是 true，则执行第一个 else if 部分的<语句块 2>，当<语句块 2>执行完成后，结束整个 if 语句的执行，以此类推；当所有布尔表达式的值都是 false 时，就执行 else 部分的<语句块 n+1>，执行完成后，结束整个 if 语句的执行。

（2）整个语句只有 if 部分是必需的，else if 和最后的 else 部分都是可选的，视程序逻辑需要可构成单独的 if、if-else if、if-else 或 if-else if-else 等多种不同结构的 if 语句变体。

（3）与其他语言不同，Go 语言的 if 语句中用于判断条件的布尔表达式不需要用括号括起来。

（4）按照 Go 语言的语法，包裹每个语句块的前半个大括号“{”必须放在行尾，而不能另起一行。例如，下面这几种写法都是错误的：

```
if <布尔表达式 1> {
    <语句块 1>
} else if <布尔表达式 2>
 {   //错误
    <语句块 2>
 } else {
    <语句块 3>
}
```

```
if <布尔表达式 1>
 {   //错误
```

```
    <语句块 1>
}
```

```
if <布尔表达式 1> {
    <语句块 1>
} else
{   //错误
    <语句块 2>
}
```

（5）Go 语言没有其他语言所具有的条件运算符（形如“表达式 1 ？ 表达式 2:表达式 3”），因为用 if 语句就能够实现条件运算符的功能，这也体现了 Go 语言“少即是多”“做任何事只提供一种方法”的极简设计理念。

【实例 2.11】 用条件语句判断用户输入的年份是否为闰年。

程序代码如下（if.go）：

```
package main
import "fmt"
func main() {
    var leap bool                      //是否为闰年
    var year int                       //年份
    fmt.Println("请输入年份：")
    fmt.Scanln(&year)
    if year%4 == 0 {                   //if 语句（判断年份能否被 4 整除）
        if year%100 == 0 {             //第一层嵌套 if 语句（对整百年份要进行进一步判断）
            if year%400 == 0 {         //第二层嵌套 if 语句（判断年份能否被 400 整除）
                leap = true
            } else {
                leap = false
            }
        } else {
            leap = true
        }
    } else {
        leap = false
    }
    if leap {                          //if 语句（根据布尔变量 leap 的值输出结果）
        fmt.Print(year, "年是闰年")
    } else {
        fmt.Print(year, "年不是闰年")
    }
}
```

说明：由于 if 语句中的各个语句块可以是任何语句，因此当它们本身又是另一个 if 语句时，就产生了 if 语句的嵌套，正如上面代码这样。

运行过程如图 2.11 所示。

```
请输入年份：
2024
2024年是闰年
```

图 2.11　运行过程

2.5.2 分支语句

分支语句又称 switch 语句，它会根据传入的参数检测并执行符合条件的分支，当程序有多个分支（两个及两个以上）时，用它比用多个嵌套的 if 语句更加简明。其语法格式如下：

```
switch [<表达式>] {
case <表达式 1>:
    [<语句 1>]
    [fallthrough]
case <表达式 2>:
    [<语句 2>]
    [fallthrough]
...
case <表达式 n>: [<语句 n>]
[default: <语句 n+1>]
}
```

说明：

（1）该语句首先计算<表达式>的值，然后判断该值与<表达式 1>的值是否相等，若相等，则执行<语句 1>，否则，继续判断<表达式>的值与<表达式 2>的值是否相等，若相等，则执行<语句 2>，以此类推，若没有一个表达式的值与<表达式>的值相等，则执行 default 后面的<语句 n+1>。

（2）与其他语言不同，Go 语言的 switch 语句中的每个 case 都是独立的代码块，程序仅执行满足条件的 case 后面的语句，而不会像其他语言那样一直执行到底，所以不需要通过 break 关键字跳出。

（3）switch 后面的<表达式>可省略，改由各个 case 后面的表达式直接判断执行条件，在这种情况下，case 后面的表达式就必须是布尔表达式，其效果等同于多重“if-else if-else”结构的条件语句。语句中的所有表达式也不需要用括号括起来。

（4）语句中的各表达式不限于数值常量，也可以是任意支持相等比较运算的类型变量。

（5）在一个 case 分支的语句中，可以通过 fallthrough 语句来强制执行下一个 case 分支的语句而不管其表达式条件是否满足。

【实例 2.12】 用分支语句选择输出雷锋叔叔的名言。

程序代码如下（switch.go）：

```
package main
import "fmt"
func main() {
    var w string    //接收输入的关键词
    fmt.Print("请输入：")
    fmt.Scanln(&w)
    switch w {
    case "同志":
        fmt.Print("对待同志要像")
        fallthrough
    case "春天":
        fmt.Println("春天般的温暖")
    case "工作":
```

```
        fmt.Print("对待工作要像")
        fallthrough
    case "夏天":
        fmt.Println("夏天一样火热")
    case "个人主义":
        fmt.Print("对待", w, "要像")
        fallthrough
    case "秋天":
        fmt.Println("秋风扫落叶一样")
    case "敌人":
        fmt.Print("对待", w, "要像")
        fallthrough
    case "冬天":
        fmt.Println("严冬一样残酷无情！")
    default:
        fmt.Println("请输入关键词，如春天、夏天、工作、同志等")
    }
}
```

运行过程如图 2.12 所示。

```
请输入：同志
对待同志要像春天般的温暖
```

图 2.12　运行过程

2.5.3　循环语句

循环语句的作用是反复执行一段代码，直到不满足循环条件为止。Go 语言遵循“少即是多”的设计哲学，只提供了 for 循环语句。其语法格式如下：

```
for 初始化; 循环条件; 迭代部分 {
    循环体
}
```

说明：

（1）初始化：该部分是一个表达式，可不写，用来设置循环的初始条件，如设置循环控制变量的初始值。

（2）循环条件：这是一个布尔表达式，表示循环继续执行的条件，每次循环体执行完后都要对该表达式进行求值，以决定是否继续循环；若该部分不写，则表示条件永远为真（成为死循环）。

（3）迭代部分：这也是一个表达式，同样可以不写，用来改变循环控制变量的值，从而改变循环条件表达式的布尔值。

（4）循环体：这是循环操作的主体部分，为任意合法 Go 语句（可以是一条或多条语句）组成的代码块。

for 循环语句的执行流程如下。

第 1 步：计算“初始化”表达式的值，该表达式的值仅在此计算一次，以后不再计算。

第 2 步：计算“循环条件”布尔表达式的值，若为 false，则结束整个 for 循环语句，程序继续执行紧跟在该 for 循环语句之后的语句；若为 true，则依次执行循环体中的语句。

第 3 步：执行一次循环体中的语句后，先计算“迭代部分”表达式的值，再转向第 2 步。

例如：

```
var i, total = 1, 0
for price := 10.58; i <= 100; i++ {
    total += i
    if i == 100 {
        fmt.Println("price =", price)        //price = 10.58
    }
}
fmt.Println("i =", i)                        //i = 101
fmt.Println("total =", total)                //total = 5050
```

Go 语言没有大多数语言所具有的 while 和 do-while 循环语句，仅用 for 循环语句就能实现与这两种循环语句完全一样的功能。

1）while 循环语句的等价实现

将 for 循环语句的初始化省略，原迭代部分移至循环体末尾，即可实现与 while 循环语句等价的功能。其语法格式如下：

```
for 循环条件 {
    循环体
    迭代部分
}
```

例如：

```
var i, total = 1, 0
for i <= 100 {
    total += i
    i++
}
fmt.Println("total =", total)                //total = 5050
```

2）do-while 循环语句的等价实现

将 for 循环语句的初始化省略，原迭代部分移至循环体末尾，其后用一个 if 语句判断对循环条件进行取反的布尔表达式的值，若值为 true，则跳出循环，如此就能够实现与 do-while 循环语句等价的功能。其语法格式如下：

```
for {
    循环体
    迭代部分
    if !循环条件 {
        break
    }
}
```

例如：

```
var i, total = 1, 0
for {
    total += i
    i++
    if !(i <= 100) {
```

```
        break
    }
}
fmt.Println("total =", total)                //total = 5050
```

【实例 2.13】 用循环语句设计一个计算阶乘的程序。

说明： 阶乘（!）是基斯顿·卡曼（1760—1826）于 1808 年发明的运算符号，一个自然数 n 的阶乘写作 $n!$，是所有小于及等于该数的正整数的乘积，即 $n!=1\times2\times3\times\cdots\times(n-1)\times n$，并且规定 $0!=1$。

程序代码如下（for01.go）：

```
package main
import "fmt"
func main() {
    var n int          //接收输入的自然数
    fmt.Print("请输入：")
    fmt.Scanln(&n)
    var s = 1
    if n != 0 {
        for i := 1; i <= n; i++ {
            s = s * i
        }
    }
    fmt.Print(n, "! = ", s)
}
```

运行过程如图 2.13 所示。

```
请输入：10
10! = 3628800
```

图 2.13　运行过程

【实例 2.14】 用循环语句设计一个输出水仙花数的程序。

说明： 所谓水仙花数，是指一个 3 位数的每位数字的立方和等于该数自身。例如，$153 = 1^3+5^3+3^3$。

程序代码如下（for02.go）：

```
package main
import "fmt"
func main() {
    var i = 0                    //百位数
    var j = 0                    //十位数
    var k = 0                    //个位数
    var n, p = 0, 0
    fmt.Println("水仙花数有：")
    for m := 100; m < 1000; m++ {
        i = m / 100              //得到百位数
        n = m % 100
        j = n / 10               //得到十位数
        k = n % 10               //得到个位数
```

```
        p = i*i*i + j*j*j + k*k*k
        if p == m {
            fmt.Println(m)  //打印水仙花数
        }
    }
}
```

运行结果如图 2.14 所示。

```
水仙花数有：
153
370
371
407
```

图 2.14　运行结果

2.5.4　跳转语句

跳转语句用于改变程序运行的方向，简单直接。Go 语言的跳转语句常与标签一起配合使用，标签用于标识一条语句，通常写在程序需要跳转到的目标位置。其语法格式如下：

```
标签名:
    语句 i
```

标签名可任取（建议取有意义的名字），程序跳转后从语句 i 开始往下执行。

Go 语言的跳转语句包括 goto、break、continue 和 return，下面分别举例说明它们的用法。

1．goto 语句

goto 语句可无条件地跳转到指定标签，语法格式如下：

```
...
goto 标签 L
...
标签 L:
    语句 i
```

goto 语句常用于快速跳出多重循环，以简化程序的退出逻辑。

【实例 2.15】 在范围 n 以内寻找勾股数，只要求寻找一组，找到后用 goto 语句迅速返回并输出结果。

说明： 勾股数最早见于《周髀算经》，也就是可以构成一个直角三角形三条边的一组正整数。因为根据勾股定理，直角三角形两条直角边 a、b 的平方和等于斜边 c 的平方，所以满足 $a^2+b^2=c^2$ 的 a、b、c 就是一组勾股数。

程序代码如下（goto.go）：

```
package main
import "fmt"
func main() {
    var n int   //接收寻找范围
    fmt.Print("请输入范围：")
    fmt.Scanln(&n)
    var a, b, c int
```

```
    for i := 1; i <= n; i++ {
        for j := i + 1; j <= n; j++ {
            for k := j + 1; k <= n; k++ {
                if i*i+j*j == k*k {
                    a = i
                    b = j
                    c = k
                    goto FoundLabel       //跳转到标签 FoundLabel
                }
            }
        }
    }
    return                                //未找到，不执行标签处的语句，直接返回
FoundLabel:
    fmt.Print("勾", a, "、股", b, "、弦", c, "——找到了！")
                                          //输出结果
}
```

运行过程如图 2.15 所示。注意：在定义标签 FoundLabel 之前有一个 return 语句，这是为了避免程序在未找到勾股数（但已正常结束退出循环）而运行到此处时也执行标签标识的语句，输出错误结果，如图 2.16 所示。

```
请输入范围：100
勾3、股4、弦5—找到了！
```

图 2.15　运行过程

```
请输入范围：3
勾0、股0、弦0—找到了！
```

图 2.16　不用 return 语句可能导致的错误结果

2. break 语句

break 语句用于从分支语句、循环语句或被标签标识的代码块中强制退出。当用 break 语句从循环体退出时，默认只能跳出最近的内层循环，当需要跳出多重循环时，可以先在要跳出的那层循环的代码块上添加标签，然后在 break 语句后面添加这个标签。其语法格式如下：

```
标签 L:
    for ... {                           //要跳出这层循环
        for ... {
            ...                         //多重循环
                if 条件 {
                    语句块
                    break 标签 L
                }
            ...
        }
    }
```

【实例 2.16】 寻找范围 n 以内的勾股数，找到后用 break 语句返回并输出结果。

说明：此例的功能同【实例 2.15】，不同的是跳转标签是加在最外层 for 循环代码块上的。

程序代码如下（break.go）：

```
package main
import "fmt"
func main() {
```

```
    var n int
    fmt.Print("请输入范围：")
    fmt.Scanln(&n)
    var a, b, c int
    var isFound bool = false              //是否找到
FoundLabel:                               //加在最外层循环代码块上的标签
    for i := 1; i <= n; i++ {
        for j := i + 1; j <= n; j++ {
            for k := j + 1; k <= n; k++ {
                if i*i+j*j == k*k {
                    a = i
                    b = j
                    c = k
                    isFound = true
                    break FoundLabel      //跳出标签 FoundLabel 标记的循环
                }
            }
        }
    }
    if !isFound {
        return                            //未找到，直接返回
    }
    fmt.Print("勾", a, "、股", b, "、弦", c, "——找到了！")
                                          //找到了，输出结果
}
```

运行过程如图 2.15 所示。

3. continue 语句

continue 语句也用于跳出循环，但与 break 语句不同的是，它仅跳出循环体的本次迭代，并且跳出后立即进入下一轮循环，继续执行循环体。

【实例 2.17】 打印 100～200 范围内能被 3 整除的数，每 10 个数为一行。

程序代码如下（continue.go）：

```
package main
import "fmt"
func main() {
    var i = 0
    for n := 100; n <= 200; n++ {
        if n%3 != 0 {
            continue                  //若不能被 3 整除，则跳出本次迭代，进入下一轮循环
        }
        i++
        fmt.Print(n, "  ")
        if i%10 == 0 {                //每 10 个数为一行
            fmt.Print("\n")
        }
```

```
    }
}
```

运行结果如图 2.17 所示。

```
102  105  108  111  114  117  120  123  126  129
132  135  138  141  144  147  150  153  156  159
162  165  168  171  174  177  180  183  186  189
192  195  198
```

图 2.17　运行结果

continue 语句也可与标签结合使用，在使用标签时，它跳出的就是标签标识的那层循环的当次迭代，其代码格式与前述带标签的 break 语句的一样，不再举例。

4．return 语句

return 语句用于退出函数和方法，由此引发程序运行流程的跳转。【实例 2.15】中已经使用 return 语句跳过标签处的语句以避免输出错误结果。

return 语句用在入口函数 main 中就是直接退出程序，而当用在其他函数或方法中时，如果函数或方法有返回值（列表），则 return 后面需要提供相应类型的返回值。

2.6　复合数据类型

所谓“复合数据类型”，就是由基本数据类型组合而成的类型，Go 语言支持指针、数组、切片、映射、列表等复合数据类型。

2.6.1　指针

指针是一种用于存储其他类型变量地址的特殊数据类型，具有能直接操作内存、高效的特点。Go 语言为了能拥有像 C/C++语言那样的高性能，也支持指针。

1．指针的概念和性质

假设变量 a 的类型为 T（这里的 T 可以是 int、float32、complex64、bool、string 等任何具体的数据类型），在编程时，用“*”运算符声明指针类型，*a 就是该变量的指针；用“&”运算符获取变量的内存地址，&a 就表示获取变量 a 的内存地址。指针作为一种特殊的变量类型，其变量名也就是指针名，变量值则是其中存放的地址，也叫指针值。定义一个指针类型（*T 型）的变量 p，用“*”运算符可以取出指针所指的变量的值，*p 就是变量 p 的值。

可见，&取得的地址可以直接赋值给指针：

```
var 指针名 *T = &变量名                    //用地址给指针赋值
```

反之，*提取的值又可以赋值给新的变量：

```
var 变量名 T = *指针名                     //用指针给变量赋值
```

变量取地址的“&”与指针取值的“*”是一对互逆的运算符。

在 Go 指针编程中，常用 fmt.Printf 函数的“%T”格式输出变量类型名，用“%p”格式输出变量地址（指针值），而用“%v”格式输出变量值。

【实例 2.18】 测试指针的性质。

程序代码如下（pointer.go）：

```
package main
import "fmt"
func main() {
    var i int = 100
    var pi *int = &i                          //用地址给指针赋值
    var j int = *pi                           //用指针给变量赋值
    fmt.Printf("i 类型是%T, pi 类型是%T, j 类型是%T\n", i, pi, j)
    fmt.Printf("i 的值是%v, 地址是%p\n", i, &i)
    fmt.Printf("指针 pi 的值是%v\n", pi)
    fmt.Printf("变量 j 的值是%v, 地址是%p\n\n", j, &j)

    var c = 3 + 4i
    pc := &c                                  //用地址给指针赋值
    d := *pc + 2 + 2i                         //指针参与计算
    fmt.Printf("pc 类型是%T, 值是%v\n", pc, pc)
    fmt.Printf("变量 c 的地址是%p\n", &c)
    fmt.Printf("变量 d 的值是%v\n", d)
}
```

运行结果如图 2.18 所示。

```
i类型是int, pi类型是*int, j类型是int
i的值是100, 地址是0xc00001e088
指针pi的值是0xc00001e088
变量j的值是100, 地址是0xc00001e0a0

pc类型是*complex128, 值是0xc00001e0d0
变量c的地址是0xc00001e0d0
变量d的值是(5+6i)
```

图 2.18　运行结果

由图 2.18 可见，指针值与它所指变量的地址是一样的，而指针类型则与它所指变量的具体类型有关。通常来说，如果变量的类型为 T，那么指向它的指针的类型就是*T，如 int 变量的指针类型是*int、float32 变量的指针类型是*float32 等。

2. 指针修改与交换

1）指针修改

一个变量的指针不能被修改为指向另一个不同类型变量的地址。例如：

```
var f = 3.1416
var p = &f                                //指向浮点型变量的指针
var s = "easybooks"
p = &s                                    //错误，被修改为指向字符串型变量的地址
```

编译错误，输出信息：

```
cannot use &s (value of type *string) as *float64 value in assignment
```

另外，Go 语言也不支持对指针直接进行运算。例如，指针变量的自增（++）和自减（--）都是不被允许的：

```
var s = "easybooks"
p := &s
p++
```

编译错误，输出信息：

```
invalid operation: p++ (non-numeric type *string)
```

```
var a = 200
p := &a
p--
```

编译错误，输出信息：

```
invalid operation: p-- (non-numeric type *int)
```

Go 语言的上述特性是为了在充分发挥指针高效性的同时能够消除类似 C/C++语言中指针运算所产生的诸多弊端，以及方便语言本身实现垃圾回收机制，优化内存利用率。

2）利用指针交换变量

利用指针可交换两个变量，但必须注意，这种交换是“值的交换”而非“地址的交换”，即必须使用一个临时变量作为中介，以“*”分别取出两个指针所指变量的值进行交换，而不能直接交换两个指针变量。例如：

```
var a, b = 3, 4

var pa, pb = &a, &b
pb, pa = pa, pb                              //直接交换两个指针变量
println(a, b)                                //错误，输出 3 4

t := *pa                                     //t 用作临时变量
*pa = *pb
*pb = t
println(a, b)                                //正确，输出 4 3
```

2.6.2 数组

数组是一组已编号且长度固定的数据项的序列，其中每个数据项被称为元素，同一个数组内的元素具有相同的数据类型。

1. 数组声明与初始化

1）数组声明

声明数组需要指定元素类型及个数（长度），语法格式如下：

```
var 数组名 [长度]类型
```

例如，声明一个名为“array”、包含 5 个 int 类型元素的数组：

```
var array [5]int
```

2）数组初始化

初始化数组可以有两种写法：

```
数组名 = [n(长度)]类型{元素 0, 元素 1, 元素 2, ..., 元素 n-1}        //写法一
数组名 = [...]类型{元素 0, 元素 1, 元素 2, ..., 元素 n-1}            //写法二
```

说明：写法一需指明长度，要注意{}中所罗列的元素个数不能大于[]中的长度值；写法二使

用“...”替代长度值，Go 语言会根据{}中实际的元素个数来设置数组的长度。

例如：

```
var array [5]int
array = [5]int{2, 3, 5, 7, 11}
fmt.Println(array)                              //正确，输出[2 3 5 7 11]

var array [5]int
array = [5]int{2.5, 3.8, 5i, 7, 11}
fmt.Println(array)                              //错误，所列元素的类型不对

var array [5]int
array = [5]int{2, 3, 5, 7, 11, 13, 17, 19}
fmt.Println(array)                              //错误，所列元素的个数不对

var array [5]int
array = [5]float32{2, 3, 5, 7, 11}
fmt.Println(array)                              //错误，初始化与声明的类型不一致

var array [5]int
array = [8]int{2, 3, 5, 7, 11, 13, 17, 19}
fmt.Println(array)                              //错误，初始化与声明的长度不一致

var array [5]int
array = [...]int{2, 3, 5, 7, 11}
fmt.Println(array)                              //正确，输出[2 3 5 7 11]

var array [5]int
array = [...]int{2, 3, 5, 7, 11, 13, 17, 19}
fmt.Println(array)                              //错误，初始化所列元素的个数与声明的长度不一致
```

2. 数组访问与遍历

1）数组访问

可以通过索引来访问数组元素，格式为“数组名[索引]”，索引从 0 开始，第 1 个元素的索引为 0，第 2 个元素的索引为 1，依次类推。

【实例 2.19】输入一组（10 个）非零整数到一个数组中，求出这一组数的平均值，并分别统计出其中正数和负数的个数。

程序代码如下（array01.go）：

```
package main
import "fmt"
func main() {
    var array [10]int
    var sum = 0                                 //计算累加和
    var p, n = 0, 0                             //正数和负数的个数
    fmt.Println("请输入 10 个整数：")
    for i := 0; i < 10; i++ {
        fmt.Scanln(&array[i])
```

```
        if array[i] == 0 {
            fmt.Println("输入不能为 0！")
            i--
            continue
        }
        sum += array[i]
        if array[i] > 0 {
            p++
        } else {
            n++
        }
    }
    fmt.Println("平均值是：", sum/10)
    fmt.Println("正数个数：", p)
    fmt.Println("负数个数：", n)
}
```

运行过程如图 2.19 所示。

```
请输入10个整数：
3
8
4
0
输入不能为0！
-5
6
7
8
-4
11
12
平均值是： 5
正数个数： 8
负数个数： 2
```

图 2.19　运行过程

2）数组遍历

数组遍历使用 for-range 语句，这是 Go 语言特有的一种迭代语法结构，语法格式如下：

```
for 键, 值 := range 对象 {
    语句块                                          //在其中可引用键、值
}
```

其中，“对象”就是要遍历的结构，可以是数组，也可以是其他复合数据类型（如切片、映射等）。当遍历的对象为数组时，“键”就是索引值，“值”则是索引所对应的元素值。需要注意的是，for-range 语句遍历得到的“值”只是原数组元素的“复制值”而非元素本身，对它所做的任何修改并不会影响原数组中的元素。

【实例 2.20】 创建一个数组并遍历其元素，试着修改元素值并查看结果。

程序代码如下（array02.go）：

```
package main
import (
    "fmt"
```

```
)
func main() {
    var myArr [5]int                        //声明一个长度为 5 的数组
    //初始化
    for i := 0; i < 5; i++ {
        myArr[i] = i * i
    }
    fmt.Println("遍历前: ", myArr)
    fmt.Println("数组元素是: ")
    //遍历数组
    for key, val := range myArr {
        fmt.Printf("myArr[%d]: %d\n", key, val)
        if key == 3 {
            val = 27
            fmt.Printf("修改 myArr[%d] = %d\n", key, val)
        }
    }
    //查看修改效果
    fmt.Println("遍历后: ", myArr)
}
```

运行结果如图 2.20 所示。

```
遍历前: [0 1 4 9 16]
数组元素是:
myArr[0]: 0
myArr[1]: 1
myArr[2]: 4
myArr[3]: 9
修改myArr[3] = 27
myArr[4]: 16
遍历后: [0 1 4 9 16]
```

图 2.20　运行结果

可见，虽然在 for-range 语句的内部将索引 3 的元素值修改为了 27，但这种修改并未作用到原数组上，遍历后数组中元素的值依然保持不变，因此 for-range 语句是“只读”地遍历数组中的内容。

for-range 语句不仅可用于遍历数组，还可用于遍历切片、映射、字符串等，在 Go 语言程序设计中的应用非常广泛，后面实例中还会多次使用到它。

2.6.3 切片

切片是指对数组的一个连续“片段”的引用，它实际上是一种变长数组，为引用类型，其内部数据结构由以下 3 部分组成。

（1）array：一个指向数组的指针。

（2）len（int 类型）：切片包含的元素个数（长度）。

（3）cap（int 类型）：切片的容量，即创建切片时为其指定的存储空间大小，数值不能小于 len。

1. 切片创建

可以通过以下几种不同的途径来创建切片。

1）由数组或已存在的切片创建

其语法格式如下：

```
切片名 [开始索引:结束索引]
```

说明：

（1）开始索引和结束索引分别对应对象（数组或切片）被切取的起始位置和结束位置的索引。

（2）被切取的元素个数为“结束索引-开始索引”。

（3）取出的元素不包含结束索引位置的元素。

（4）如果省略开始索引，则表示从对象开头一直切取到结束索引位置。

（5）如果省略结束索引，则表示从开始索引位置一直切取到整个对象的末尾。

（6）如果同时省略开始索引和结束索引，则创建的切片与原对象完全一样。

例如：

```
var array [8]int
array = [...]int{2, 3, 5, 7, 11, 13, 17, 19}
s1 := array[2:6]                              //对数组的切片
fmt.Println(s1)                               //[5 7 11 13]
fmt.Println(len(s1))                          //4

s2 := s1[:2]                                  //对切片的切片（省略开始索引）
fmt.Println(s2)                               //[5 7]

s3 := array[4:]                               //省略结束索引
fmt.Println(s3)                               //[11 13 17 19]

s3 = append(s3, 23)                           //内置 append 函数，用于对切片追加元素
fmt.Println(s3)                               //[11 13 17 19 23]
s4 := array[:4]                               //对数组的切片（省略开始索引）
fmt.Println(s4)                               //[2 3 5 7]
s4 = append(s4, s3...)                        //两个切片合并
fmt.Println(s4)                               //[2 3 5 7 11 13 17 19 23]

s5 := array[:]                                //同时省略开始索引和结束索引
fmt.Println(s5)                               //[2 3 5 7 11 13 17 19]
```

2）用 make 函数创建

Go 语言的内置函数 make 可在内存中开辟一块连续区域，用于创建新的切片。其语法格式如下：

```
var 切片名 []类型                              //声明新切片
切片名 = make([]类型, 长度, [容量])             //创建新切片
```

说明：“类型”是切片中的元素类型；“长度”是指为这个类型分配多少个元素；“容量”是可选的，用于指定预分配的元素数量（通常要大于长度值，默认与长度值相等），设定此参数可提前分配比预定数量更多的内存空间，以提高效率、改善性能。在程序中可用内置 cap 函数得到容量值。

例如：

```
var array [8]int
array = [...]int{2, 3, 5, 7, 11, 13, 17, 19}

var s0, s1 []int
fmt.Println(s0)                                //[]
fmt.Println(s0 == nil)                         //true
fmt.Println("s0 长度：", len(s0), " 容量：", cap(s0))
                                               //s0 长度为 0， 容量为 0
s0 = make([]int, 5)
fmt.Println("s0 长度：", len(s0), " 容量：", cap(s0))
                                               //s0 长度为 5， 容量为 5
s1 = make([]int, 5, 8)
fmt.Println("s1 长度：", len(s1), " 容量：", cap(s1))
                                               //s1 长度为 5， 容量为 8
fmt.Println("s0 =", s0, "s1 =", s1)    //s0 = [0 0 0 0 0]， s1 = [0 0 0 0 0]

s0 = array[:len(s0)]
s1 = array[0:]
fmt.Println("s0 =", s0, "s1 =", s1)
                                   //s0 = [2 3 5 7 11]， s1 = [2 3 5 7 11 13 17 19]
```

3）直接定义和初始化

其语法格式如下：

```
切片名 := []类型{元素 1, 元素 2, ..., 元素 n}
```

例如：

```
s := []int{1, 2, 3, 4, 5, 6}
```

2. 切片复制与清空

1）切片复制

Go 语言的内置函数 copy 用于复制一个切片。例如：

```
var array [8]int
array = [...]int{2, 3, 5, 7, 11, 13, 17, 19}
s0 := array[3:7]
fmt.Println(s0)                 //[7 11 13 17]
s1 := make([]int, len(s0))
copy(s1, s0)
fmt.Println(s1)                 //[7 11 13 17]
//验证。修改 s1，若 s0 不随 s1 改变，就说明 s1 的确是 s0 的一个副本
s1[0] = 2
fmt.Println(s1)                 //[2 11 13 17]
fmt.Println(s0)                 //[7 11 13 17]
```

2）切片清空

如果把切片的开始索引和结束索引都设为 0，则会将切片清空，清空后的切片可重置新的数据内容。例如：

```
var array [8]int
array = [...]int{2, 3, 5, 7, 11, 13, 17, 19}
```

```
s := array[4:]
fmt.Println(s)                    //[11 13 17 19]
s = s[0:0]                        //清空切片
fmt.Println(s)                    //[]
s = array[:4]                     //重置新值
fmt.Println(s)                    //[2 3 5 7]
```

3．切片遍历与修改

切片的遍历也使用 for-range 语句，由于切片内部含有指向数组的指针，数组与基于它创建的切片实际上共享同一段内存，对切片元素的修改是直接作用于数组上的，因此可以通过切片来修改数组。

【实例 2.21】创建一个数组的切片，遍历切片并修改其元素，查看对应数组内容的变化。

程序代码如下（slice.go）：

```
package main
import "fmt"
func main() {
    var myArr [5]int                            //声明一个长度为 5 的数组
    //初始化
    for i := 0; i < 5; i++ {
        myArr[i] = i * i
    }
    fmt.Println("遍历前：", myArr)
    fmt.Println("数组元素是：")
    mySlice := myArr[:]                         //创建一个指向数组的切片
    //遍历切片
    for key, val := range mySlice {
        fmt.Printf("mySlice[%d]: %d\n", key, val)
        if key == 3 {
            mySlice[key] = 27
            fmt.Printf("修改 mySlice[%d] = %d\n", key, mySlice[key])
        }
    }
    //查看修改结果
    fmt.Println("遍历后：", myArr)
}
```

运行结果如图 2.21 所示。

```
遍历前： [0 1 4 9 16]
数组元素是：
mySlice[0]: 0
mySlice[1]: 1
mySlice[2]: 4
mySlice[3]: 9
修改mySlice[3] = 27
mySlice[4]: 16
遍历后： [0 1 4 27 16]
```

图 2.21　运行结果

可以看到，数组的第 4 个（索引为 3 的）元素值被修改了。

2.6.4 映射

映射是“元素对”的无序集合，其中每个元素对都包含一个键（key）和一个值（value），这种结构也被称为“关联数组”或“字典”，它是一种能够快速寻找指定键对应值的理想数据类型。

1．映射声明和创建

声明映射需要同时指定键和值的类型，语法格式如下：

```
var 映射名 map[键类型]值类型
```

与数组不同，声明映射不需要指定长度，因为映射是可以根据元素对的个数自动增长的，使用 len 函数可以获取映射中元素对的数目，未初始化的映射的值是 nil。

映射有两种基本的创建方式——直接创建和用 make 函数创建。例如：

```
var m1 map[int]string
m1 = map[int]string{1: "Go", 2: "Java", 3: "C++"}
fmt.Println(m1)                             //map[1:Go 2:Java 3:C++]
m2 := map[string]string{"Sun": "星期日", "Mon": "星期一"}
fmt.Println(m2)                             //map[Mon:星期一 Sun:星期日]
m3 := make(map[string]float32, 100)     //第 2 个参数（容量）是可选的
m3["王林"] = 80
m3["程明"] = 78.5
m3["王燕"] = 59
fmt.Println(m3)                             //map[王林:80 王燕:59 程明:78.5]
```

2．映射的操作

对一个映射可进行如下操作。

（1）用“映射名[键]”访问指定键对应的值。

（2）用内置 delete 函数“delete(映射名, 键)”删除某个键/值对。

（3）用如下语句判断某个键是否在映射中：

```
变量 1, 变量 2 = 映射名[键]
```

其中，变量 2 是布尔型，用于标识该键是否在映射中（在为 true，不在为 false），如果在，则变量 1 可接收该键的值，如果仅想知道键是否在映射中而不需要获取其值，则变量 1 也可不写，以一个下画线代替：

```
_, 变量 2 = 映射名[键]
```

（4）用 for-range 语句遍历映射。例如：

```
fmt.Print("王林的成绩为", m3["王林"])
m3["王林"] = 85
fmt.Println(", 修改为", m3["王林"])         //王林的成绩为 80, 修改为 85

fmt.Println("有", len(m3), "个成绩记录") //有 3 个成绩记录
delete(m3, "王燕")
fmt.Println("有", len(m3), "个成绩记录") //有 2 个成绩记录
var score float32
var exist bool
score, exist = m3["程明"]
```

```
fmt.Println(score, exist)                    //78.5 true
_, exist = m3["王燕"]
fmt.Println(exist)                           //false

for key, val := range m3 {
    fmt.Printf("%s:%v ", key, val)
}                                            //程明的成绩为 78.5， 王林的成绩为 85
```

需要说明的是，由于映射是一种无序集合，因此在用 for-range 语句遍历一个映射时，程序每次输出的元素对的顺序可能会不一样。

【实例 2.22】 设计一个程序，统计任意给定的一个字符串中每个英文字母的使用频率。

程序代码如下（map.go）：

```
package main
import "fmt"
func main() {
    s := "afasdfassgdfgdfgdfgsdfg"
    num := []byte(s)                         //将单字节字符串复制到一个字节数组中处理
    m := make(map[string]int)                //创建映射
    for k := 0; k < len(num); k++ {
        _, exist := m[string(num[k])]
        if exist {                           //如果存在该字母键，则其值加 1（累计频率）
            m[string(num[k])]++
        } else {
            m[string(num[k])] = 1            //如果不存在，则将该字母的键加入映射中
        }
    }
    for key, val := range m {                //遍历输出统计结果
        fmt.Print(key, "=", val, "  ")
    }
}
```

运行结果（每次运行，元素对的输出顺序会有所不同）如图 2.22 所示。

```
a=3  f=6  s=4  d=5  g=5
```

图 2.22 运行结果

2.6.5 列表

Go 语言的列表通过双向链表的方式实现，列表中的每个元素都持有其前后元素的引用，这使得对列表进行前后两个方向的遍历都非常方便，还能高效地在任意位置插入和删除元素。在 Go 语言中用于实现列表的是 container/list 包。

1. 列表初始化

初始化列表有如下两种方法。

（1）使用 var 关键字。

使用 var 关键字初始化列表的语法格式如下：

```
var 列表名 list.List
```

（2）使用 New 函数。

New 函数位于 container/list 包中，使用它初始化列表的语法格式如下：

```
列表名 := list.New()
```

不同于前面讲的切片和映射，列表不受具体元素类型的限制，它的元素可以是任意类型的。

2. 列表插入和删除

Go 语言的列表是双向链表，用户能从前或后两个方向向其中插入元素，分别对应 PushFront 函数和 PushBack 函数，这两个函数都会返回一个*list.Element 结构，其中记录着所插入元素的值及其与前后节点之间的关系等信息。当需要查看插入元素的内容时，可通过*list.Element 结构的 Value 字段获得；当需要在这个元素之前或之后插入元素时，可用*list.Element 结构配合 InsertBefore 函数和 InsertAfter 函数实现；当要从列表中删除元素时，可通过对元素的*list.Element 结构执行 Remove 函数来实现。

例如：

```
var l list.List                                      //或写为l := list.New()
element := l.PushFront("王林")                       //当前元素的*list.Element结构
l.PushFront("王燕")                                  //在头部插入
l.PushBack("程明")                                   //在尾部插入
fmt.Println("当前元素：", element.Value)             //当前元素：王林
fmt.Println("前一个元素：", element.Prev().Value)    //前一个元素：王燕
fmt.Println("后一个元素：", element.Next().Value)    //后一个元素：程明
l.InsertAfter(85, element)                           //在当前元素之后插入
l.InsertBefore(59, element)                          //在当前元素之前插入
l.Remove(element.Next().Next())                      //删除下下个元素（"程明"）
```

3. 列表遍历

双向链表可以从前向后或从后向前遍历。当从前向后遍历时，使用 Front 函数获取列表头部元素，在遍历时只要元素不为空就可以继续进行，每次访问都会调用元素的 Next 函数；当从后向前遍历时，则使用 Back 函数获取列表尾部元素，每次访问都会调用元素的 Prev 函数。

例如，分别从前后两个方向对上面创建的列表 l 进行遍历：

```
for e := l.Front(); e != nil; e = e.Next() {        //从前向后遍历
    fmt.Print(e.Value, "  ")
}                                                    //王燕  59  王林  85
fmt.Println()
for e := l.Back(); e != nil; e = e.Prev() {         //从后向前遍历
    fmt.Print(e.Value, "  ")
}                                                    //85  王林  59  王燕
```

2.7　函数

函数是一段封装好、可重复使用的用于完成单一功能的代码段。因为它有利于实现代码的模块化和代码复用，所以绝大多数高级语言都支持函数，Go 语言更是把函数作为“第一公民”。与其他语言相比，Go 语言的函数功能更强大、使用更灵活，具有如下几个显著的特点。

（1）函数被作为一种特殊的数据类型对待，用户可定义函数型的变量，并像普通变量一样使用，如变量间赋值、用作其他函数的参数或返回值等。

（2）支持多个返回值。

（3）支持可变参数。

2.7.1 函数的定义

1. 函数声明

Go 语言用关键字 func 声明一个函数。其语法格式如下：

```
func 函数名([参数列表]) [(返回值列表)] {
    函数体
    [return [值列表]]
}
```

说明：

（1）函数名可任取，但必须遵循 Go 标识符的命名规范。

（2）参数列表是可选的，可以没有参数，也可以有一个或多个相同或不同类型的参数。当有多个参数时，其中的每个参数都由变量名和类型声明组成，参数间以英文逗号分隔。如果参数列表中相邻参数的类型相同，则可以省略前面几个仅保留最后一个参数的类型声明。

（3）返回值列表也是可选的，Go 语言支持多个返回值并支持对返回值进行命名，其形式与参数列表类似。通常返回值列表需要加英文括号“()”，但如果只有一个返回值且没有命名，则可以省略括号。

（4）函数体是由任意合法的 Go 语句（一条或多条）组成的代码块，用于实现函数功能。

（5）有返回值的函数在结束前必须用 return 语句返回一个值列表，根据定义的返回值个数，值列表可以有一个或多个值（以逗号分隔），而对于命名了返回值的函数，return 后面的值列表可以省略。

例如：

```
func say() {                                    //没有参数列表，也没有返回值列表
    println("Hello World!")
}
func main() {
    say()                                       //Hello World!
}

func say() string {                             //有一个字符串型的返回值
    return "Hi Go!"
}
func main() {
    println(say())                              //Hi Go!
}

func rectCal(w, h float32) float32 {            //省略参数 w 的类型声明
    return w * h
}
```

```
func main() {
    println(rectCal(4, 7.5))                          //+3.000000e+001
}

func rectCal(w int, h int) (int, int) {               //多个返回值，返回值列表要加括号
    girth := (w + h) * 2
    area := w * h
    return girth, area                                //值列表的多个值以逗号分隔
}
func main() {
    var c, s int
    c, s = rectCal(3, 4)
    fmt.Println("周长 =", c, "  面积 =", s)            //周长 = 14   面积 = 12
}

func rectCal(w, h int) (girth, area int) {            //命名了返回值的函数
    girth = (w + h) * 2
    area = w * h
    return                                            //值列表可省略
}
func main() {
    var c, s int
    c, s = rectCal(3, 4)
    fmt.Println("周长 =", c, "  面积 =", s)            //周长 = 14   面积 = 12
}
```

2. 参数传递

在声明函数时，参数列表中所列出的是函数的形式参数，简称“形参”。形参用于接收外部传入的数据，它们就像定义在函数体内的局部变量一样，可供函数体的代码直接使用。在调用函数时，传给形参的实际数据叫作实际参数，简称“实参”。需要注意的是，在调用函数时，实参与形参在顺序、个数、类型上必须一一匹配。

Go函数的实参到形参的传递采用“值传递”方式，若函数体代码改变了形参的值，那么函数执行后实参的值依然保持不变。例如：

```
func swap(a, b int) {
    a, b = b, a
}
func main() {
    var a0, b0 = 3, 8
    swap(a0, b0)
    fmt.Println("a0 =", a0, " b0 =", b0)         //a0 = 3  b0 = 8
}
```

可见，输出的a0值和b0值并未交换，这是因为采用“值传递”方式在调用函数时是将实参（a0和b0）复制一份传递给形参，函数体中语句“a, b = b, a”交换的是实参的副本而非实参本身。

如果想要通过函数改变实参的值，则可以使用指针进行引用传递，将上述代码修改为如下内容：

```
func swap(a, b *int) {                         //定义形参为指针（*int）类型
    *a, *b = *b, *a                            //交换指针所指地址内的值
}
func main() {
    var a0, b0 = 3, 8
    swap(&a0, &b0)                             //传入 a0、b0 的地址（引用）
    fmt.Println("a0 =", a0, " b0 =", b0)       //a0 = 8  b0 = 3
}
```

在以上代码中，实参传递给形参仍然采用“值传递”方式，只不过复制的是指针值（a0 和 b0 的地址），这样在函数中对形参所做的修改就能作用到实参上，成功实现两个变量的交换。

3. 可变参数

Go 函数还支持接收不定数量的参数，即“可变参数”。可变参数函数的语法格式如下：

```
func 函数名([参数列表], 可变参数名 ...类型) [(返回值列表)] {
    函数体
    [return [值列表]]
}
```

说明：

（1）可变参数通过一个参数名以切片的形式传入函数，因此在函数体内可采用操作切片的方式来操作它。

（2）可变参数函数也可以有一个或多个其他参数，当参数列表有多个参数时，可变参数名必须声明在最后。

（3）所有可变参数的类型必须相同。

例如：

```
func sum(offset int, s ...int) (sum int) {     //第 2 个参数 s 为可变参数
    for _, val := range s {                    //以遍历切片的方式访问其元素
        val += offset
        sum += val
    }
    return
}
func main() {
    array := [...]int{2, 3, 5, 7, 11, 13}      //创建（初始化）一个数组
    fmt.Println(sum(1, array))                 //错误，数组不可以传递给可变参数
    s1 := array[4:]                            //切片[11 13]
    fmt.Println(sum(2, s1...)) //28，(11 + 2) + (13 + 2)
    s2 := array[:4]                            //切片[2 3 5 7]
    fmt.Println(sum(1, s2...)) //21，(2 + 1) + (3 + 1) + (5 + 1) + (7 + 1)
    s3 := []int{1, 2, 3}
    fmt.Println(sum(3, s3...)) //15，(1 + 3) + (2 + 3) + (3 + 3)
}
```

在将切片作为实参传递给可变参数时，切片名后一定要加“...”。

2.7.2 函数型变量

在 Go 语言中，函数也可以作为一种类型被使用，用户可以自定义函数型变量，这种变量具有与普通变量一样的性质，十分有用。

1. 函数签名

一个函数的类型也就是它的“签名”，即该函数声明的首行去掉函数名、参数名和“{”后剩下的部分，可以用 fmt.Printf 函数的“%T”格式输出并查看一个函数的签名。例如：

```
func say() {
    println("Hello World!")
}
func main() {
    fmt.Printf("%T", say)                  //func()
}

func say() string {
    return "Hi Go!"
}
func main() {
    fmt.Printf("%T", say)                  //func() string
}

func rectCal(w, h float32) float32 {
    return w * h
}
func main() {
    fmt.Printf("%T", rectCal)              //func(float32, float32) float32
}

func rectCal(w int, h int) (int, int) {
    girth := (w + h) * 2
    area := w * h
    return girth, area
}
func main() {
    fmt.Printf("%T", rectCal)              //func(int, int) (int, int)
}

func rectCal(w, h int) (girth, area int) {
    girth = (w + h) * 2
    area = w * h
    return
}
func main() {
    fmt.Printf("%T", rectCal)              //func(int, int) (int, int)
}
```

两个签名完全一样的函数具有相同的类型，可见，只要参数列表和返回值列表相同（列表元素个数、顺序和类型一样，参数名可以不同），函数的类型也就相同。

2. 函数类型

可以用函数签名来定义函数类型，其语法格式如下：

```
type 类型名 函数签名
```

其中，类型名可以任取，只要符合标识符命名规范即可。

例如，计算圆形面积与圆形周长的函数 circleArea 和 circleGirth：

```
func circleArea(r float32) float32 {
    return math.Pi * r * r
}

func circleGirth(r float32) float32 {
    return 2 * math.Pi * r
}
```

都是接收一个浮点型的半径值作为参数，返回一个浮点型的结果值（面积与周长），因此这两个函数的签名是一样的，可定义成一个类型：

```
type circleCal func(float32) float32
```

这样定义之后，就可以在程序中将函数名作为值赋给 circleCal 类型的变量，并通过该变量来调用相应的函数：

```
func main() {
    var circle circleCal = circleArea
    fmt.Println(circle(3))                    //输出面积值 28.274334
    circle = circleGirth
    fmt.Println(circle(3))                    //输出周长值 18.849556
}
```

【实例 2.23】 设计一个通用函数，能根据用户给出的命令决定执行累加运算还是阶乘运算。

程序代码如下（func.go）：

```
package main
import "fmt"
func dec(n int) int {                         //执行累加运算的函数
    var s = 0
    if n != 0 {
        for i := 1; i <= n; i++ {
            s += i
        }
    }
    return s
}

func fac(n int) (s int) {                     //执行阶乘运算的函数
    s = 1
    if n != 0 {
        for i := 1; i <= n; i++ {
            s = s * i
```

```
            }
        }
        return
    }

    type opt func(int) int                      //定义函数类型

    func caltorial(cmd opt, n int) int {        //通用函数
        return cmd(n)
    }

    func main() {
        var n int                               //操作数
        var op string                           //命令符号
        fmt.Print("输入数值（整数）：")
        fmt.Scanln(&n)
        fmt.Print("输入命令（?/!）：")
        fmt.Scanln(&op)
        if op == "?" {                          //执行累加运算
            fmt.Print(n, "? = ", caltorial(dec, n))
        } else if op == "!" {                   //执行阶乘运算
            fmt.Print(n, "! = ", caltorial(fac, n))
        }
    }
```

说明：由于执行累加运算与执行阶乘运算的函数有同样的签名（func(int) int），因此可以将其定义为一种函数类型 opt，而设计的这个通用函数则以 opt 型的变量作为它的一个参数 cmd，这样在函数体中就能直接通过 cmd 执行调用而不用管调用的究竟是计算累加还是计算阶乘的函数，直到运行时程序才根据用户输入的命令来决定具体执行哪种运算。

运行过程如图 2.23 所示。

```
输入数值（整数）：5
输入命令（?/!）：?
5? = 15
```

（a）执行累加运算

```
输入数值（整数）：5
输入命令（?/!）：!
5! = 120
```

（b）执行阶乘运算

图 2.23　运行过程

可见，通过巧妙地使用函数型变量，可以基于一组结构相似的函数定义更为通用的函数，在更高的抽象层次上设计并开发程序功能，这有利于实现代码的模块化和代码复用，以及便于后期的维护，这也是 Go 语言相比其他语言更优越的地方。

2.7.3　匿名函数

顾名思义，“匿名函数”也就是没有名称的函数，但可以有参数列表和（或）返回值列表，它无须事先声明就可以直接在程序中使用，在使用时才写出函数体。在 Go 程序中凡是用到函数型变量的地方，原则上都可以用一个匿名函数替代，匿名函数可以被赋值给函数型变量、作为别的函数的参数或返回值，或者直接被调用。匿名函数几种典型的使用场景如下：

```
var getArea = func(r float32) float32 { //匿名函数被赋值给函数型变量
    return math.Pi * r * r
}
func main() {
    fmt.Println(getArea(3))             //28.274334
}
```

```
func rectCal(area func(int, int) int, w, h int) int {
                                        //匿名函数作为函数参数
    return area(w, h)
}
func main() {
    s := rectCal(func(w, h int) int {
        return w * h
    }, 3, 4)
    fmt.Println("面积 =", s)             //面积 = 12
}
```

```
func circleCal(rs string) func(float32) float32 {
                                        //匿名函数作为函数返回值
    switch rs {
    case "area":
        return func(r float32) float32 {
            return math.Pi * r * r
        }
    case "girth":
        return func(r float32) float32 {
            return 2 * math.Pi * r
        }
    default:
        return nil
    }
}
func main() {
    c := circleCal("girth")(3)
    fmt.Println("周长 =", c)             //周长 = 18.849556
}
```

2.8 错误处理

程序代码在运行时不可避免会产生错误，错误通常分为如下两类。

（1）运行时错误。

此类错误会使程序无法正常运行，导致进程崩溃后退出。Go 是一种类型安全的语言，能捕获几乎所有的运行时错误，只要在程序中用 recover 函数及时处理这些错误，就可以避免程序因一个小的错误而崩溃，从而保证代码的容错性。Go 语言内置了一个错误接口类型 error，从中可以得到运行时错误的具体信息，程序员可在程序中将其打印输出，以排查错误原因。

（2）逻辑错误。

逻辑错误不会影响程序运行，但最终输出的运算结果是不正确的。对于这类错误，需要程序员根据程序的逻辑功能，在可能出错的地方加以判断，一旦发生错误，就用 panic 函数主动抛出和处理。

Go 语言通过在代码开头使用一个延迟调用函数 defer 来检测和处理错误，形式如下：

```
defer func() {
    if error := recover(); error != nil {
        ...//错误处理
    }
}()
```

下面通过两个实例来分别演示上述两种错误类型的处理方法。

【实例 2.24】 执行除法运算（运行时错误处理）。

说明： 在执行除法运算时，一个典型的运行时错误就是除数为 0，这将导致程序无法正常运行并抛出异常。

程序代码如下（error01.go）：

```
package main
import "fmt"
func main() {
    defer func() {
        if error := recover(); error != nil {
            fmt.Println("发生错误，Go 语言运行时产生的错误信息如下：\n", error)
        }
    }()
    var a, b int
    fmt.Print("输入被除数：")
    fmt.Scanln(&a)
    fmt.Print("输入除数：")
    fmt.Scanln(&b)
    fmt.Println(a, "/", b, "=", a/b)
}
```

运行程序，故意输入除数为 0，如图 2.24 所示。

```
输入被除数：20
输入除数：0
发生错误，Go语言运行时产生的错误信息如下：
 runtime error: integer divide by zero
```

图 2.24　运行过程

【实例 2.25】 计算圆形面积（逻辑错误处理）。

说明： 圆形的半径不能为负值，虽然将负的半径值代入面积公式也能算出结果，但这是没有意义的。

程序代码如下（error02.go）：

```
package main
import (
```

```
    "fmt"
    "math"
)

func circleArea(r float32) float32 {
    if r < 0 {
        panic("logic error: radius less than zero")         //主动抛出错误
    }
    return math.Pi * r * r
}

func main() {
    defer func() {
        if error := recover(); error != nil {
            fmt.Println("发生错误，自定义函数主动抛出的错误信息如下：\n", error)
        }
    }()
    var radius float32
    fmt.Print("输入半径：")
    fmt.Scanln(&radius)
    fmt.Println("圆形面积 =", circleArea(radius))
}
```

运行程序，故意输入一个负的半径值，如图 2.25 所示。

```
输入半径：-3
发生错误，自定义函数主动抛出的错误信息如下：
 logic error: radius less than zero
```

图 2.25　运行过程

第 3 章 Go 语言面向对象编程

3.1 面向对象的概念

3.1.1 类与对象

1. 类

现实世界中的各种事物都可以被分类，如星球、动物、房子、学生、汽车等。类包含属性、方法和事件，通过属性表示它的特征（数据），通过方法实现它的行为（功能），通过事件做出响应。对一个系统来说，其最基本的类被称为父类，由父类派生出多个子类（派生类），这些子类还可以继续派生出更多的子类，形成类的层次结构。

举例如下。

父类：汽车。

子类：卡车、轿车、客车等。

汽车类属性：车轮、方向盘、发动机、车门等。

汽车类方法：前进、倒退、刹车、转弯、听音乐、导航等。

汽车类事件：车胎漏气、油用到临界值、遇到碰撞等。

2. 对象

对象是类的具体表现，是具有属性和方法的实体（实例）。对象通过唯一的标识名区别于其他对象。对象通常还有固定的对外接口，它是对象与外界通信的通道。

例如，汽车类派生出的轿车子类的对象有比亚迪 F6、奥迪 A6L 等。

3.1.2 面向对象编程

面向对象编程（Object-Oriented Programming，OOP）是一种基于类和对象的程序设计方法。它将需要解决的问题抽象成一个个能以计算机逻辑形式表现的封装实体，即对象。类是在对象之上的抽象，通过定义属性和方法来描述其特征和行为。类为属于它的全部对象提供了统一的抽象描述，可看作一种抽象的数据类型，即对象的模板；对象则是类的具体表现，是类的实例，用接口来描述对象的地位及对象实例之间的关系，由此构成面向对象的概念模型，如图 3.1 所示，它能更好地反映现实世界，对事物的描述更加自然，更容易解决现实问题。

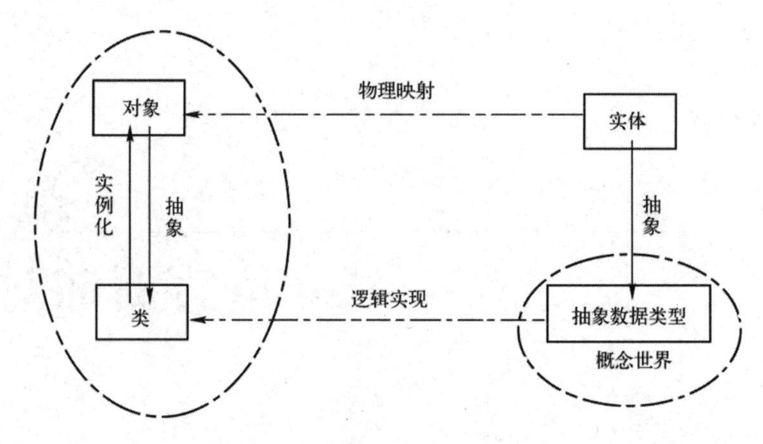

图 3.1　面向对象的概念模型

在面向对象编程中，数据结构与作用于其上的算法被视为一个整体，即对象，而现实世界中任何类的对象都具有一定的属性和方法，可以用数据结构与算法分别加以描述，所以可用下面的等式来定义面向对象程序：

对象 = 数据结构 + 算法

程序 = 对象 + 对象 + …

从上述两个等式可以看出，面向对象程序就是由许多对象组成的，而对象则是程序中的一个个实体，每个对象都只提供特定的功能，它们是彼此独立的，这就提高了代码的复用率，更有利于软件系统的维护、扩展和升级。在 20 世纪 80 年代后期，面向对象的设计和编程就已成为一种成熟、有效的软件开发方法，是计算机技术发展的重要成果之一。

3.1.3　面向对象语言的特征

支持面向对象编程的语言就是“面向对象语言”，如 C++、Java、Go 语言等。面向对象语言都具备如下三大基本特征。

1. 封装

所谓“封装”，就是用一个框架把数据和代码组合在一起，形成对象。按照面向对象数据抽象的要求，一般描述对象特征的数据都被封装起来，外部不能直接访问，其只能通过对象提供的公共方法存取数据内容。

被封装的对象之间通过一种被称为“消息传递”的机制进行通信。消息是向对象发送的服务请求，它包含要求接收对象（接收者）执行某些活动的信息，以及完成要求所需的其他信息（参数）。发送消息的对象（发送者）不需要知道接收者是如何对请求予以响应的，接收者收到消息后就承担了执行指定动作的责任，通过执行自身内部封装的某个方法来响应发送者的请求，并做出答复。

2. 继承

世界本身是复杂的，而在大千世界中事物之间又有很多相似之处，这种相似之处正是人们理解纷繁事物的一个基础。相似的事物之间往往具有某种“继承”关系，比如，儿子长得像父亲，是因为儿子继承了父亲的许多遗传特性；卡车、轿车、客车存在相似性，是因为它们都属于汽车，继承了汽车的一般特征。

“继承”是面向对象方法的一块基石，通过它可以建立起具有等级层次的类的体系。例如，先创建一个通用的汽车类，定义汽车的一般属性（车轮、方向盘、发动机、车门等）和方法（前进、倒退、刹车、转弯等），再从这个已有的类出发，用继承的方式派生出新的子类，如卡车、轿车、客车等，如图 3.2 所示，它们都是比汽车类更具体的类，每个具体的类都可以增加自己特有的一些属性和方法。在面向对象的系统设计中，继承关系的表示如图 3.3 所示。

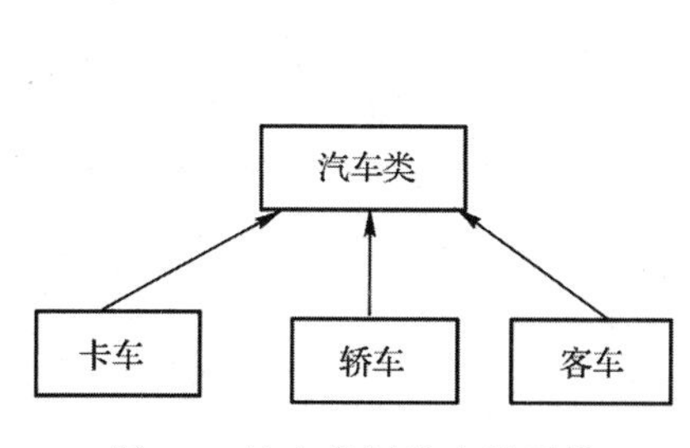

图 3.2　汽车类派生出的子类

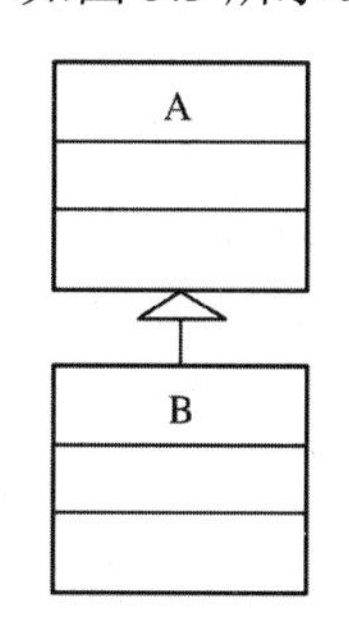

图 3.3　继承关系的表示

另外，继承也是父类与子类之间共享数据和方法的一个重要途径。

一个类有两个或两个以上的直接父类的继承结构被称为多重继承或多继承。在现实生活中，这种结构也屡见不鲜，如一些类似于沙发床的组合功能产品，既有沙发的功能，又有床的功能，应当允许它同时继承沙发和床这两个类，如图 3.4 所示。在面向对象的系统设计中，多继承关系的表示如图 3.5 所示。

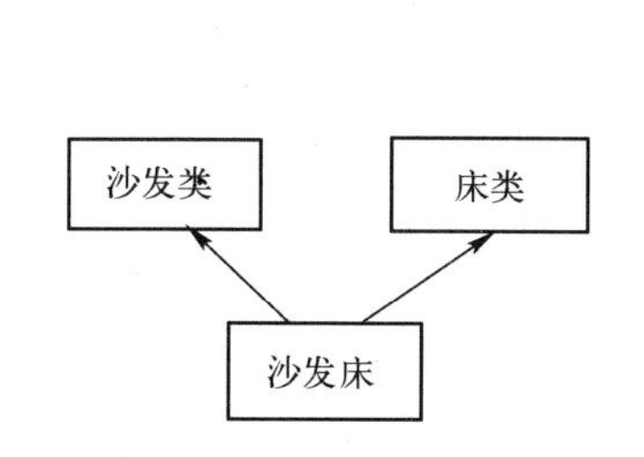

图 3.4　同时继承两个类

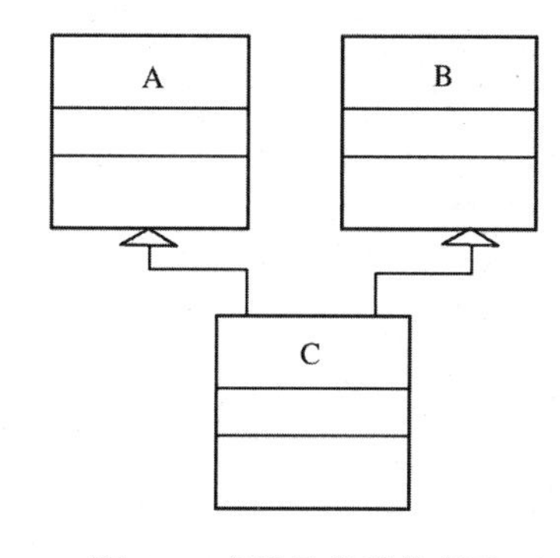

图 3.5　多继承关系的表示

尽管多继承从形式上看比较直观，但在实现上可能会引起继承属性或方法的冲突，所以目前很多编程语言已不再直接支持它，而改用接口（Interface）来实现多继承特性，接口可以从多个基接口继承，如图 3.6 所示。典型的接口就是一个方法声明的列表，接口不提供它所声明的方法的实现，所以不能被实例化，而是由实现接口的类分别以各自的方式去定义和实现这些方法，从而避免了直接采用多继承可能造成的问题。

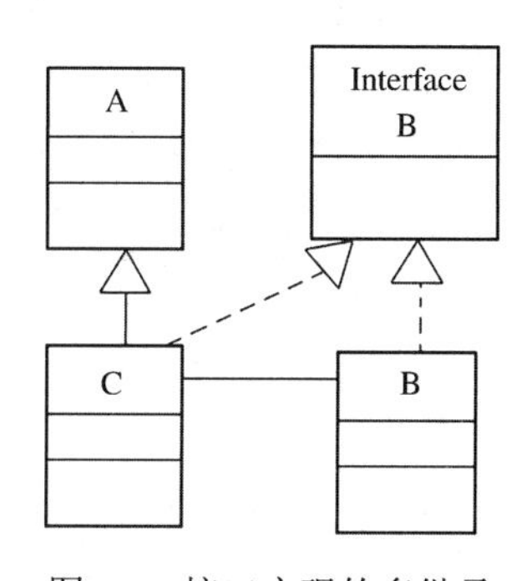

图 3.6　接口实现的多继承

3. 多态

多态是指同一个消息或操作在作用于不同对象时，可以有不同的反应，产生不同的行为和结果。

举个例子：

春秋时期，孔子率众弟子周游列国，因其“仁”的主张得不到采纳而被各国驱逐出境，有一次在荒野里饿得走不动了，于是问他的弟子为何会落到这步田地。

子路以为是不是由于我们没有仁德和智谋，所以人们不采纳我们的主张。

子贡认为先生的道（理想）大到了极点以致天下人所不容，倒不如降低自己的理想以求安身。

颜回则坚持即使天下人都不容我们，但只要理想是正确的，不被世人接纳也没关系，走自己的路方显君子本色！

——见《史记·孔子世家》陈蔡之厄的典故

在这里，孔子的 3 个“三观”不一样的学生可看作 3 个不同的对象，对于老师提出的同一个问题，他们分别给出了完全不同的回答，这就是典型的同一个消息发送给不同对象，不同对象做出不同反应的例子。

多态还有一个显著的特点是“动态绑定”，当在一个具有继承关系的类层次结构中间接调用一个对象的方法时，调用要经过父类的操作，只有在系统运行时，才能根据实际情况决定实现何种操作。

3.2　面向对象在 Go 语言中的实现

3.2.1　封装的实现

1．属性

Go 语言中并没有用于表示类的 class 关键字，但可以使用结构体（struct）实现对属性的封装，其语法格式如下：

```
type 类名 struct {
    属性 1 类型 1
    属性 2 类型 2
    ...
    属性 n 类型 n
}
```

例如，定义一个人类（Human），包括姓名、身高、体重、年龄 4 个属性：

```
type Human struct {
    name string
    height float32
    weight float32
    age    int
}
```

2．方法

在 Go 语言中，类的方法不是像其他面向对象语言那样写在类体内部，而是一个以指针作用于类上的外部函数，其语法格式如下：

```
func (指针名 *类名) 方法名([形参列表]) [(返回值列表)] {
    方法体
```

```
    [return [值列表]]
}
```

例如，给人类（Human）定义一个计算身体质量指数（BMI）的方法 bmiCal：

```
func (h *Human) bmiCal() float32 {
    return h.weight / (h.height * h.height)
}
```

3．属性访问

在面向对象的编程方式下，通常不建议外部程序直接访问类内部的属性，而是通过类提供的一对 get/set 方法来获取和设置属性值，即通过“模型（值对象）”来操作数据，很多持久层框架也是基于这样的规范来编写程序的。

Go 类的 get/set 方法的定义方式与普通方法的一样，但建议将它们分别命名为 getXxx、setXxx（其中，Xxx 为属性名，首字母大写）。

例如，定义一对获取与设置人类体重的 get/set 方法：

```
//get 方法
func (h *Human) getWeight() float32 {
    return h.weight                                    //获取体重
}
//set 方法
func (h *Human) setWeight(weight float32) {
    h.weight = weight                                  //设置体重
}
```

这样在程序中就可以通过这对方法来设置和获取一个人的体重值，代码如下：

```
man := Human{}                                     //创建人类的对象（一个人）
man.setWeight(60)                                  //设置他（她）的体重
fmt.Println(man.getWeight())                       //60
```

4．对象创建

创建类的对象，通常有如下几种写法：

```
对象名 := 类名{}
对象名 := new(类名)
var 对象名 类名 = 类名{}
```

在创建对象后，再通过定义好的一系列 set 方法给对象的各个属性赋初值，其语法格式如下：

```
对象名.setXxx1(属性 1 值)
对象名.setXxx2(属性 2 值)
...
对象名.setXxxn(属性 n 值)
```

当然，也可以在创建对象的同时就初始化其各个属性的值，如只写一句：

```
对象名 := 类名{属性 1 值, 属性 2 值, ..., 属性 n 值}
```

这就相当于其他面向对象语言中执行类的构造函数（方法）。

【实例 3.1】 用面向对象方法封装一个人的身高、体重等属性，并计算其 BMI。

程序代码如下（human.go）：

```
package main
import "fmt"
type Human struct {
```

```
    name   string                                  //姓名
    height float32                                 //身高
    weight float32                                 //体重
    age    int                                     //年龄
}

func (h *Human) bmiCal() float32 {                 //计算 BMI 的方法
    return h.weight / (h.height * h.height)
}

//姓名属性的 get/set 方法
func (h *Human) getName() string {
    return h.name
}
func (h *Human) setName(name string) {
    h.name = name
}

//身高属性的 get/set 方法
func (h *Human) getHeight() float32 {
    return h.height
}
func (h *Human) setHeight(height float32) {
    h.height = height
}

//体重属性的 get/set 方法
func (h *Human) getWeight() float32 {
    return h.weight
}
func (h *Human) setWeight(weight float32) {
    h.weight = weight
}

//年龄属性的 get/set 方法
func (h *Human) getAge() int {
    return h.age
}
func (h *Human) setAge(age int) {
    h.age = age
}

func main() {
    man := Human{}
    man.setName("周何骏")
    man.setHeight(1.73)
    man.setWeight(60)
    man.setAge(19)
```

```
    fmt.Println(man.getName(), "的 BMI 是", man.bmiCal())
}
```

运行结果如图 3.7 所示。

```
周何骏的 BMI是 20.047445
```

图 3.7　运行结果

3.2.2　继承的实现

在 Go 语言中，没有用于声明继承关系的 extends 关键字，通常采用在结构体中内嵌类型的方式来实现继承，即让子类包含其父类名的属性，其语法格式如下：

```
type 父类名 struct {
    属性 1 类型 1
    属性 2 类型 2
    ...
    属性 n 类型 n
}

type 子类名 struct {
    父类名
    属性 n+1 类型 n+1
    属性 n+2 类型 n+2
    ...
    属性 n+n 类型 n+n
}
```

这样继承父类后，子类不仅自动拥有父类所拥有的所有属性（属性 1～属性 n），还可以定义一些自己特有的属性（属性 n+1～属性 n+n），同时，原来定义在父类上的方法也会自动属于子类，当然子类也可以另外定义一些自己特有的方法。

【实例 3.2】 定义一个动物类（Animal）作为父类，定义一个人类（Human）作为子类，子类继承动物类的属性，并增加一个物种（species）属性，输出一个具体的人的信息。

程序代码如下（animal.go）：

```
package main
import "fmt"
type Animal struct {                              //动物类（父类）
    name   string                                 //姓名
    height float32                                //身高
    weight float32                                //体重
    age    int                                    //年龄
}

func (a *Animal) getName() string {
    return a.name
}
func (a *Animal) getHeight() float32 {
    return a.height
```

```
}
func (a *Animal) getWeight() float32 {
    return a.weight
}
func (a *Animal) getAge() int {
    return a.age
}

type Human struct {                                    //人类（子类）
    Animal                                             //继承动物类
    species string                                     //增加的物种属性
}

func (h *Human) getSpecies() string {                  //增加属性的 get 方法
    return h.species
}

func main() {
    man := Human{Animal{"周何骏", 1.73, 60, 19}, "人"}
    fmt.Println("我叫", man.getName(), ", 是一个身高", man.getHeight(), "米、体重", man.getWeight(), "千克的", man.getAge(), "岁的", man.getSpecies(), "。")
}
```

运行结果如图 3.8 所示。

```
我叫 周何骏 ，是一个身高 1.73 米、体重 60 千克的 19 岁的 人 。
```

图 3.8　运行结果

3.2.3　多态的实现

3.1.3 节已经讲过，所谓“多态”，就是不同对象对同一消息做出的不同反应，而给一个对象发消息实则是调用它的方法，所以多态也可以理解为同一方法针对不同类的不同实现方式。Go 语言借助接口来实现多态机制，具体如下。

1. 定义接口

定义一个接口，在里面声明（罗列出）需要实现多态的一系列方法：

```
type 接口名 interface {
    方法名 1() 类型 1
    方法名 2() 类型 2
    ...
    方法名 n() 类型 n
}
```

2. 实现方法

接口仅提供方法声明，并不支持对方法的实现，具体的实现则留给各个类去完成，这里假设有两个类，分别独立实现上面接口中的方法，其语法格式如下：

```
//第 1 个类对接口中方法的实现
func (指针名 *类名 1) 方法名 1() 类型 1 {
    ...//方法体
}
func (指针名 *类名 1) 方法名 2() 类型 2 {
    ...//方法体
}
...
func (指针名 *类名 1) 方法名 n() 类型 n {
    ...//方法体
}

//第 2 个类对接口中方法的实现
func (指针名 *类名 2) 方法名 1() 类型 1 {
    ...//方法体
}
func (指针名 *类名 2) 方法名 2() 类型 2 {
    ...//方法体
}
...
func (指针名 *类名 2) 方法名 n() 类型 n {
    ...//方法体
}
```

说明：由于 Go 语言的方法是定义在类体之外的，因此上述各个方法的实现也可以不写在一起，分散在程序的各个地方，但要根据代码可读性及维护的实际需要来决定各个方法在程序中所处的位置。

3．动态绑定

在编程时，可声明一个接口类型的变量，将不同对象实例的引用（地址）赋给它，程序运行时该变量就会被动态绑定到相应的类上，执行其所实现的方法，其语法格式如下：

```
var 变量名 接口名
变量名 = &类名 1{...}                          //给变量赋第 1 个类的对象实例的引用
变量名.方法名 i()                              //执行第 1 个类所实现的方法 i
变量名 = &类名 2{...}                          //给变量赋第 2 个类的对象实例的引用
变量名.方法名 i()                              //执行第 2 个类所实现的方法 i
```

为便于读者理解，下面通过一个实例来演示上述多态的实现过程。

【实例 3.3】运用多态分别判断一个人和一只大熊猫是否已成年。

背景知识：一个人满 18 周岁才算成年，熊猫则不然，由于熊猫的生理发育进程比人类快得多（在 3 倍以上），四五岁就已性成熟，而一般超过 20 岁的大熊猫就被认为是老年熊猫了。可通过以下公式来大致换算大熊猫的年龄和人的年龄：

$$大熊猫的年龄 \approx 3.5 \times 人的年龄 + 1.5$$

实现思路：本例先定义一个父类 Animal（动物类），再定义两个子类 Human（人类）和 Panda（熊猫类），它们都继承 Animal 类。

（1）定义一个 Adult（成年）接口，其中有获取姓名和年龄的 getName 方法和 getAge 方法，以及获取物种名的 getSpecies 方法，还有判断对象是否已成年的 isAdult 方法。

（2）由父类 Animal 实现接口的 getName 方法和 getAge 方法，这两个方法是公共的，仅有唯一的实现，Human 类和 Panda 类都可以继承使用。

（3）Human 类和 Panda 类分别实现各自的 getSpecies 方法和 isAdult 方法，获取自身所属的物种名，并以不同的算法来判断自己的类对象是否已成年，从而实现多态。

程序代码如下（adult.go）：

```
package main
import "fmt"
type Animal struct {                            //动物类（父类）
    name   string                               //姓名
    height float32                              //身高
    weight float32                              //体重
    age    int                                  //年龄
}

func (a *Animal) getName() string {             //获取姓名的方法（公共，父类实现）
    return a.name
}
func (a *Animal) getAge() int {                 //获取年龄的方法（公共，父类实现）
    return a.age
}

type Human struct {                             //人类（子类）
    Animal
    species string
}

func (h *Human) getSpecies() string {           //获取物种名的方法（多态，人类实现）
    return h.species
}

type Panda struct {                             //熊猫类（子类）
    Animal
    species string
}

func (p *Panda) getSpecies() string {           //获取物种名的方法（多态，熊猫类实现）
    return p.species
}

type Adult interface {                          //成年接口
    getName() string                            //获取姓名的方法
    getAge() int                                //获取年龄的方法
    getSpecies() string                         //获取物种名的方法（多态）
    isAdult() string                            //判断对象是否已成年的方法（多态）
}

func (h *Human) isAdult() string {          //判断是否已成年的方法（多态，人类实现）
```

```
    if h.age < 18 {
        return "未成年"
    } else {
        return "已成年"
    }
}

func (p *Panda) isAdult() string {      //判断是否已成年的方法（多态，熊猫类实现）
    if float32(p.age)*3.5+1.5 < 18 {
        return "未成年"
    } else {
        return "已成年"
    }
}

func main() {
    var kid Adult                                   //声明一个接口类型变量
    kid = &Human{Animal{"周骁瑀", 1.35, 23, 8}, "人"}
                                                    //给变量赋予人类的对象实例
    fmt.Println("我叫", kid.getName(), ", ", kid.getAge(), "岁", ", ",
kid.isAdult(), kid.getSpecies(), "。")              //运行时执行人类的方法
    kid = &Panda{Animal{"冰晶晶", 1.66, 105, 8}, "大熊猫"}
                                                    //给变量赋予熊猫类的对象实例
    fmt.Println("我叫", kid.getName(), ", ", kid.getAge(), "岁", ", ",
kid.isAdult(), kid.getSpecies(), "。")              //运行时执行熊猫类的方法
}
```

运行结果如图 3.9 所示。

```
我叫 周骁瑀 , 8 岁, 未成年 人。
我叫 冰晶晶 , 8 岁, 成年 大熊猫。
```

图 3.9　运行结果

可见，在两个对象初始化给出的年龄属性值一样（都是 8 岁）的情况下，执行相同的 isAdult 方法却输出了不一样的结果，这就是多态的典型应用。

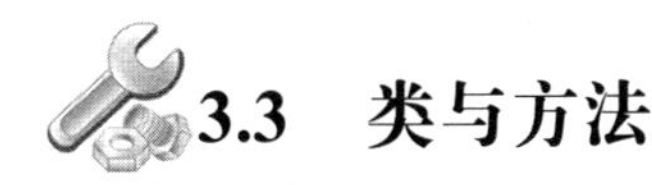

3.3　类与方法

3.3.1　用结构体定义类

1．命名类型与未命名类型

在 Go 语言中，数据类型分为命名类型与未命名类型两种。

1）命名类型

所有基本数据类型（包括整型、浮点型、复数型、布尔型、字符串型等）都是命名类型，之所以叫“命名类型”，是因为基本数据类型的保留字唯一确定了这个类型本身，比如，两个整型

变量“var a int”与“var b int”的数据类型完全相同，其保留字名 int 也就是类型名。

除了 Go 语言内置的基本数据类型，用户自定义的类型也是命名类型，例如，自定义的类：

```
type Human struct {
    ...
}
```

因为它有确定的名字 Human，且两个 Human 对象实例的类型完全相同（参见【实例 3.3】），所以也是命名类型。

2）未命名类型

没有使用固定名称来唯一确定其类型的则是未命名类型。所有复合数据类型（包括指针、数组、切片、映射等）都是未命名类型。例如，两个数组“var a [5]int”与“var b [10]int”的类型是不同的，虽然它们都是整型数组，但长度不同，而长度也被看作数组类型必不可少的组成部分，因此无法用一个统一确定的类型名来表示长度多样的数组；再如，指向不同基本数据类型的指针类型也是不同的，如“var pi *int”与“var pj *float32”是不同类型的指针。

2. 自定义的命名类型

Go 语言的对象系统是基于用户自定义类型构建起来的，自定义类型使用关键字 type，其语法格式如下：

```
type 类型名 已有类型
```

其中，“类型名”是自定义类型的名称，由程序员任取，只要符合 Go 语言的标识符命名规范就可以；“已有类型”可以是 Go 语言的基本数据类型、任何形态的复合数据类型，也可以是另一个自定义类型。

显然，自定义类型有确定的类型名，所以是“命名类型”。

例如：

```
type MyFloat float32                    //基于基本数据类型 float32 定义的类型
type INT int                            //基于基本数据类型 int 定义的类型
type p_INT *int                         //基于整型指针定义的类型
type s_INT []int                        //基于整型切片定义的类型
type circleArea func(float32) float32   //基于函数（函数签名）定义的类型
```

3. 基于结构体定义的类

Go 语言的结构体（struct）是一个由一系列相同或不同类型的数据组合而成的集合，其中，每个数据项被称为该结构体的成员，各成员可以是基本数据类型也可以是复合数据类型的数据，甚至可以是另一个结构体。显然，结构体是一种“未命名”的复合数据类型，可以基于它用命名数据类型的方法定义出命名的数据类型。其语法格式如下：

```
type 类型名 struct {
    字段 1 类型 1
    字段 2 类型 2
    ...
    字段 n 类型 n
}
```

其中，结构体的每个成员对应所定义类型中的一个字段，每个字段都拥有自己的类型，且同一个结构体类型定义中不能有相同的字段名，字段的类型可以相同也可以不同，如果几个字段的类型相同，则可以将它们写在同一行。其语法格式如下：

```
type 类型名 struct {
    字段 1 类型 1
    ...
    字段 i, 字段 i+1, ..., 字段 i+k 类型 i
    ...
}
```

将以上定义中的“类型名”作为“类名”，“字段”作为“属性”，就得到了 3.2.1 节所讲的面向对象封装中类的定义：

```
type 类名 struct {
    属性 1 类型 1
    属性 2 类型 2
    ...
    属性 n 类型 n
}
```

4. 基于类定义的类

既然类本质上是一种类型（自定义的命名类型），那么也可以基于已有类定义出新类，其语法格式如下：

```
type 新类名 已有类名
```

但要注意的是，用这种方式定义的类是一个新的命名类型，它与原有类之间并不存在继承关系，也不会继承原有类的方法。

【实例 3.4】 证明“白马非马”。

背景知识：“白马非马”是战国时思想家、名家代表人物公孙龙（前 320—前 250）提出的一个著名的命题。相传有一次公孙龙牵一匹白马出关，被守关士兵拦下告知：“国君有令严禁马匹出关！”公孙龙说：“国君只说不让马出关，而我牵的这匹是白马，白马与马是不同的……”一番长篇大论，有理有据，驳得士兵哑口无言，只得放行。

——见《公孙龙子·白马论》

读者可能会奇怪：白马难道不是马吗？公孙龙究竟是用什么样的理由说服守关士兵放行的呢？看了下面的程序，读者就会明白其中的道理了。

程序代码如下（horse.go）：

```
package main
import "fmt"
type Animal struct {                        //动物类（父类）
    name string                             //“名”属性
}

type Horse struct {                         //马类
    Animal
    shape string                            //“形”属性
}

func (h *Horse) isHorse() string {          //马类方法（判断“名”与“形”是否相符）
    return h.name + "是" + h.shape
}
```

```
type WhiteHorse Horse                                   //白马类（基于马类定义的类）

type BlackHorse struct {                                //黑马类（马类的子类）
    Horse
    color string                                        //颜色属性
}

type YellowHorse struct {                               //黄马类（动物类的子类）
    Animal
    shape string
}

func main() {
    var horse Horse                                     //声明马类对象
    whitehorse := WhiteHorse{Animal{"白马"}, "马"}
                                                        //实例化白马对象
    horse = Horse(whitehorse)
    fmt.Println(horse)                                  //{{白马} 马}
    //fmt.Println(whitehorse.isHorse())                 //（a）错误
    blackhorse := BlackHorse{Horse{Animal{"黑马"}, "马"}, "黑"}
    fmt.Println(blackhorse.isHorse())                   //黑马是马
    yellowhorse := YellowHorse{Animal{"黄马"}, "马"}
                                                        //实例化黄马对象
    horse = Horse(yellowhorse)
    fmt.Println(horse)                                  //{{黄马} 马}
    //fmt.Println(yellowhorse.isHorse())                //（b）错误
}
```

说明：

（a）执行语句 fmt.Println(whitehorse.isHorse())输出错误信息：whitehorse.isHorse undefined (type WhiteHorse has no field or method isHorse)，这说明白马确实“非马”。

（b）执行语句 fmt.Println(yellowhorse.isHorse())输出错误信息：yellowhorse.isHorse undefined (type YellowHorse has no field or method isHorse)，这说明黄马也“非马”。

在注释掉以上两条语句后，运行结果如图 3.10 所示。

```
{{白马} 马}
黑马是马
{{黄马} 马}
```

图 3.10　运行结果

可见，只有继承马类的黑马类的对象才是马，而白马类是基于马类定义的一个新类，黄马类则是直接继承动物类（虽然它与马类的结构完全相同），它们都是与马类完全不同的新的命名类型，并没有继承马类用于判断“名”与“形”是否相符的 isHorse 方法，所以都“非马”。

客观事物名与实的独立性，不同名的事物具有本质的差异，是我国古人的重要发现，这与 Go 语言中不同的命名类型并不是同一种类型的设计思想不谋而合。两千多年前的中国古人就已经提出了如此深刻的见解，可见中华文化的博大与智慧。

3.3.2　类的初始化

类的初始化有多种方式，假设有一个人类（Human）：

```
type Human struct {
    name string
    height float32
    weight float32
    age    int
}
```

可以按以下几种方式对其进行初始化。

1. 按属性顺序

此方式将类的各个属性值按照定义时所声明的顺序依次罗列在一对大括号“{}”内，有 3 种不同的写法：

```
//写法一
h1 := Human{"王林", 1.75, 65, 19}

//写法二
h2 := Human{
    "Tom",
    1.83,
    81.5,
    18,                 //加上英文逗号
}

//写法三
h3 := Human{
    "王燕",
    1.66,
    49,
    20}
```

其中，写法二由于结尾的“}”独占了一行，所以最后一个属性值（18）的后面一定要加上英文逗号“,”。

2. 指定属性名

此方式显式地指定需要初始化的属性名及其值（中间以冒号“:”分隔），也有 3 种写法：

```
//写法一
h1 := Human{name: "王林", height: 1.75, weight: 65, age: 19}

//写法二
h2 := Human{
    name:   "Tom",
    height: 1.83,
    weight: 81.5,
    age:    18,       //加上英文逗号
}
```

```
//写法三
h3 := Human{
    name:   "王燕",
    height: 1.66,
    weight: 49,
    age:    20}
```

同样地，如果结尾的“}”独占一行，则最后的属性值后面也要加上英文逗号。

这种方式的好处是写法比较灵活，不必严格按照类定义的属性顺序赋值，也可以省略一些属性（由系统自动初始化为其类型的零值），另外，当修改了类的定义（如增加属性）时，只需要单独对增加的属性进行赋值，而原来的初始化代码段不用做任何修改。例如：

```
//改变属性赋值顺序
h3 := Human{
    weight: 49,
    height: 1.66,
    name:   "王燕",
    age:    20}
fmt.Println(h3)      //{王燕 1.66 49 20}

//省略属性（如 age）
h3 := Human{
    weight: 49,
    height: 1.66,
    name:   "王燕"}
fmt.Println(h3)      //{王燕 1.66 49 0}

//修改类的定义
type Human struct {
    name   string
    sex    string    //增加 sex（性别）属性
    height float32
    weight float32
    age    int
}
h3 := Human{         //原来的初始化代码段
    weight: 49,
    height: 1.66,
    name:   "王燕",
    age:    20}
h3.sex = "女"        //对增加的属性单独赋值
fmt.Println(h3)      //{王燕 女 1.66 49 20}
```

可见，这种初始化方式适用于类属性较多、无法从一开始就完全确定所有属性的值且类的结构还会经常发生改变的场合，有利于程序的维护和扩展，是程序员经常采用的初始化方式。

3．使用 new 函数

new 是 Go 语言的内置函数，它一次性将类的所有属性都初始化为各自类型的零值，并返回一个指向类体（结构体）的指针，其语法格式如下：

```
h3 := new(Human)
fmt.Println(h3)      //&{  0 0 0}
```

这种方式不常用，了解即可。

3.3.3　类的方法

1．方法的本质

方法是一种对类行为的封装，将 3.2.1 节中的方法定义与 2.7.1 节中的函数定义的语法格式放在一起加以比较，如下所示。

方法定义：

```
func (指针名 *类名) 方法名([形参列表]) [(返回值列表)] {
    方法体
    [return [值列表]]
}
```

函数定义：

```
func 函数名([参数列表]) [(返回值列表)] {
    函数体
    [return [值列表]]
}
```

可以看出，如果将方法定义语法格式中的“方法名”看作一个特殊的参数（其类型为指向类名的指针）并与后面的“形参列表”合并为一个完整的“参数列表”，那么方法本质上就是一个函数，只不过它显式地指定将类对象的指针作为自己的第一个参数而已。这个参数在 Go 语言中又被称为方法的“接收者”，这样一来，方法定义的语法也就可以改写为函数定义的形式：

```
func 函数名(接收者名 接收类型[, 其他参数列表]) [(返回值列表)] {
    函数（方法）体
    [return [值列表]]
}
```

【实例 3.5】将【实例 3.1】中计算 BMI 的方法改写为一个函数，实现同样的计算功能。

程序代码如下（method01.go）：

```
package main
import "fmt"
type Human struct {
    name   string
    height float32
    weight float32
    age    int
}

func bmiCal(h *Human) float32 {                    //计算 BMI 的函数
    return h.weight / (h.height * h.height)
}

//各属性的 get/set 方法
```

```
...

func main() {
    man := Human{}
    man.setName("周何骏")
    man.setHeight(1.73)
    man.setWeight(60)
    man.setAge(19)
    fmt.Println(man.getName(), "的 BMI 是", bmiCal(&man))
                                            //函数 bmiCal 的参数为类对象引用
}
```

运行结果如图 3.7 所示。

方法的“接收者”除了是指针类型，还可以是值类型。例如，将【例 3.5】中计算 BMI 的函数写成如下形式：

```
func bmiCal(h Human) float32 {                    //接收者为值类型
    return h.weight / (h.height * h.height)
}
```

然后在调用函数时将传入的实参由类对象引用改为类对象的变量值：

```
fmt.Println(man.getName(), "的 BMI 是", bmiCal(man))
```

运行结果也是一样的。

2. 方法调用

可通过如下两种方式调用类的方法。

1）方法值调用

这是最普通的方式，调用格式如下：

```
对象名.方法名([实参列表])
```

或者

```
(对象名).方法名([实参列表])
```

方法值调用返回的是一个值类型的变量，可以直接在程序中使用，如打印输出或赋值给其他变量。

2）方法表达式

这种方式实际是先将类的方法转换为函数，再通过调用函数来执行方法。刚刚已提到了方法的本质其实就是函数，既然如此，那么可以用“类名”与“方法名”所构成的表达式来唯一地确定一个等价函数，这个表达式又被称为“方法表达式”。根据方法“接收者”类型的不同，方法表达式有如下两种书写格式。

（1）当“接收者”为值类型时，方法表达式书写为：

```
类名.方法名
```

（2）当“接收者”为指针类型时，方法表达式书写为：

```
(*类名).方法名                                    //注意这里的括号不能省略
```

在 Go 程序中，方法表达式可以作为函数名使用，但在使用时必须向其传入一个实参，第（1）种情况传入的参数为类的对象实例，第（2）种情况传入的参数则为类的指针（或类对象引用）。

【实例 3.6】 分别用上述两种方式调用方法，计算圆形的面积和周长。

程序代码如下（method02.go）：

```
package main
import (
    "fmt"
    "math"
)
type Circle struct {                              //定义圆形类
    radius float32
}

func (c Circle) circleArea() float32 {            //计算面积的方法（接收者为值类型）
    return math.Pi * c.radius * c.radius
}

func (pc *Circle) circleGirth() float32 {  //计算周长的方法（接收者为指针类型）
    return 2 * math.Pi * pc.radius
}

func main() {
    var myCircle = Circle{3}                      //创建并初始化一个圆形对象实例
    //方式一：用方法值调用
    fmt.Println("用方法值调用计算圆形：")
    circleCal := myCircle.circleArea()            //(myCircle).circleArea()
    fmt.Println("面积 =", circleCal)              //返回结果作为值输出
    circleCal = myCircle.circleGirth()
    fmt.Println("周长 =", circleCal)              //返回结果作为值输出
    //方式二：用方法表达式
    fmt.Println("用方法表达式计算圆形：")
    circleCal = Circle.circleArea(myCircle)//接收者为值类型
    fmt.Println("面积 =", circleCal)
    circleCal = (*Circle).circleGirth(&myCircle)    //接收者为指针类型
    fmt.Println("周长 =", circleCal)
}
```

运行结果如图 3.11 所示。

```
用方法值调用计算圆形:
面积 = 28.274334
周长 = 18.849556
用方法表达式计算圆形:
面积 = 28.274334
周长 = 18.849556
```

图 3.11　运行结果

3.3.4　类的嵌套和方法覆盖

当在一个类定义的结构体中声明另一个类作为其属性时就构成了类的嵌套。Go 语言以类嵌套的方式实现面向对象的继承，被嵌套的类是父类，而嵌套了父类的类则是其子类，显然在这种方式下，一个类可以继承多个父类。当嵌套的类之间存在名称相同的属性或方法时，需要特别注

意内嵌同名属性和方法时的访问方式及优先顺序。

1. 内嵌属性的访问

在 Go 语言中，使用点“.”操作符访问内嵌属性，当有 n 层类的嵌套时，可使用全路径进行访问，形如“对象名.类名 1.类名 2....类名 n.属性”，但是，如果属性在其整个路径的嵌套结构中是唯一的，就不需要写出全路径，简写为“对象名.属性”即可。

例如，定义 A、B、C 3 个类：

```
type A struct {
    a string
    b string
}

type B struct {
    A
    b string
}

type C struct {
    B
    b string
    c string
}
```

分别创建它们的对象实例并初始化：

```
objA := A{
    a: "I'm A.",
    b: "It's A's b."}
objB := B{
    A: objA,
    b: "I'm B."}
objC := C{
    B: objB,
    b: "It's C's b.",
    c: "I'm C.",
}
```

由于只有父类 A 具有 a 属性，因此 objC.a、objC.B.a、objC.B.A.a、objB.A.a、objB.a 都指的是 A 类的 a，输出测试如下：

```
fmt.Println(objC.a)                             //I'm A.
fmt.Println(objC.B.a)                           //I'm A.
fmt.Println(objC.B.A.a)                         //I'm A.
fmt.Println(objB.A.a)                           //I'm A.
fmt.Println(objB.a)                             //I'm A.
```

一般在编程中可简写为 objC.a 或 objB.a。

但是，因为这 3 个类皆有 b 属性，所以 objC.b、objC.B.b、objC.B.A.b 是不同类的 b，在访问时必须写出全路径而不能简写，输出测试如下：

```
fmt.Println(objC.b)                             //It's C's b.
fmt.Println(objC.B.b)                           //I'm B.
```

```
fmt.Println(objC.B.A.b)                          //It's A's b.
```

当嵌套的多层类存在同名属性时，程序会优先访问从外向内第一个包含的该属性。

2. 内嵌方法的覆盖

内嵌方法的调用也使用点“.”操作符，外层对象调用内嵌类的方法时也可以像访问内嵌属性一样采用全路径或简写形式，当采用简写形式时，Go 编译器会从外向内逐层查找，如果外层类与内嵌类有相同的方法，则优先调用最外层的方法，从而实现子类方法对父类方法的覆盖。

例如，对上面的 A、B、C 3 个类，分别定义如下同名的方法：

```
func (t A) say() {                               //A 类的 say 方法
    fmt.Println("Hi!", t.a)
}

func (t B) say() {                               //B 类的 say 方法
    fmt.Println("Hi!", t.b)
}

func (t C) say() {                               //C 类的 say 方法
    fmt.Println("Hi!", t.c)
}
```

在程序中用不同的方式调用它们，测试如下：

```
//从外向内查找，首先找到的是 C 类的 say 方法
objC.say()                                       //Hi! I'm C.
//自 B 类对象开始向内查找，优先执行 B 类的 say 方法
objB.say()                                       //Hi! I'm B.
//用全路径方式调用最内层 A 类的 say 方法
objC.B.A.say()                                   //Hi! I'm A.
```

类的嵌套和方法覆盖使得 Go 语言的类具备了强大的能力，几乎可以表示客观世界中任何复杂的对象实体，并给对象扩充出丰富的行为能力，下面通过一个实例来形象地演示这一点。

【实例 3.7】 演示从“鱼”到“人”的进化。

背景知识：根据古生物学的研究，生物的进化经历了从水生到陆生的演变过程。最初地球上的生物都生活在海洋中，是鱼类的时代。大约 3 亿 7500 万年前（泥盆纪晚期）的某个时候，有一种提塔利克鱼（见图 3.12）的鳍发生了变异，长出原始的腕骨及趾头，于是这些鱼纷纷尝试着用鳍支撑身体爬上岸来，这使其具有了初步的陆地爬行能力，演化出包括恐龙、猿猴在内种类繁多的陆地动物。到了 550 万年前（中新世末期），生活在非洲大陆东南部的一群猿猴（南方古猿）由于气候环境变化被迫下到地面，逐步学会了直立行走，最终进化成人类。

图 3.12　会“行走”的提塔利克鱼

普通的鱼类只具有游泳能力，提塔利克鱼除了会游泳，还具有在陆地上行走（爬行）的能力，而猿猴在此基础上增强了行走能力，由四肢爬行变成双足直立行走，于是演化成人。可见，

从“鱼”到“人”的进化可抽象为一个新能力叠加（类的嵌套）和已有能力增强（方法覆盖）的过程。当然，如果不叠加新能力，仅增强原有能力，那么动物在某些方面也可以远超人类，比如旗鱼游泳的时速最高可达 190 千米，是人类奥运游泳冠军的 30 倍以上！

实现思路：本例先定义一个父类 Fish（鱼类），以及两个表示能力的类 SwimAbility（游泳）和 WalkAbility（行走）。Fish 类嵌套 SwimAbility 类表示鱼会游泳，并实现一个基础的游泳方法 swimming。再定义一个 Tiktaalik 类（提塔利克鱼类）继承 Fish 类，并嵌套一个 WalkAbility 类表示它比一般的鱼多了“行走”能力，并实现基础的“行走”方法 walking。接着定义 Tiktaalik 类的子类 Monkey（猿猴类），覆盖其父类的 walking 方法，以直立行走取代爬行。最后定义的 Human 类（人类）继承 Monkey 类，其同时拥有了鱼类和猿猴类的能力。另外，还定义了一个 Sailfish 类（旗鱼类），它直接派生自 Fish 类，并没有嵌套新的能力类，但重写（覆盖）了 Fish 类的 swimming 方法，游泳能力被极大地增强了。

程序代码如下（fishtohuman.go）：

```
package main
import "fmt"
type SwimAbility struct{}                               //游泳能力类
func (ability *SwimAbility) swimming() string {
    return "会游泳"
}

type WalkAbility struct{}                               //行走能力类
func (ability *WalkAbility) walking() string {
    return "会爬行"
}

type Fish struct {                                      //鱼类（父类）
    category string
    SwimAbility                                         //嵌套游泳能力
}

type Sailfish struct {                                  //旗鱼类（鱼类的直接子类）
    Fish
}
func (ability *Sailfish) swimming() string {            //提供基础的游泳方法
    return "游泳本领比人类奥运冠军还高"
}

type Tiktaalik struct {                                 //提塔利克鱼类（鱼类的直接子类）
    Fish
    WalkAbility                                         //嵌套“行走”能力
}

type Monkey struct {                                    //猿猴类（鱼类的间接子类）
    Tiktaalik
}
func (ability *Monkey) walking() string {               //覆盖父类（提塔利克鱼）行走方法
    return "会直立行走"
```

```
    }
    func (m *Monkey) setCategory(category string) { //设置 category（类别）属性
        m.category = category
    }

    type Human struct {                               //人类，由猿猴类派生（进化）而来
        Monkey
    }
    func (h *Human) setCategory(category string) {
        h.category = category
    }

    func main() {
        fish := Fish{"鱼", SwimAbility{}}             //普通鱼类对象
        fmt.Println("我是", fish.category, "，", fish.swimming(), "。")
        sfish := Sailfish{Fish{}}                     //旗鱼对象
        sfish.category = "旗鱼"
        tfish := Tiktaalik{Fish{"提塔利克鱼", SwimAbility{}}, WalkAbility{}}
                                                      //提塔利克鱼（同时拥有两项能力）
        fmt.Println("我是", tfish.category, "，", tfish.walking(), "。")
        monkey := Monkey{Tiktaalik{}}                 //猿猴类对象
        monkey.setCategory("南方古猿")
        fmt.Println("我是", monkey.category, "，", monkey.walking(), "。")
                                                      //增强的行走能力
        man := Human{Monkey{}}                        //人类对象
        man.setCategory("人")
        fmt.Println("我是", man.category, "，", man.walking(), "，也",
man.swimming(), "。")                                 //继承了“鱼类”和“猿猴类”的能力
        fmt.Println("我是", sfish.category, "，", sfish.swimming(), "！")
                                                      //增强了游泳能力
    }
```

运行结果如图 3.13 所示。

```
我是 鱼 ， 会游泳 。
我是 提塔利克鱼 ， 会爬行 。
我是 南方古猿 ， 会直立行走 。
我是 人 ， 会直立行走 ，也 会游泳 。
我是 旗鱼 ， 游泳本领比人类奥运冠军还高 ！
```

图 3.13　运行结果

3.4　接口

接口是对类的行为的概括与抽象，它是 Go 语言对象系统的“灵魂”，是实现多态和反射的基础，在 3.2.3 节中已经用接口实现了一个多态的实例（分别判断人和大熊猫是否已成年）。Go 接口的定义和实现是完全分离的，Go 语言在定义类时不像其他面向对象语言那样需要显式地声明要实现的接口，这样程序设计者就无须从一开始考虑整个系统全部类之间的行为关系，而可

以在后续开发中根据需求变化及业务扩展的需要适时地做出调整。接口就像是一层“胶水”，可以灵活地解耦软件的每一个层次，本节将详细介绍接口的特性。

3.4.1 接口声明与初始化

1. 接口声明

由于接口在本质上是一种类型，因此也像其他自定义类型一样用 type 关键字声明。接口是一组方法的集合（也可以只有一个方法），但不包含这些方法的具体实现。其声明的语法格式如下：

```
type 接口名 interface {
    方法名1([形参列表]) [(返回值列表)]
    方法名2([形参列表]) [(返回值列表)]
    ...
    方法名n([形参列表]) [(返回值列表)]
}
```

例如：

```
type AquaticAnimal interface {                    //水生动物接口
    swimming() string                             //游泳方法
}

type LandAnimal interface {                       //陆地动物接口
    swimming() string                             //游泳方法
    walking() string                              //行走方法
}

type ManKind interface {                          //人类接口
    swimming() string                             //游泳方法
    walking() string                              //行走方法
    manufacturing(tool string) string             //制造工具方法
}
```

在接口声明中除了定义单纯的方法，还可以嵌入其他接口，这一点与类的嵌套（继承）有相似之处。例如，上面人类接口的定义还可以写成：

```
type ManKind interface {
    AquaticAnimal                                 //嵌入水生动物接口
    walking() string
    manufacturing(tool string) string
}
```

或者：

```
type ManKind interface {
    LandAnimal                                    //嵌入陆地动物接口
    manufacturing(tool string) string
}
```

Go 编译器会自动进行展开处理，得到游泳、行走、制造工具 3 个方法的完整集合。

2．接口初始化

在程序设计中，接口作为一个抽象层，在不同类之间起到一种适配的作用，因此接口只有在被初始化为具体的类型时才有意义。将声明的接口绑定到具体的类对象实例上又被称为接口的初始化。接口初始化的方式有如下两种。

1）用对象实例赋值

如果一个类实现了接口中的所有方法（实现了该接口），就可以把这个类的对象实例赋值给接口。例如，定义一个人类（Human），并实现人类接口中的所有（3个）方法：

```
type Human struct {                                    //人类
    name string
}

func (h *Human) swimming() string {                    //实现游泳方法
    return "会游泳"
}

func (h *Human) walking() string {                     //实现行走方法
    return "会行走"
}

func (h *Human) manufacturing(tool string) string {
                                                       //实现制造工具方法
    return "会制造" + tool
}
```

人类实现了ManKind接口，就可以将人类的对象实例赋值给ManKind接口：

```
func main() {
    man := Human{"北京猿人"}                            //创建一个人类的对象实例
    var manKind ManKind = &man                         //赋值给接口
    fmt.Println("我是", man.name, "，", manKind.manufacturing("石器"), "。")
}                                                      //我是 北京猿人 ， 会制造石器 。
```

说明：

（1）在赋值给接口时使用的是对象实例man的引用（&），因为Go语言的接口本质上是一个指针类型。

（2）虽然将对象实例赋值给了接口，但只能通过这个接口调用对象实例的方法而不能访问其属性，要获取对象属性，只能用“对象.getXxx()”（若有get方法）或“对象.属性名”，而不能用“接口.属性名”。例如，如果将最后的输出语句改为：

```
fmt.Println("我是", manKind.name, "，", manKind.manufacturing("石器"), "。")
```

则运行时会报错：

```
manKind.name undefined (type ManKind has no field or method name)
```

（3）只要接口的方法集是对象实例方法集的子集就可以实现用对象实例赋值。例如，可以将人类对象赋给陆地动物和水生动物接口：

```
var landAnimal LandAnimal = &man                       //赋给陆地动物接口
fmt.Println("我是", man.name, "，", landAnimal.walking(), "。")
                                                       //我是 北京猿人 ， 会行走 。
var aquaticAnimal AquaticAnimal = &man                 //赋给水生动物接口
```

```
fmt.Println("我是", man.name, ", ", aquaticAnimal.swimming(), "。")
                                                    //我是 北京猿人 ， 会游泳 。
```

2）用接口变量赋值

将一个已经初始化的接口变量赋给另一个接口，这种方式在以下几种情况下可以使用。

（1）两个接口等价。

两个拥有完全相同的方法集的接口被称为等价接口，这个很好理解，如果接口 A 和接口 B 拥有的方法是相同的，那么一个类只要实现了接口 A 自然也就实现了接口 B，反之亦然，A 和 B 实际上是等同的，它们的变量可以相互赋值。

由于接口声明对方法声明的先后顺序并无要求，因此只要两个接口包含一样的方法，它们就满足等价条件，如下面这两个接口：

```
type OldMan interface {                                //古人接口
    swimming() string
    walking() string
    manufacturing(tool string) string
}

type NewMan interface {                                //现代人接口
    manufacturing(tool string) string
    walking() string
    swimming() string
}
```

它们都包含了 swimming（游泳）、walking（行走）和 manufacturing（制造工具）这 3 个方法，虽然方法声明的顺序不一致，两个接口的名称也不一样，但这两个接口实质上是相同的，即它们完全等价，于是可以编写语句实现相互赋值：

```
man1 := Human{"北京猿人"}
var oldMan OldMan = &man1
var newMan NewMan = oldMan                             //将古人接口的变量赋给现代人接口
fmt.Println("我是", man1.name, ", ", newMan.manufacturing("旧石器"), "。")
                                                       //我是 北京猿人 ， 会制造旧石器 。
man2 := Human{"山顶洞人"}
newMan = &man2
oldMan = newMan                                        //将现代人接口的变量赋给古人接口
fmt.Println("我是", man2.name, ", ", oldMan.manufacturing("新石器"), "。")
                                                       //我是 山顶洞人 ， 会制造新石器 。
```

（2）被赋值接口的方法集是对方的子集。

如果接口 A 的方法集中包含了接口 B 的所有方法，即接口 B 的方法集是接口 A 的方法集的子集，就可以将接口 A 的变量赋值给接口 B，但反之则不行。

例如：

```
type LandAnimal interface {                            //陆地动物（对应上面所说的接口 A）
    swimming() string
    walking() string
}

type AquaticAnimal interface {                         //水生动物（对应上面所说的接口 B）
```

```
    swimming() string
}
```

陆地动物接口的方法集有 swimming（游泳）和 walking（行走）两个方法，它包含了水生动物接口仅有的一个 swimming 方法，因此陆地动物接口的变量可以赋给水生动物接口：

```
type Fish struct {                              //鱼类
    category string
}
func (f *Fish) swimming() string {              //实现水生动物接口
    return "会游泳"
}

type Tiktaalik struct {                         //提塔利克鱼
    Fish
}
func (t *Tiktaalik) walking() string {          //实现陆地动物接口
    return "会爬行"
}

func main() {
    fish1 := Fish{"鱼"}
    fish2 := Tiktaalik{Fish{"提塔利克鱼"}}
    var newAnimal LandAnimal = &fish2
    var oldAnimal AquaticAnimal = newAnimal //将陆地动物接口的变量赋给水生动物接口
    fmt.Println(fish2.category, "是", fish1.category, "，",
oldAnimal.swimming(), "。")                     //提塔利克鱼 是 鱼 ， 会游泳 。
}
```

但反过来是不行的：

```
oldAnimal = &fish1
newAnimal = oldAnimal                           //将水生动物接口的变量赋给陆地动物接口
fmt.Println(fish1.category, "是", fish2.category, "，", newAnimal.walking(), "。")
```

运行时会报错：

```
cannot use oldAnimal (variable of type AquaticAnimal) as LandAnimal value in
assignment: AquaticAnimal does not implement LandAnimal (missing method walking)
```

这也很好理解：提塔利克鱼虽然是鱼，但鱼有很多种类，不能说随便一条鱼就肯定是提塔利克鱼。

3．空接口

如果一个接口中没有声明任何方法，它就是一个空接口。通常空接口无须用 type 关键字定义，直接写为"interface{}"。

1）空接口的赋值

显然，空接口的方法集为空，所以任何类（包括数据类型）都被认为实现了空接口，任何类（数据类型）的实例都可以赋值给空接口。

例如：

```
var nulFace interface{}                         //声明一个空接口
//将对象和接口赋值给空接口
fish1 := Fish{"鱼"}
```

```
    nulFace = &fish1                                    //对象实例
    fish2 := Tiktaalik{Fish{"提塔利克鱼"}}
    var newAnimal LandAnimal = &fish2
    nulFace = newAnimal                                 //接口变量
    //将基本数据类型赋值给空接口
    nulFace = math.E                                    //float64 型（自然常数 e）
    var c int = 299792458
    nulFace = c                                         //整型
    nulFace = true                                      //布尔型
    nulFace = "我爱 Go 语言！"                           //字符串型
    //将复合数据类型赋值给空接口
    var m map[int]string = map[int]string{1: "Go", 2: "Java", 3: "C++"}
    nulFace = m                                         //映射
    var array [5]int
    array = [5]int{2, 3, 5, 7, 11}
    nulFace = array                                     //数组
    var i int = 100
    var pi *int = &i
    nulFace = pi                                        //指针
```

可见，任何类型都符合空接口的赋值要求。

2）空接口的比较

在 Go 语言中用一个内部常量 nil 代表空值，它也是空接口的初始值，但是，一个空接口类型的变量并非在任何情况下都是空的，两个空接口也不总是相等的。

下面声明两个空接口 nulFace1 和 nulFace2，用程序测试并比较它们的实际值。

```
    var nulFace1, nulFace2 interface{}                  //声明两个空接口
```

（1）所有空接口变量的初始值都为 nil，都相等。

测试如下：

```
    fmt.Println(nulFace1, nulFace2)                     //<nil> <nil>
    fmt.Println(nulFace1 == nil)                        //true
    fmt.Println(nulFace1 == nulFace2)                   //true
```

（2）任何非空接口变量的默认值也为 nil，与空接口相等。

例如，对尚未初始化的水生动物接口：

```
    type AquaticAnimal interface {
        swimming() string
    }
```

执行如下语句：

```
    var oldAnimal AquaticAnimal                         //声明接口变量（但不初始化）
    fmt.Println(oldAnimal)                              //<nil>
    fmt.Println(nulFace1 == oldAnimal)                  //true
```

（3）当一个空接口接受了赋值之后，其值会出现如下几种情形。

① 如果给空接口赋值的是一个有值的变量（或常量），则赋值后空接口的值就等于该变量（或常量）的值，不再为 nil，也与其他空接口不再相等。

例如：

```
    const c int = 299792458                             //整型常量
    nulFace1 = c                                        //将常量赋值给空接口
```

```
fmt.Println(nulFace1)                       //299792458
fmt.Println(nulFace1 == c)                  //true
fmt.Println(nulFace1 == nil)                //false
fmt.Println(nulFace1 == nulFace2)           //false
nulFace1 = nil                              //将接口 nulFace1 的值重置为空
```

② 如果给空接口赋值的是一个已经初始化的非空接口，则赋值后空接口与该非空接口相等，不再为 nil，也不再与其他空接口相等。

例如，将水生动物接口初始化后赋值给空接口：

```
fish1 := Fish{"鱼"}
oldAnimal = &fish1                          //初始化水生动物接口
nulFace1 = oldAnimal                        //赋值给空接口
fmt.Println(nulFace1)                       //&{鱼}
fmt.Println(nulFace1 == oldAnimal)          //true
fmt.Println(nulFace1 == nil)                //false
fmt.Println(nulFace1 == nulFace2)           //false
```

③ 如果给空接口赋值的是一个尚未初始化的非空接口，则赋值后空接口的值为空（回归）。

例如，对尚未初始化的陆地动物接口：

```
type LandAnimal interface {
    swimming() string
    walking() string
}
```

执行如下语句：

```
var landAnimal LandAnimal                   //声明接口变量（但未初始化）
nulFace1 = landAnimal                       //赋值给空接口
fmt.Println(nulFace1 == nil)                //true
fmt.Println(nulFace1 == nulFace2)           //true
```

④ 如果给空接口赋值的是尚未初始化的变量，则赋值后空接口的值为该变量类型的零值或空值，不再为 nil，也不再与其他空接口相等。

例如：

```
var a int
nulFace1 = a                                //将尚未初始化的整型变量赋值给空接口
fmt.Println(nulFace1)                       //0
fmt.Println(nulFace1 == nil)                //false
fmt.Println(nulFace1 == nulFace2)           //false
var b complex64
nulFace1 = b                                //将尚未初始化的复数型变量赋值给空接口
fmt.Println(nulFace1)                       //(0+0i)
```

（4）两个分别被赋予变量值的空接口的相等性取决于赋给它们的变量的值是否相等。

例如：

```
var d1 float32 = 3.14
var d2 float32 = math.Pi                    //圆周率的精确值
nulFace1 = d1
nulFace2 = d2
fmt.Println(nulFace1 == nulFace2)           //false
nulFace2 = d1
fmt.Println(nulFace1 == nulFace2)           //true
```

综合以上测试结果，可知空接口的性质——“默认值为 nil，赋给什么它就是什么”。由此可见，Go 语言中空接口的作用就类似于 Java 语言中根对象 Object 和 C++语言中空指针 void *的作用，但不同的是，Go 语言中的空接口对基本数据类型和复合数据类型“一视同仁”，没有 Java 语言对基本数据类型附加的“开箱”与“装箱”操作，同时将指针封装进空接口内部，避免了 C++语言滥用指针可能导致的错误。总之，相比其他面向对象语言，Go 语言中的空接口更为简洁、实用。

3.4.2 接口类型推断

在编程时，经常需要判断一个已经初始化的接口变量所指实例的具体类型（运行时的接口类型）究竟是什么，为此，Go 语言提供了类型推断功能，其包括类型判断与类型查询。

1. 类型判断

类型判断又称“类型断言”，形式为一个表达式：

```
接口变量名.(类型名)
```

它用于判断接口变量绑定的实例是否实现了（或本身就是）括号中所指类型的接口（或数据），因此这里的“类型名”可以是一个接口类型名，也可以是其他（基本或复合）数据类型名。

程序中的类型判断表达式通常写在如下形式的代码块中：

```
if _, ok := 类型判断表达式; ok {
    ...//代码段 1
} else {
    ...//代码段 2
}
```

其中，返回值 ok 是一个布尔值，用于指示判断的结果，为真时执行代码段 1，否则执行代码段 2。

【实例 3.8】 判断一种类人动物是否是“人”。

背景知识：据研究，在人类从“猿猴”到“人”的进化过程中，产生了很多中间过渡类型的动物，古人类学家判断一种动物是否是真正意义上的“人”，主要依据两条标准——直立行走和制造工具。如果一种类人动物已经会直立行走了，但还不能制造工具，那么它只能被划为类人猿亚目下的“人科”成员，而不是“人属”物种，即还不能算作人。例如，史上曾经出现过的乍得沙赫人、始祖地猿、南方古猿、鲍氏傍人……虽然它们有的名称中也带有“人”字，但本质上它们并不是人；只有会制造工具的物种，如元谋人、蓝田人、北京猿人、山顶洞人、尼安德特人等，才是“人属”物种，才算真正的“人”。

实现思路：本例先定义一个 Monkey（猿猴）接口，在其中定义 walking（直立行走）方法；再定义一个 ManKind（人类）接口来嵌套（继承）Monkey 接口，并增加一个 manufacturing（制造工具）方法；接着定义一个 Ape（类人猿）类实现 Monkey 接口；最后定义一个 Human（人）类继承 Ape 类，并进一步实现 ManKind 接口。程序根据运行时接口的实际类型来判断一个对象究竟是“猿猴”还是“人”。

程序代码如下（ishuman.go）：

```
package main
import "fmt"
type Monkey interface {                              //猿猴接口
    getName() string
```

```
    walking() string                         //直立行走方法
}

type ManKind interface {                     //人类接口
    Monkey
    manufacturing(tool string) string        //制造工具方法
}

type Ape struct {                            //类人猿类（实现猿猴接口）
    name string
}

func (a *Ape) getName() string {
    return a.name
}

func (a *Ape) walking() string {             //实现直立行走方法
    return "会直立行走"
}

type Human struct {                          //人类（实现人类接口）
    Ape                                      //继承 Ape 就实现了直立行走方法
}

func (h *Human) manufacturing(tool string) string {
                                             //实现制造工具方法
    return "会制造" + tool
}

func isHuman(man Monkey) {                   //判断是否是人的函数
    if _, ok := man.(ManKind); ok {
        fmt.Println(man.getName(), "是人。")
    } else {
        fmt.Println(man.getName(), "不是人。")
    }
}

func main() {
    var man Monkey                           //声明一个猿猴类型的接口变量
    man = &Ape{"鲍氏傍人"}                   //程序在运行时绑定到一个类人猿类实例上
    isHuman(man)
    man = &Human{Ape{"北京猿人"}}            //程序在运行时绑定到一个真正的人类实例上
    isHuman(man)
}
```

运行结果如图 3.14 所示。

```
鲍氏傍人 不是人。
北京猿人 是人。
```

图 3.14　运行结果

2. 类型查询

如果一个接口变量的类型尚不确定（或有多种可能），则可以使用“接口变量名.(type)”表达式结合 switch 语句进行类型查询以确定变量的准确类型。其语法格式如下：

```
switch 接口变量名.(type) {
case 类型名 1:
    [<语句 1>]
case 类型名 2:
    [<语句 2>]
...
case 类型名 n:
    [<语句 n>]
[default: <语句 n+1>]
}
```

说明：程序先通过“接口变量名.(type)”表达式获取接口变量运行时的具体类型，再按照 case 子句的顺序与各分支的“类型名”逐一比对，一旦匹配上，就执行对应分支的语句。

【实例 3.9】通过查询确定动物的类型。

程序代码如下（iswhatanimal.go）：

```
package main
import "fmt"
// 定义 3 个接口
type AquaticAnimal interface {                              //水生动物接口
    getName() string
    swimming() string
}

type LandAnimal interface {                                 //陆地动物接口
    AquaticAnimal
    walking() string
}

type ManKind interface {                                    //人类接口
    LandAnimal
    manufacturing(tool string) string
}

// 定义类
type Fish struct {                                          //鱼类
    name string
}
func (f *Fish) getName() string {
    return f.name
}
func (f *Fish) swimming() string {
    return "会游泳"
}
```

```
type Ape struct {                                    //类人猿类
    Fish
}
func (a *Ape) walking() string {
    return "会行走"
}

type Human struct {                                  //人类
    Ape
}
func (h *Human) manufacturing(tool string) string {
    return "会制造" + tool
}

func isWhatAnimal(animal AquaticAnimal) {            //查询动物类型的函数
    switch animal.(type) {
    case ManKind:
        fmt.Println(animal.getName(), animal.swimming(), "，是人。")
    case LandAnimal:
        fmt.Println(animal.getName(), animal.swimming(), "，是陆地动物。")
    case AquaticAnimal:
        fmt.Println(animal.getName(), animal.swimming(), "，是水生动物。")
    default:
        fmt.Println(animal.getName(), "所属动物类型不确定！")
    }
}

func main() {
    var animal AquaticAnimal
    animal = &Fish{"提塔利克鱼"}
    isWhatAnimal(animal)
    animal = &Ape{Fish{"乍得沙赫人"}}
    isWhatAnimal(animal)
    animal = &Human{Ape{Fish{"周何骏"}}}
    isWhatAnimal(animal)
}
```

运行结果如图3.15所示。

```
提塔利克鱼 会游泳 ，是水生动物。
乍得沙赫人 会游泳 ，是陆地动物。
周何骏 会游泳 ，是人。
```

图3.15　运行结果

需要特别注意以下两点：

（1）fallthrough语句不能用在类型查询的switch语句中。

（2）当查询的多个可能类型之间存在嵌套（继承）关系时，如本例的3个接口之间是逐层嵌套定义的，要将子接口的判断分支写在父接口之前，因为程序只要匹配上一个分支，就不会再去比对其余的分支。若将上面的查询函数改成如下内容：

```
func isWhatAnimal(animal AquaticAnimal) {
    switch animal.(type) {
    case AquaticAnimal:
        fmt.Println(animal.getName(), animal.swimming(), "，是水生动物。")
    case LandAnimal:
        fmt.Println(animal.getName(), animal.swimming(), "，是陆地动物。")
    case ManKind:
        fmt.Println(animal.getName(), animal.swimming(), "，是人。")
    default:
        fmt.Println(animal.getName(), "所属动物类型不确定！")
    }
}
```

再执行如下语句：

```
var animal AquaticAnimal
animal = &Human{Ape{Fish{"周何骏"}}}
isWhatAnimal(animal)
```

就会得出一个人是水生动物的结论（见图 3.16），这显然是荒谬的！

```
周何骏 会游泳 ，是水生动物。
```

图 3.16　查询函数判断分支顺序颠倒得出的荒谬结论

3.5　反射

反射是指计算机程序在运行时可以访问、检测和修改它本身状态或行为的一种能力。

Go 语言提供了一种机制用于在运行时更新变量和检查它们的值、调用它们的方法，但是在编译时，Go 编译器并不“知道”这些变量的具体类型，这种机制被称为“反射机制”。在 Go 语言内置的 reflect 包中定义了一个接口 reflect.Type 和一个结构体 reflect.Value，它们提供了很多函数用于获取存储在接口里的类型信息。

（1）reflect.Type 接口：主要提供与类型相关的信息。

（2）reflect.Value 结构体：主要提供与值相关的信息，可以获取甚至改变类型的值。

reflect 包中提供了两个基础的函数用于获取上述的接口和结构体，原型如下：

```
func TypeOf(i interface{}) Type
func ValueOf(i interface{}) Value
```

其中，TypeOf 函数用于提取一个接口中值的类型信息，由于它的输入参数是一个空接口，因此在调用此函数时，实参会先被转化为空接口类型，在 3.4.1 节中已经讲过，空接口可以接收任何类（类型）的实例，这样实参的类型信息、方法集、值信息就都被存储到空接口变量中了；ValueOf 函数返回一个结构体变量，包含类型信息及实际值。

Go 语言中反射的使用遵循如下三大法则（又称“反射三定律”，详见 *The Laws of Reflection*）。

法则一：反射可以将“接口变量”转换为“反射对象”。

法则二：反射可以由“反射对象”创建出“接口变量”。

法则三：如果要修改“反射对象”，则其值必须是“可写的”。

下面分别举例说明这三大法则。

3.5.1　将“接口变量”转换为“反射对象”

反射是一种检查存储在接口变量中的“类型，值”对的机制。reflect 包中的两个类型 Type 和 Value 给用户提供了访问一个接口变量中所包含内容的途径，通过 TypeOf 和 ValueOf 函数分别可以检索一个接口的类型（reflect.Type）和值（reflect.Value）部分。

例如，对于【实例 3.9】中所创建的接口变量：

```
var animal AquaticAnimal
```

用 TypeOf 函数获取其类型：

```
animal = &Fish{"提塔利克鱼"}
fmt.Println("接口类型：", reflect.TypeOf(animal))    //接口类型： *main.Fish
animal = &Ape{Fish{"乍得沙赫人"}}
fmt.Println("接口类型：", reflect.TypeOf(animal))    //接口类型： *main.Ape
animal = &Human{Ape{Fish{"周何骏"}}}
fmt.Println("接口类型：", reflect.TypeOf(animal))    //接口类型： *main.Human
```

可见，当采用不同类的对象实例给同一个接口赋值时，接口的运行时类型是不一样的。

用 ValueOf 函数可获取接口具体的值：

```
animal = &Fish{"提塔利克鱼"}
fmt.Println("接口值：", reflect.ValueOf(animal))    //接口值： &{提塔利克鱼}
animal = &Ape{Fish{"乍得沙赫人"}}
fmt.Println("接口值：", reflect.ValueOf(animal))    //接口值： &{{乍得沙赫人}}
animal = &Human{Ape{Fish{"周何骏"}}}
fmt.Println("接口值：", reflect.ValueOf(animal))    //接口值： &{{{周何骏}}}
```

3.5.2　由“反射对象”创建出“接口变量”

与法则一刚好相反，反射对象也能创建自己类型的接口变量。因为 reflect.Value 结构体本身就包含了类型和值信息，所以可以借助空接口恢复其值，把类型和值信息一起打包并填充到一个接口变量中，并返回。reflect 包提供了一个 Interface 函数用于实现这一功能，该函数的原型如下：

```
func (v Value) Interface() (i interface{})
```

例如：

```
var hello string = "Hello,Go 语言！"
str := reflect.ValueOf(hello)
myStr := str.Interface()
fmt.Println("接口类型：", reflect.TypeOf(myStr))    //接口类型： string
fmt.Println("接口值：", reflect.ValueOf(myStr))    //接口值： Hello,Go 语言！
```

3.5.3　反射对象的可写性

在使用 TypeOf 和 ValueOf 函数时，如果传递的不是接口变量的指针，则反射对象只是原接口变量的一个副本（值拷贝），对反射对象的修改并不能反映到原接口变量上。

反射对象的可写性遵循以下规则：

（1）不是接收变量指针创建的反射对象不具备可写性。

（2）是否具备可写性可通过 CanSet 方法得知。

（3）对不具备可写性的对象进行修改是没有意义的，也是不合法的，Go 编译器会报错。

因此，要使反射对象具备可写性，在创建反射对象时就要传入接口变量的指针，并使用 Elem 方法返回指针所指向的数据。

例如：

```
var hello string = "Hello,Go 语言！"
str1 := reflect.ValueOf(hello)
fmt.Println("str1 的可写性：", str1.CanSet())              //str1 的可写性： false
str2 := reflect.ValueOf(&hello)
fmt.Println("str2 的可写性：", str2.CanSet())              //str2 的可写性： false
str3 := str2.Elem()
fmt.Println("str3 的可写性：", str3.CanSet())              //str3 的可写性： true
```

Go 语言的反射 Value 对象提供了多个 SetXxx（Xxx 为类型）方法供用户写对应类型的值，常用的一些方法原型如下：

```
func (v Value) SetString(x string)
func (v Value) SetInt(x int64)
func (v Value) SetBytes(x []byte)
func (v Value) SetFloat(x float64)
func (v Value) SetBool(x bool)
```

例如：

```
var hello string = "Hello,Go 语言！"
str := reflect.ValueOf(&hello).Elem()
str.SetString("Hello,Go language!")
fmt.Println(str)                                       //Hello,Go language!

var a = 200
ia := reflect.ValueOf(&a).Elem()
ia.SetInt(250)
fmt.Println(ia)                                        //250
```

反射可使程序代码具有更好的通用性，因此被广泛应用于很多类库和框架的设计开发中，尤其是一些 Web 框架基于反射实现对象运行时的"依赖注入"，解除了对象与调用者之间的耦合，避免了硬编码，增强了系统运行的灵活性。

但反射也有很大的负面作用，首先，反射可以在程序运行时修改自身的状态，而不当的修改很容易导致程序崩溃；其次，因为反射接口的抽象级别很高且实现细节复杂，所以涉及反射的代码难以理解、可读性较差、不易维护；最后，反射对象的修改并不是直接的地址引用，而是要借助运行时构造一个抽象层，这种间接访问也会导致部分性能出现损失。在实际应用中，通常只有类库或框架代码才考虑使用反射，一般应用系统的业务代码没有必要抽象到反射的层次，因此除非有特殊需要，否则不建议在普通的业务代码中使用反射。

第 4 章

Go 语言并发编程

4.1 并发编程概述

受硅晶材质物理极限的影响，单位面积集成电路所能容纳的晶体管数量是有上限的，10 纳米以下就很难再突破，目前“摩尔定律”已然失效，受工艺水平的局限性及功耗、散热等诸多因素的影响，单核 CPU 性能的提升空间已十分有限，对比读者从当下市面上的计算机基本是多核 CPU 的实际情形也可以看出。而软件是基于以 CPU 为核心的硬件平台的，要充分发挥多核处理器的性能，程序的并发处理能力就愈显重要，可以说，并发编程将是未来程序设计的主要方向之一。

4.1.1 基本概念

1．并行与并发

计算机程序的执行在底层有并行与并发两种基本方式。

1）并行

并行（Parallel）是指在同一时刻有多条指令在多个处理器（核心）上被同时执行。现在的计算机通常都采用多核 CPU，当一个 CPU 核心在执行一个进程时，另一个 CPU 核心可以执行另一个进程，两个进程互不抢占 CPU 资源，同时被执行，这种方式被称为“并行”。

2）并发

并发（Concurrent）是指同一时刻 CPU 只能执行一条指令，而多个进程的指令被快速地轮换执行。这样从宏观上看多个进程也是同时被执行的，但从微观上看，它们并不是“同时”的，只是把时间分成若干片段，交替使用而已。

所以，并行是在“同一时刻”真正有多个进程在被执行，并发则是在“同一时间段”内多个进程被同时执行。在并发程序设计中，程序员其实并不需要区分这两种方式，其由操作系统调度，操作系统会根据硬件平台及计算资源（处理器核心数目）等的实际情况，以一定的策略灵活选择采用并行或并发（或两者相结合）方式来最大限度地发挥硬件性能。

2．进程、线程与协程

按照程序被执行单元（粒度）的大小，可将程序分为进程、线程与协程 3 个级别。

1）进程

进程（Process）是程序在某个数据集上的一次运行活动，是系统进行资源分配和调度的基本单位，也是操作系统结构的基础。每个进程都有自己独立的内存空间，隔离性好、健壮性高，而进程是“重量级”的，现代操作系统虽然能够对进程进行调度，可是当进程数大于 CPU 核心数时，并发调度就要进行进程间的切换，这种切换需要保存上下文、恢复堆栈等，操作开销比较大，且频繁地切换也很耗时。此外，单进程的程序最多使用一个 CPU 工作，这将无法有效利用机器资源，而且由于 CPU 运行时不可避免地要与外部设备通信，导致单个进程经常被阻塞，包括 I/O 等待、缺页中断、等待网络等，尤其对于 I/O 密集型的程序，外部 I/O 速度慢和阻塞将导致 CPU 的大部分资源被白白浪费。

2）线程

线程（Thread）有时也被称为“轻量级”进程，它是进程中的一个实体，是被系统独立调度和分派的基本单位。线程拥有自己独立的栈但不拥有系统资源，而是与同属一个进程的其他线程共享该进程所拥有的系统资源。一个标准的线程由线程 ID、当前指令指针、寄存器集合和堆栈组成。线程一般也由操作系统调度，在同一个任务的进程中，操作系统会启动多个内核线程进行处理，线程切换的代价小，并发性能相比单进程程序要好得多，但线程之间共享内存空间极易造成数据访问混乱，一个线程误操作内存就可能危及整个进程，因此程序健壮性不高。

3）协程

多核时代的程序对并发处理的要求越来越高，但是不能无限制地增加系统线程数，因为线程数过多会导致操作系统的调度开销变大，每个线程被分配的运行时间片减少，单个线程运行速度降低，这使得仅靠增加线程数已不能进一步提升系统性能。为了不让线程数无限制地增加，就有了协程的概念。协程（Goroutine）是一种用户态的“轻量级”线程，它本质上其实是一种特殊的函数，但这种函数可以像线程一样在某个地方被“挂起”，并且可以重新在挂起处继续往下执行，每个协程都拥有自己的寄存器上下文和栈。正如一个进程可以拥有多个线程一样，一个线程也可以拥有多个协程。简单来说，在一个线程内可以有多个这样的特殊函数在运行。进程、线程和协程之间的从属关系如图 4.1 所示。

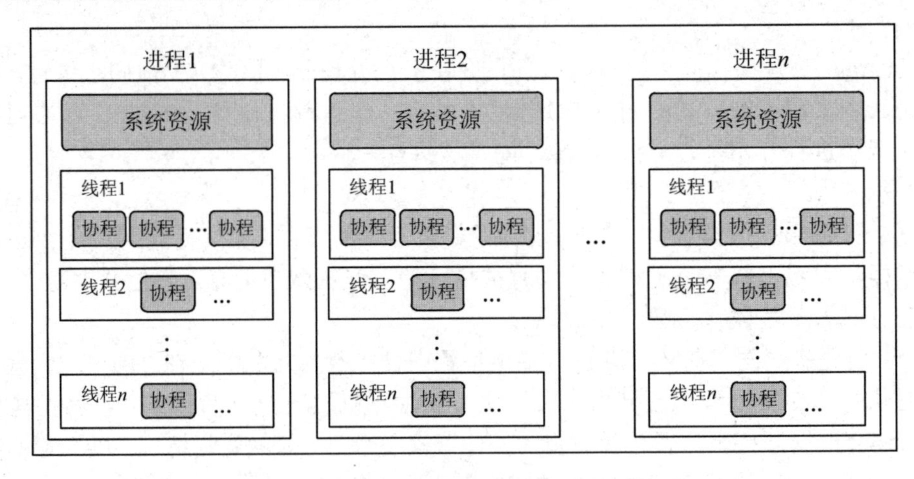

图 4.1　进程、线程和协程之间的从属关系

协程不是由操作系统内核管理的，而是完全由应用程序控制的，即在用户态执行。一个线程内多个协程的运行是串行的。在并发运行时，进程和线程的切换者都是操作系统，而协程的切换者则是应用程序，切换的时机也由用户通过编程来决定。协程在调度切换时，将寄存器上下文和栈保存在程序变量（用户栈或堆）中，切换过程完全在用户态（没有陷入内核态）进行，不会像

线程切换那样消耗系统资源，因此效率很高，使系统性能得到大幅度提升。每个内核线程可以对应多个用户协程，当一个协程阻塞时，应用程序会调度另一个协程去执行，这样就能最大限度地利用操作系统分给线程的时间片。

4.1.2　Go 语言的并发模型

1．CSP 简介

CSP（Communicating Sequential Processes，通信顺序进程）是由计算机科学家托尼·霍尔于 1977 年提出的一种并发系统消息通信模型。其基本的思想是：将并发系统抽象为“通道”和“并发实体”两部分，通道用于传递消息，并发实体用于执行。

该模型具有如下特点：

（1）并发实体是独立的，各个并发实体之间没有共享的内存空间。

（2）通道与并发实体之间也是相互独立的，没有从属关系。

（3）并发实体之间的数据交换通过通道（而非共享内存）实现，无论是向通道中放数据还是从通道中取数据，都会导致并发实体的阻塞，直到通道中的数据被取出或通道中被放入新的数据，并发实体以这种方式实现同步。

（4）消息的发送和接收有严格的时序限制。

在这个模型中，发送和接收消息的并发实体并不“知道”对方具体是谁，它们之间是完全解耦的。此外，通道与并发实体也实现了解耦，通道可以被独立地创建和存取数据，并在不同的并发实体中传递使用。这些特性给并发编程提供了极大的灵活性，Go 语言借鉴了 CSP 的思想来支持并发编程，Go 语言的通道是一种未命名类型，其并发实体也就是协程。

2．MPG 调度模型

Go 在语言层面支持并发，是基于一种叫作 MPG 的调度模型。

MPG 是机器（Machine，M）、处理器（Processor，P）、协程（Goroutine，G）的英文缩写，它们是 Go 语言抽象出的 3 个基本的调度实体，各自的含义及功能说明如下。

（1）M（机器）。

一个 M 对应操作系统的一个内核线程，是在操作系统层面调度和执行的实体。M 处于整个系统的底层，不停地被唤醒或创建，然后执行。M 是内核空间的线程在用户空间 Go 进程中的映射，仅负责执行。

（2）P（处理器）。

P 可以理解为一种执行用户代码的逻辑（虚拟）处理器，它包含了 M 执行 G 所必需的资源，但并不是运行实体，而是一个用于管理的数据结构，负责调度 G 以控制代码的并行度。一个运行中的 M 只能绑定一个 P，P 持有 G 的队列，M 通过 P 来间接地实现对 G 的调度。

（3）G（协程）。

G 是 Go 语言运行时对协程的抽象描述，其中存放了并发执行体的元信息，包括入口函数、堆栈、上下文等。G 的创建、休眠、恢复、停止等都受到 Go 语言运行时的管理。

程序在实际运行过程中，M 和 P 的组合为 G 提供了有效的运行环境，多个可执行的 G 顺序地排成一个队列挂在某个 P 上面等待调度执行，如图 4.2 所示。当没有足够的 M 来和 P 组合为 G 提供运行环境时，Go 语言运行时就会创建新的 M。在通常情况下，M 的数量要多于 P，多余的 M 存储在调度器的空闲 M 列表中。

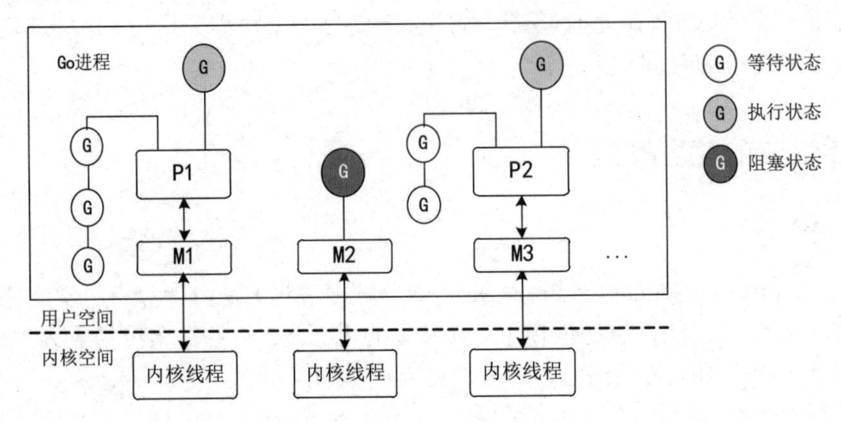

图 4.2　MPG 调度模型

M 与 P 会适时地组合或断开，以保证待执行队列中的 G 能够得到及时执行。例如，在图 4.2 中，原来 P2 是与 M2 绑定的，但由于其上执行的一个 G 因某种原因（如等待 I/O）阻塞了，因此 P2 带领其队列中剩余的 G 重新与别的 M（图 4.2 中的 M3）组合，这个 M 可能来自调度器空闲 M 列表，也可能是新创建的。

可见，Go 语言的并发模型设计是非常巧妙的，它有以下几个主要的优点。

（1）使用比线程粒度更小的协程（G）作为并发调度的基本单元，所有的协程都直接由语言本身的运行时在用户空间中调度，不像传统语言使用线程那样依赖于内核空间的操作系统，这就降低了用户态到内核态频繁切换的成本。

（2）将操作系统内核的线程映射为用户空间一个个虚拟的机器（M），就可以根据程序并发性能的需要动态地创建数量合适的 M，这有效地解决了以往线程模式下由于线程数过多造成单个线程运行时间片不足或线程数过少造成并发度又不够的两难问题。

（3）协程相比线程占用的栈空间更小，因而允许用户创建成千上万的协程实例，这一点对于实现并发规模很大、吞吐量要求很高的互联网应用尤为重要。

4.2　协程与通道

4.2.1　协程及其特性

在程序中使用 go 关键字创建一个协程，4.1.1 节中已经讲过，协程其实就是一种特殊的可并发执行的函数，它与 Go 语言中普通的函数在书写形式上并无二致，也分为有名函数和匿名函数两种。

1. 有名函数创建协程

有名函数创建协程的语法格式如下：

```
func 函数名([形参列表]) {                                //自定义一个函数
    函数体
}

func main() {
```

```
    ...
    go 函数名([实参列表])                              //创建一个协程
    ...
}
```

说明：将需要并发执行的任务代码写在一个自定义函数中，在主程序的任何地方使用“go 函数名”语句传入实参（如果有）就可以启动一个协程实例去执行函数体代码。可以看到，协程所启动的其实就是一个普通的函数，但用于创建协程的函数通常是无返回值的，即便有，其也会被丢弃。

【实例 4.1】 定义一个有名函数，功能为输出指定范围内的素数，并创建一个协程启动函数的运行。

程序代码如下（gofunc01.go）：

```
package main
import (
    "fmt"
    "math"
    "time"
)
func isPrime(n int) bool {                         //判断素数的函数
    if n <= 1 {
        return false
    }
    m := int(math.Sqrt(float64(n)))
    i := 2
    for ; i <= m; i++ {
        if n%i == 0 {
            break
        }
    }
    if i > m {
        return true
    } else {
        return false
    }
}

func printPrime(start, end int) {                 //用于创建协程的有名函数
    fmt.Println(start, "～", end, "的素数有：")
    for i := start; i <= end; i++ {
        if isPrime(i) {
            fmt.Print(i, " ")
        }
    }
}

func main() {
    go printPrime(1, 100)                          //创建协程并启动函数的运行
    time.Sleep(1 * time.Second)
}
```

运行结果如图 4.3 所示。

```
1 ~ 100 的素数有：
2 3 5 7 11 13 17 19 23 29 31 37 41 43 47 53 59 61 67 71 73 79 83 89 97
```

图 4.3 运行结果

2. 匿名函数创建协程

匿名函数创建协程的语法格式如下：

```
func main() {
    ...
    go func([形参列表]) {                          //匿名函数
        函数体
    }([实参列表])                                  //启动协程
    ...
}
```

说明：这种方式直接在 go 关键字后面写出匿名函数体，并传入实参列表（如果有）就可以启动协程来执行函数体代码。

【实例 4.2】定义一个匿名函数，功能同样为输出指定范围内的素数，并启动协程运行该函数。

程序代码如下（gofunc02.go）：

```
package main
import (
    "fmt"
    "time"
)
func isPrime(n int) bool {                          //判断素数的函数
    ...//代码同【实例 4.1】
}

func main() {
    var s, e = 1, 100
    go func(start, end int) {
        fmt.Println(start, "~", end, "的素数有：")
        for i := start; i <= end; i++ {
            if isPrime(i) {
                fmt.Print(i, " ")
            }
        }
    }(s, e)                                         //传入实参启动协程
    time.Sleep(1 * time.Second)
}
```

运行结果如图 4.3 所示。

3. 协程的特性

协程具有如下一些重要的特性。

1）独立于进程

一个协程一旦被创建，就脱离所在的进程（主程序）独自运行，不再受进程的控制。如果应用程序（进程）先于协程结束，那么它将无法获得协程的运行结果。例如，在【实例 4.1】和【实例 4.2】的入口函数中，将启动协程之后延时等待的语句注释掉：

```
//【实例 4.1】的入口函数
func main() {
    go printPrime(1, 100)                    //创建协程并启动函数的运行
    //time.Sleep(1 * time.Second)            //注释掉
}
//【实例 4.2】的入口函数
func main() {
    var s, e = 1, 100
    go func(start, end int) {
        ...//匿名函数体
    }(s, e)                                  //传入实参启动协程
    //time.Sleep(1 * time.Second)            //注释掉
}
```

此时再运行这两个实例中的程序将得不到任何输出结果。

2）独立于启动它的函数

协程除了由主程序启动，还可以在用户自定义的任何函数中启动，并且所启动的协程独立于启动它的函数，如果函数在启动协程后不等待而先行返回，那么它同样得不到协程的运行结果。

【实例 4.3】 通过函数启动协程，输出指定范围内的素数。

程序代码如下（gofunc03.go）：

```
package main
import (
    "fmt"
    "math"
    "time"
)
func isPrime(n int) bool {                   //判断素数的函数
    ...//代码同【实例 4.1】
}
func printPrime(start, end int) {            //用于创建协程的有名函数
    ...//代码同【实例 4.1】
}

func startGor() {                            //用于启动协程的函数
    go printPrime(1, 100)
    //这里也可以改用匿名函数创建协程，即换成如下代码段
    //var s, e = 1, 100
    //go func(start, end int) {
    //  fmt.Println(start, "~", end, "的素数有：")
    //  for i := start; i <= end; i++ {
    //      if isPrime(i) {
    //          fmt.Print(i, " ")
    //      }
```

```
    //  }
    //}(s, e)
    time.Sleep(1 * time.Second)          //延时等待（注释掉后将得不到协程的运行结果）
}

func main() {
    startGor()                           //由主程序调用启动协程的函数
}
```

运行结果如图 4.3 所示。

3）独立于启动它的协程

运行中的协程可以创建并启动新的协程，新创建的协程同样会脱离它的启动者。

【实例 4.4】 通过协程启动新的协程，由新协程输出指定范围内的素数。

程序代码如下（gofunc04.go）：

```
package main
import (
    ...//导入库
)
func isPrime(n int) bool {               //判断素数的函数
    ...//代码同【实例 4.1】
}
func printPrime(start, end int) {        //输出素数的函数
    ...//代码同【实例 4.1】
}
func startGor() {                        //用于启动新协程的函数
    go printPrime(1, 100)
}

func main() {
    go startGor()                        //用 startGor 函数创建一个协程
    time.Sleep(1 * time.Second)
}
```

说明：主程序先用 startGor 函数创建并启动了一个协程，而这个协程又用 printPrime 函数启动了新的协程，虽然它在启动新的协程后就退出了，但由它所启动的新协程并未退出（因为新协程独立于它的启动者），依然会持续打印输出指定范围内的素数，运行结果如图 4.3 所示。

4）各个协程之间相互独立

Go 语言中的所有（无论是由主程序、函数还是由其他协程启动的）协程，地位都是平等的，它们之间相互独立。

【实例 4.5】 用多个协程分别输出不同范围内的素数。

程序代码如下（gofunc05.go）：

```
package main
import (
    ...//导入库
)
func isPrime(n int) bool {               //判断素数的函数
    ...//代码同【实例 4.1】
```

```
}

func printPrime(start, end int) {        //输出素数的函数
    for i := start; i <= end; i++ {
        if isPrime(i) {
            fmt.Print(i, " ")
        }
    }
}

func main() {
    for i := 0; i < 3; i++ {
        fmt.Print("第", i+1, "次运行：")
        go printPrime(1, 20)             //第 1 个协程
        go printPrime(21, 60)            //第 2 个协程
        go printPrime(61, 100)           //第 3 个协程
        time.Sleep(1 * time.Second)
        fmt.Println()
    }
}
```

运行结果如图 4.4 所示。

```
第1次运行：61 67 71 73 79 83 89 97 2 3 5 7 11 13 17 19 23 29 31 37 41 43 47 53 59
第2次运行：61 67 71 73 79 83 89 97 23 29 31 37 41 43 47 53 59 2 3 5 7 11 13 17 19
第3次运行：61 67 71 73 79 83 89 97 23 2 3 5 7 11 13 17 19 29 31 37 41 43 47 53 59
```

图 4.4　运行结果

可以看到，每次运行输出的素数顺序都不一样，且来自同一个协程的输出内容并不总是排在一起的，比如，第 3 次运行的素数 23 是第 2 个协程输出的，但它后面跟的是来自第 1 个协程的素数 2，这不仅表明协程之间是独立运行的，而且反映了各个协程并发执行轮占 CPU 资源所导致的输出不连续现象。

以上所述协程的 4 点特性归纳起来其实就是一点——独立性。独立性是 Go 语言协程最重要的属性，正是因为有了这种独立性，才能充分保证程序执行的并发度和效率。在多核 CPU 环境下，独立的协程在底层就能完全实现“并行”执行，而写在各个协程函数内的代码也就成了真正并行运行的代码，这极大地提高了系统整体的运行速度与性能。

4．协程运行与退出

Go 程序在初始启动时就会为入口函数（main）创建一个协程，这个协程会一直运行到整个应用程序（进程）结束才会退出，而在程序运行期间由代码中 go 关键字创建并启动的其他协程，则会在执行完自己函数的任务代码后自动退出。

Go 语言运行时的 runtime 包提供了一个 NumGoroutine 函数用于获取当前正在运行的协程数，而 Goexit 函数可以主动退出协程。

【实例 4.6】 寻找第一个大于 10000 的素数。

程序代码如下（gofunc06.go）：

```
package main
```

```
import (
    "fmt"
    "math"
    "runtime"
    "time"
)
func isPrime(n int) bool {                          //判断素数的函数
    ...//代码同【实例 4.1】
}

func searchLargerPrime(bound int) {                 //搜索大于指定边界值的素数
    fmt.Println("有名函数启动一个协程...")
    fmt.Println("当前协程数：", runtime.NumGoroutine())
    var i = 1
    for {
        i++
        if isPrime(i) && i > bound {
            fmt.Println("第一个大于", bound, "的素数是", i)
            time.Sleep(1 * time.Second)
            fmt.Println("有名函数的协程退出。")
            runtime.Goexit()                        //主动退出协程
        }
    }
}

func main() {
    fmt.Println("入口函数启动一个协程...")
    fmt.Println("当前协程数：", runtime.NumGoroutine())
    var b = 10000
    go func(bd int) {
        fmt.Println("匿名函数启动一个协程...")
        fmt.Println("当前协程数：", runtime.NumGoroutine())
        go searchLargerPrime(bd)
        fmt.Println("匿名函数的协程退出。")
    }(b)
    time.Sleep(5 * time.Second)
    fmt.Println("当前协程数：", runtime.NumGoroutine())
    time.Sleep(1 * time.Second)
}
```

运行结果如图 4.5 所示。

```
入口函数启动一个协程...
当前协程数： 1
匿名函数启动一个协程...
当前协程数： 2
匿名函数的协程退出。
有名函数启动一个协程...
当前协程数： 2
第一个大于 10000 的素数是 10007
有名函数的协程退出。
当前协程数： 1
```

图 4.5 运行结果

本例主程序通过匿名函数创建的协程来启动有名函数（searchLargerPrime）的协程，由于匿名函数的协程在启动有名函数的协程后就退出了，因此系统中正在运行的协程数仍为2，而等到有名函数的协程找到符合要求的素数也退出之后，系统中就剩下了唯一的入口函数（main）的协程，在延迟等待1秒后，整个程序结束运行。

4.2.2　通道与协程间的通信

通过之前的实例我们可以看到，一个协程想要获取另一个协程的运行结果，就必须用“time.Sleep(...)”语句等待一定的时间。由于协程间的独立性，一个协程无法干预另一个协程的运行，也“不知道”它何时才能运行出结果，因此需要有一种机制使协程在保持各自独立性的同时相互之间能够密切地协作，这就涉及协程间如何通信和传递数据的问题了。Go语言使用通道来实现协程间的通信和同步。

1．通道的创建、读/写和使用

1）通道的创建

在Go语言中，通道是一种特殊的类型，用chan关键字声明，用make函数创建。其语法格式如下：

```
通道名 := make(chan 类型)
```

其中，“通道名”是一个实例句柄，可在程序代码中引用它来对通道进行访问和操作；通道中存放的元素可以是各种类型的数据，在创建时通过“类型”来明确指定。

2）通道的读/写

向通道中写入元素（发送数据）使用“<-”操作符，其语法格式如下：

```
通道名 <- 元素值
```

这里的“元素值”既可以是变量、常量、表达式，也可以是函数返回值，但元素值的类型必须与创建通道时所指定的类型一致。

从通道中读取元素（接收数据）也使用“<-”操作符，通常有下面两种写法。

① 用变量接收。

```
变量名 := <-通道名
```

首先将从通道中读取的元素赋给一个接收变量，然后在程序中使用，如果通道中没有数据，则该语句将被阻塞，直到有其他协程向通道中写入数据为止。例如：

```
func main() {
    ch := make(chan int)                          //创建一个整型元素的通道
    go func() {
        var n int
        fmt.Print("输入一个自然数：")
        fmt.Scanln(&n)
        ch <- n                                   //将用户输入的自然数写入通道
    }()
    num := <-ch                                   //用一个变量接收通道中的元素
    fmt.Println("输入的自然数是", num)
}
```

这段程序通过一个匿名函数的协程向通道中写入用户输入的自然数，主程序协程用一个变量从通道中接收数据，程序运行后，提示用户输入，当用户尚未输入时，通道中没有数据，程序会一直阻塞在语句“num := <-ch”上等待，直到读取到数据后才会输出显示，运行过程如图 4.6 所示。

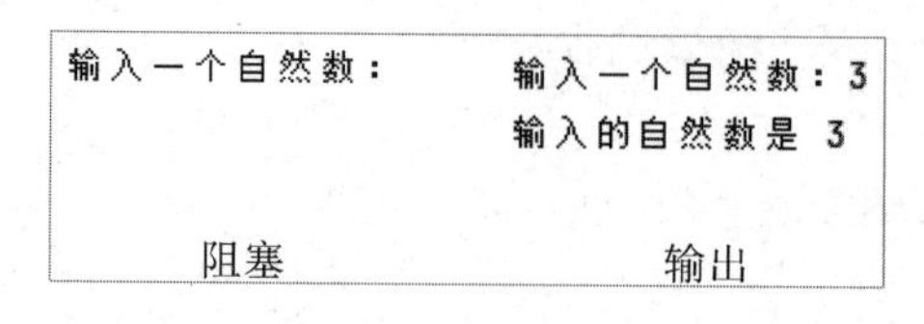

图 4.6　运行过程

② 直接读取。

```
<-通道名
```

直接读取是指随时接收通道中的数据用于计算或输出，此方式也会发生阻塞，还可用于控制协程间的并发同步（忽略掉数据内容）。

3）通道的使用

在并发编程中若使用通道，则通常将通道的发送（写）和接收（读）操作分别放在两个不同的协程中进行。首先将通道作为协程函数的参数之一，然后由主程序创建通道实例，并以其作为实参传入启动的协程，接着在协程代码中对通道进行写操作，最后在另一个协程内或回到主程序中对通道进行读操作。

【实例 4.7】 用协程寻找第一个大于 100 的素数，通过通道传递给主程序并输出结果。

程序代码如下（channel01.go）：

```
package main
import (
    "fmt"
    "math"
    "runtime"
    "strconv"
    "time"
)
func isPrime(n int) bool {                    //判断素数的函数
    ...//代码同【实例 4.1】
}

func searchLargerPrime(bound int, ch chan string) {
                                              //协程函数的第 2 个参数是通道
    var i = 1
    for {
        i++
        if isPrime(i) && i > bound {
            ch <- "第一个大于 " + strconv.Itoa(bound) + " 的素数是 " +
strconv.Itoa(i)                               //将结果转换成字符串并写入通道
            runtime.Goexit()                  //协程对通道进行写操作后被阻塞，不会马上退出
        }
    }
}
```

```
func main() {
    var b = 100
    c := make(chan string)                //创建通道
    go searchLargerPrime(b, c)            //用通道作为参数来启动协程
    time.Sleep(5 * time.Second)           //故意延迟 5 秒后再去读取通道
    fmt.Println("接收前的协程数：", runtime.NumGoroutine())
    fmt.Println(<-c)                      //读取通道
    fmt.Println("接收后的协程数：", runtime.NumGoroutine())
}
```

运行结果如图 4.7 所示。

```
接收前的协程数： 2
第一个大于 100 的素数是 101
接收后的协程数： 1
```

图 4.7　运行结果

本例为了演示通道对协程的阻塞和同步作用，主程序在启动协程后故意延迟了长达 5 秒才去读取通道，虽然此时协程早已找到符合要求的素数并将结果写入了通道，但由于迟迟没有程序来读取，因此被阻塞在了通道上。所以在主程序读取通道之前，系统中的协程数都是 2，只有在主程序读取通道中的数据后，被阻塞的协程才能退出，系统协程数（主程序的协程）变为 1。

综上可见，通道的读/写都是“阻塞”的，即读通道的协程若读取不到数据，就会阻塞在读语句上等待，直到读取数据后才会继续往下执行；而写通道的协程若所写的内容没有被读取，它也会一直阻塞在写语句上，直到有别的协程来把数据读取了，才能继续往下执行（或退出）。于是，通道就以这种方式强迫互相协作的协程之间实现了同步，使用通道的程序也就无须使用“time.Sleep(...)”语句刻意等待其他协程输出结果了。

2．通道控制与遍历

当协程间需要传递的数据不止一项时，可以向通道中写入多个元素，之后可以遍历读取，这需要用到 for-range 语句。其语法格式如下：

```
for 数据项 := range 通道名 {
    ...//对数据项进行处理的代码
}
```

但要特别注意的是，在这种情况下需要对通道加以控制，通常由写通道的协程在发送完全部数据项后关闭通道，只有被关闭的通道才能正常接受 for-range 语句的遍历操作，否则，即使数据已全部被读取完，但由于通道的阻塞特性，读取协程也不能“确认”对方是否还有数据要发，于是一直阻塞在通道上无限期等待，这将导致程序发生死锁。

【实例 4.8】 使用协程将 1～10 范围内的素数通过通道传递给主程序后输出。

程序代码如下（channel02.go）：

```
package main
import (
    "fmt"
    "math"
    "runtime"
    "time"
)
```

```
func isPrime(n int) bool {                          //判断素数的函数
    ...//代码同【实例 4.1】
}

func printPrime(start, end int, ch chan int) {
    for i := start; i <= end; i++ {
        if isPrime(i) {
            ch <- i                                 //将找到的素数逐个写入通道
        }
    }
    close(ch)                                       //写入完成后必须关闭通道
    runtime.Goexit()                                //通道未被读取前协程不会退出
}

func main() {
    c := make(chan int)                             //创建通道
    var start, end = 1, 10
    go printPrime(start, end, c)                    //启动协程
    time.Sleep(5 * time.Second)
    fmt.Println("接收前的协程数：", runtime.NumGoroutine())
    fmt.Print(start, "～", end, "的素数有：")
    for i := range c {                              //遍历通道
        fmt.Print(i, " ")
    }
    fmt.Println()
    fmt.Println("接收后的协程数：", runtime.NumGoroutine())
}
```

运行结果如图 4.8 所示。

```
接收前的协程数： 2
1～10的素数有：2 3 5 7
接收后的协程数： 1
```

图 4.8　运行结果

从接收数据前后显示的系统协程数可知，虽然通道已经写完并关闭，但只要还未被读取，写通道的协程就阻塞在上面不会退出。将关闭通道的“close(ch)”语句注释掉，再次运行程序，虽然也能读取到通道中的数据，但程序会发生死锁，如图 4.9 所示。

```
接收前的协程数： 2
1～10的素数有：2 3 5 7 fatal error: all goroutines are asleep - deadlock!
```

图 4.9　遍历未关闭的通道导致程序发生死锁

3．带缓冲的通道

如果既想在协程之间传递数据进行交互，又不想协程被阻塞，则可以采用带缓冲的通道，只需要在创建通道时加上一个缓冲区容量参数。其语法格式如下：

```
通道名 := make(chan 类型, 缓冲区容量)
```

【实例 4.9】 使用协程将 1～10 范围内的素数通过带缓冲的通道传递给主程序后输出。

程序代码如下（channel03.go）：

```
package main
import (
    ...//导入库
)
func isPrime(n int) bool {                          //判断素数的函数
    ...//代码同【实例 4.1】
}

func printPrime(start, end int, ch chan int) {
                                                    //写通道的协程函数
    ...//代码同【实例 4.8】
}

func main() {
    c := make(chan int, 4)                          //创建一个带缓冲的通道
    var start, end = 1, 10
    go printPrime(start, end, c)                    //启动协程
    time.Sleep(5 * time.Second)
    fmt.Println("接收前的协程数：", runtime.NumGoroutine())
    fmt.Print(start, "～", end, "的素数有：")
    for i := range c {                              //遍历通道
        fmt.Print(i, " ")
    }
    fmt.Println()
    fmt.Println("接收后的协程数：", runtime.NumGoroutine())
}
```

运行结果如图 4.10 所示。

```
接收前的协程数： 1
1～10的素数有：2 3 5 7
接收后的协程数： 1
```

图 4.10　运行结果

对比【实例 4.8】的运行结果（见图 4.8）可见，本例在接收前的协程数就已经是 1 了，这是因为写通道的协程将结果全部写入通道缓存后并没有阻塞，直接退出了。

可见，带缓冲的通道可“解放”阻塞的协程来释放其占用的系统资源或让其马上去做别的更为重要的事情，以避免在通道读/写上浪费时间，但使用这种方式的前提是用户必须清楚地知道这个协程要写入通道的数据量，这样才能准确地预先设置缓冲区容量，如果设置的缓冲区容量小于协程产生的实际数据量，那么协程无法将全部数据一次性地写入通道缓存，仍然会阻塞在通道上，使用带缓冲的通道也就失去了意义。例如，若将本例创建带缓冲的通道的语句改为“c := make(chan int, 3)”，则运行程序后可以发现，接收前的协程数还是 2，协程依然阻塞在通道上等待。

4．多通道处理

当系统中有多个通道同时工作时，Go 语言可使用 select 语句随机地任选一个通道的数据进

行处理。其语法格式如下：

```
select {
case 通道 1 读/写:
    [<语句 1>]
case 通道 2 读/写:
    [<语句 2>]
...
case 通道 n 读/写:
    [<语句 n>]
[default: <语句 n+1>]
[case 是否超时:
    ...//超时处理
    return
]}
```

【实例 4.10】多通道并发处理过程演示。

启动两个协程，它们都有各自的通道，一个协程用于等待用户将数输入后再输出至通道中；另一个协程则自动地每隔一段时间按顺序向通道中输出一个数，下面演示这两个协程通道的并发处理过程。

程序代码如下（channel04.go）：

```
package main
import (
    "fmt"
    "time"
)
func main() {
    ch1 := make(chan int)                          //第 1 个通道
    go func() {                                    //第 1 个协程
        var n int
        for {
            fmt.Scanln(&n)                         //等待用户输入数
            ch1 <- n                               //将数输出至通道中
        }
    }()
    ch2 := make(chan int)                          //第 2 个通道
    go func() {                                    //第 2 个协程
        var i = 0
        for {
            ch2 <- i                               //自动循环按顺序向通道中输出一个数
            i++
            if i > 10 {                            //写入 10 个数以后故意将输出延迟放缓
                time.Sleep(15 * time.Second)
            } else {
                time.Sleep(5 * time.Second)
            }
        }
    }()
    for {
```

```
        select {                                    //通道选择处理
        case v1 := <-ch1:                           //处理通道 1
            fmt.Println("用户输入了", v1)
        case v2 := <-ch2:                           //处理通道 2
            fmt.Println(v2)
        case <-time.After(10 * time.Second):
            fmt.Println("超时了！")                  //超时处理
            return
        }
    }
}
```

程序启动后，其中一个协程就从 0 开始逐个按顺序输出数，在这个过程中，用户可随时从键盘键入任意数，通过另一个协程打断它，在屏幕上显示自己输入的数，但原来的协程并不会中止，而是从被打断处接着继续往下执行，在自动输出了 10 个数后该协程的运行速度放缓了，由原本每隔 5 秒延长至每隔 15 秒输出一个数，此时用户若不尽快输入新数，那么一旦到了超时时间（10 秒），程序就会自动退出。运行过程如图 4.11 所示。

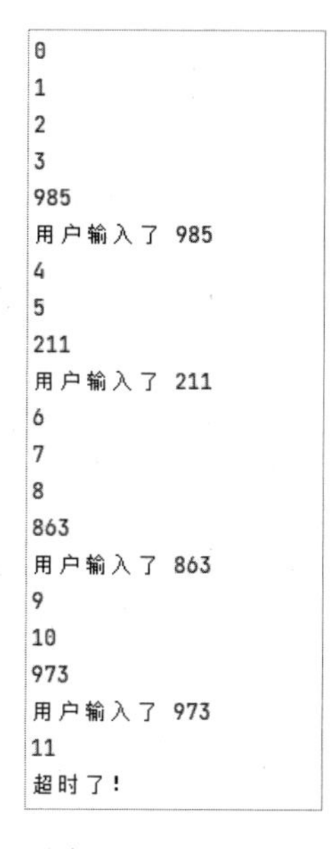

图 4.11　运行过程

4.3　并发控制

在一个多协程并发执行的应用程序中，由于各个协程是相互独立的，因此在运行过程中难免会出现争用资源或访问同一数据的情况，并且应用程序接下来的操作往往要取决于各个协程当前的状态，对并发的协程加以有效控制是保证整个系统运行状态正确的关键。Go 语言提供了一个 sync 包专门用于协程的并发控制，下面举例说明它的主要应用方法。

4.3.1　读/写控制

当不同的协程同时读/写一个数据时，如果不加以控制，则可能会产生不正确的结果。例如，在一个销售系统中，有某商品的进货总量（quantity）、销售量（sales）和库存量（stocks）3 项数据，使用一个 buy 协程模拟购物行为，每次执行都先将购物数量 i 累加到销售量（sales）上，然后在库存量（stocks）中减去购物数量 i，如果系统中只有这一个协程，那么任何时候肯定都满足：

进货总量 = 销售量 + 库存量

但是，在多协程并发环境中并非如此，来看下面的程序：

```
package main
import (
    "fmt"
    "time"
)
var quantity = 1000                                 //进货总量
var sales = 0                                       //销售量
```

```go
var stocks = 1000                                  //库存量

func buy(i int) {                                  //模拟购物行为的协程函数
    sales += i                                     //累加销售量
    time.Sleep(3 * time.Second)
    stocks -= i                                    //减少库存量
}

func look() {                                      //查看数据的协程函数
    for {
        fmt.Println(quantity, "   ", sales, "    ", stocks)
        time.Sleep(time.Second)
    }
}

func main() {
    fmt.Println("进货总量 = 销售量 + 库存量")
    go look()                                      //启动查看数据协程
    go buy(10)                                     //启动模拟购物行为协程
    time.Sleep(8 * time.Second)
}
```

并发操作导致数据关系不正确的结果如图 4.12 所示。

```
进货总量 = 销售量 + 库存量
1000      10      1000
1000      10      1000
1000      10      1000
1000      10      990
1000      10      990
1000      10      990
1000      10      990
1000      10      990
```

图 4.12　并发操作导致数据关系不正确的结果

可以看到，最开始输出的几条记录的数据关系是不正确的，这是因为，模拟购物行为协程在执行累加销售量（sales += i）和减少库存量（stocks -= i）这两个操作之间存在间隙时间，在这段时间里，负责查看数据的 look 协程有可能会去读取数据，而此时库存量尚未减去对应的值，因此读取到的数据就是错的。为了更容易地呈现这种错误现象，笔者故意在两条操作数据的语句之间加了一条“time.Sleep(3 * time.Second)”延时语句，如果没有这条语句，则运行结果可能是正确的也可能是错误的，但不管怎么说，不加以控制的并发协程访问所得的数据肯定是不可靠的。

为了避免此类错误，sync 包提供了读/写锁（RWMutex）来控制并发协程对数据的访问，它其实是 Go 语言内部定义的一个结构体（struct），其有两对（4 个）方法，说明如下。

（1）控制写操作。

```go
func (*RWMutex) Lock()                    //添加写锁
func (*RWMutex) Unlock()                  //解除写锁
```

写锁只能有一个，如果在添加之前已经有其他的写锁，则 Lock 方法会阻塞，直到其他的写锁被解除才能再添加。

（2）控制读操作。

```go
func (*RWMutex) Rlock()                   //添加读锁
func (*RWMutex) RUnlock()                 //解除读锁
```

读锁可以有多个，但如果已有写锁则无法再添加读锁，在只有读锁或没有锁时才可以添加读锁。

写锁的权限高于读锁，有写锁时优先进行写锁定，添加了写锁的代码段在执行期间会阻止其他任何协程进来，并且对数据的写权限被持有写锁的协程独占，直到写操作完成。读与写是“互斥”的，但读与读可以“并发”执行，即在读锁被占用的情况下会阻止写操作，但并不会阻止读操作，多个协程可以同时获取读锁。RWMutex之所以如此设计是其设计者考虑到在实际应用中“读多写少”的场景比较常见，可在确保数据正确且一致性的前提下最大限度地保持并发的性能。

【实例4.11】 用读/写锁控制商品销售数据的并发读/写。

对上面所举例的销售数据读/写程序应用读/写锁，程序代码如下（rwmutex.go）：

```
package main
import (
    "fmt"
    "sync"
    "time"
)
var m sync.RWMutex                              //声明读/写锁对象

var quantity = 1000                             //进货总量
var sales = 0                                   //销售量
var stocks = 1000                               //库存量

func buy(i int) {                               //模拟购物行为的协程函数
    m.Lock()                                    //添加写锁
    //在写操作期间该代码段不会被其他协程打断
    sales += i
    time.Sleep(3 * time.Second)
    stocks -= i
    m.Unlock()                                  //解除写锁
}

func look() {                                   //查看数据的协程函数
    for {
        m.RLock()                               //添加读锁
        fmt.Println(quantity, "   ", sales, "   ", stocks)
        time.Sleep(time.Second)
        m.RUnlock()                             //解除读锁
    }
}

func main() {
    fmt.Println("进货总量 = 销售量 + 库存量")
    go look()                                   //启动查看数据协程
    go buy(10)                                  //启动模拟购物行为协程
    time.Sleep(8 * time.Second)
}
```

添加读/写锁进行控制的结果如图4.13所示。

进货总量	= 销售量	+ 库存量
1000	10	990
1000	10	990
1000	10	990
1000	10	990
1000	10	990

图 4.13　添加读/写锁进行控制的结果

可见，添加读/写锁进行控制之后，无论运行多少次，结果都是正确的。

4.3.2　同步等待

由于协程具有独立性，因此程序运行过程中所创建的协程都不受主程序控制，如果主程序先于协程结束，则将无法获得协程的运行结果。本节之前的实例，为了确保主程序最后退出，基本都在 main 函数中使用“time.Sleep(...)”延时语句等待其他协程的运行结果，但这并不是一个好方法，对于运行时长无法估计的协程，很难预先设定一个合适的等待时间。例如，在计算机整型所表示的数值范围内寻找一个最大的素数，程序如下：

```
package main
import (
    ...//导入库
)
func isPrime(n int) bool {                          //判断素数的函数
    ...//代码同【实例 4.1】
}

func main() {
    go func() {                                     //启动寻找素数的协程
        for i := 9223372036854775807; i > 1; i-- {
            if isPrime(i) {
                fmt.Println("最大的素数是", i)
                runtime.Goexit()
            }
        }
    }()
    time.Sleep(10 * time.Second)                    //延时等待
}
```

由于寻找素数的运算量巨大，因此仅设置 10 秒的等待时间是无法看到结果的。

为此，sync 包提供了一个结构体 WaitGroup（同步等待组）用于在程序中自动等待一组协程的结束。WaitGroup 有一个内部计数器，用于记录应等待的协程数量，可通过如下 3 个方法操作计数器。

（1）添加计数。

```
func (*WaitGroup) Add()
```

Add 方法用于给计数器添加一个数值（可以是负数），通常一个新协程被创建并启动时会调用 Add(1)将其加入等待组中。

（2）减少计数。

```
func (*WaitGroup) Done()
```

Done 方法用于将计数器的值减 1，其一般在一个协程完成了自身任务即将退出前被调用。

（3）等待。

```
func (*WaitGroup) Wait()
```

调用 Wait 方法会阻塞，直到计数器的值减为 0（等待的一组协程全都结束）为止，通常在主程序中调用该方法来等待其他协程结束。

用 WaitGroup 自动等待上面例子中寻找素数的协程结束，程序如下：

```
package main
import (
    ...//导入库
)
var wg sync.WaitGroup                              //声明同步等待组对象

func isPrime(n int) bool {                         //判断素数的函数
    ...//代码同【实例 4.1】
}

func main() {
    wg.Add(1)                                      //添加计数
    go func() {                                    //启动寻找素数的协程
        for i := 9223372036854775807; i > 1; i-- {
            if isPrime(i) {
                fmt.Println("最大的素数是", i)
                wg.Done()                          //减少计数
                runtime.Goexit()
            }
        }
    }()
    wg.Wait()                                      //等待
}
```

修改程序后，主程序会等到协程的计算结果出来后才退出。

运行结果如图 4.14 所示。

```
最大的素数是 9223372036854775783
```

图 4.14　运行结果

第 5 章 源代码组织与管理

第 1～4 章的实例程序绝大多数仅有单个.go 源文件，而实际的项目工程则由不同的功能模块组成，含有多个源文件。随着软件的规模越来越大，模块越来越多，如何对源代码进行有效的组织和管理就成了语言和程序设计者需要着重考虑的问题之一。本章介绍 Go 语言在源代码组织与管理方面的知识。

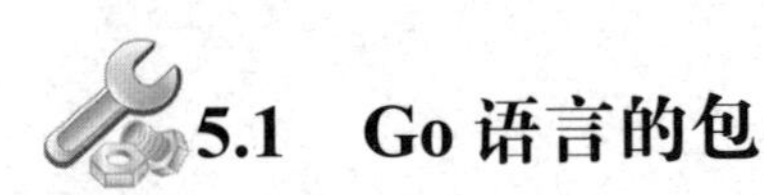

5.1 Go 语言的包

5.1.1 包的概念

与许多其他的高级程序设计语言（如 Java）一样，Go 语言也采用包的形式来组织源代码，包能够很好地管理项目自身的源代码，实现命名空间（Namespace）的管理。这也是代码模块化和共享的重要手段。Go 语言的任何源文件都必须属于某个包，程序文件的第一行有效代码必须是“package 包名”语句，即通过该语句声明自己所在的包。

Go 语言的包采用目录树的形式来组织，一般包的名称就是其源文件所在的目录名，虽然 Go 语言并不强制包名必须与其所在的目录同名，但笔者还是建议读者在开发项目时取相同的名字，这样可使项目结构更清晰。

此外，在给包取名时还应遵循下面两个原则：

（1）包名一般全是小写的，并尽可能地用一个有意义的简短名称。

（2）在实际工作中，包一般放到公司的域名目录下，这样既能保证包名的唯一性，又便于代码共享。例如，一家名为“easybooks”的公司所开发项目的包一般放到“src\easybooks.com\项目名”目录下。

5.1.2 包的工作目录

1. Go 环境变量

在 Go 编程环境中，包的工作目录与几个重要的环境变量息息相关，下面进行简单介绍。

（1）$GOROOT。

$GOROOT 环境变量所指定的目录是 Go 语言安装包的根目录。在 Windows 下安装包会自动设置，默认目录是 C:\Program Files\Go，如果不是安装在这个默认目录下，则必须显式地设置$GOROOT 环境变量。

（2）$GOPATH。

$GOPATH 环境变量所指定的目录是 Go 程序开发的工作目录，类似 Java 语言的工作区。在 Windows 下，默认目录是 C:\Users\<用户名>\go，其中“用户名”为操作系统当前的登录用户名。

（3）$GOBIN。

$GOBIN 环境变量所指定的目录是带有 main 函数的源程序在执行 go install 命令时生成的可执行程序的安装目录，默认目录是$GOPATH\bin。如果想在任何路径下执行安装的程序，则可以将$GOBIN 添加到 Windows 系统环境变量 Path 中。

（4）$GOOS 与$GOARCH。

$GOOS 用来设置目标操作系统，$GOARCH 用来设置目标平台的 CPU 体系结构。这两个环境变量主要用在 Go 程序跨平台的交叉编译中，一般不用设置。

以管理员身份打开 Windows 命令行，使用 go env 命令可查看 Go 编程环境当前各个环境变量的值，如图 5.1 所示。

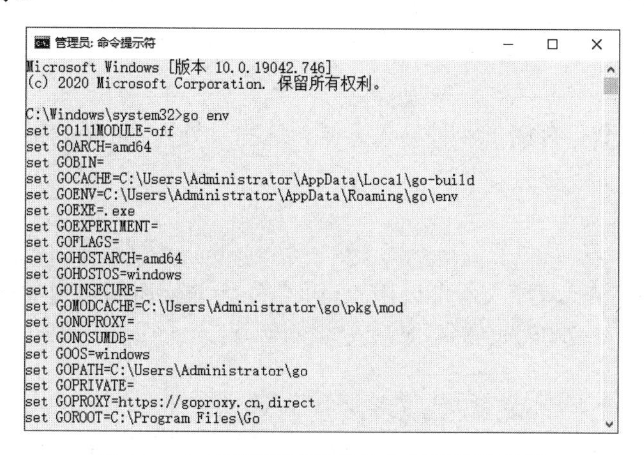

图 5.1　Go 编程环境当前各个环境变量的值

2．目录结构

$GOPATH 环境变量所指定的目录就是 Go 程序开发的工作目录。在用传统方式开发 Go 项目时，会在工作目录下创建 3 个子目录，如图 5.2 所示。

图 5.2　工作目录的 3 个子目录

（1）src 目录。

src 目录中包含了组成各种包的源代码。通常，src 目录下的第一层是根目录（一般是公司域名），根目录下才是各个项目的目录，项目目录下可以是其源文件及各种包，这是一种推荐的代码组织结构。例如：

```
$GOPATH\src\google.golang.org\grpc
```

其中，“google.golang.org”就是根目录，“grpc”则是具体的项目目录，而 grpc 目录内则是该项目的源文件和各种包。

（2）pkg 目录。

pkg 目录用于存放各种包编译生成的类库。

（3）bin 目录。

bin 目录用于存放包编译或安装后生成的可执行程序文件。

其中，src 目录必须由用户手动创建，用于包含所有的源代码，这是 Go 语言的强制规定，而另外两个目录（pkg 和 bin）则无须手动创建，必要时 Go 命令行工具在构建项目的过程中会自动创建。

$GOPATH 环境变量可以配置多个工作目录，每个工作目录都是与上面完全一样的目录结构，包含 src、pkg 和 bin 这 3 个子目录。在下载第三方包时，默认会下载到$GOPATH 环境变量所配置的第一个工作目录中，因此很多程序员习惯在$GOPATH 环境变量中配置两个工作目录，一个专门用于下载第三方包，另一个则用于存储自身项目开发所产生的包，这样可有效避免外部包与自身项目包代码的互相干扰。

5.1.3 包的使用

1. 导入包

用 import 语句导入包，有如下 4 种导入方式，这里以导入 Go 语言的 fmt 标准库（包）为例进行说明。

（1）标准方式。

```
import "fmt"
```

这是最常用的一种方式，导入后可以用“fmt.”作为前缀引用包内的可导出元素。例如：

```
fmt.Println("Hello,我爱 Go 语言！@easybooks")
```

（2）别名方式。

```
import say "fmt"
```

这相当于给包 fmt 起了个别名 say，用“say.”代替标准的“fmt.”作为前缀引用包内的可导出元素。例如：

```
say.Println("Hello,我爱 Go 语言！@easybooks")
```

（3）省略方式。

```
import . "fmt"
```

这相当于把包 fmt 的命名空间与当前程序的命名空间直接合并，合并后就可以不用前缀，直接引用 fmt 包内的可导出元素，简写成：

```
Println("Hello,我爱 Go 语言！@easybooks")
```

（4）仅执行包初始化函数。

当使用标准方式导入包但代码中没有使用此包时，Go 编译器会报错，此时可改用“import _"包名"”方式导入包，它仅执行包的初始化函数 init，即使包没有初始化函数，也不会引发 Go 编译器报错。例如：

```
package main
import _ "fmt"
func main() {
    //无代码
}
```

需要说明的是，包不能循环导入，比如包a导入了包b，包b导入了包c，如果包c又导入包a，则编译不能通过；但可以重复导入，比如包a导入了包b和包c，而包b和包c都导入了包d，这种情形相当于在包a中重复导入了一次包d，并且Go编译器会保证包d的初始化函数只执行一次。

2. 引用路径

Go语言所有内置标准包的源代码都位于$GOROOT\src目录下，用户可以直接引用。而自定义或第三方包的源代码则必须放到$GOPATH\src目录下才能被引用。

引用一个包可以用全路径或相对路径两种方式，写法如下。

1）全路径

全路径就是包的根路径（$GOROOT\src或$GOPATH\src）后面的包源代码的完整路径。例如，下面这几个包的引用路径采用的是全路径：

```
import "easybooks.com/MyBmi/bmi"
import "google.golang.org/grpc/peer"
import "database/sql/driver"
```

其中，bmi是自定义的包，其源代码保存在$GOPATH\src\easybooks.com\MyBmi\bmi目录下；peer是第三方包（谷歌公司开发的gRPC框架），从网络下载的源代码位于$GOPATH\src\google.golang.org\grpc\peer目录下；driver是Go语言内置的标准包，源代码位于$GOROOT\src\database\sql\driver目录下。

2）相对路径

比如有两个包：包a的路径是$GOPATH\src\easybooks.com\a，包b的路径是$GOPATH\src\easybooks.com\b，现假设包b要引用包a，则可以使用相对路径引用方式：

```
import "..\a"
```

相对路径只能用于引用$GOPATH下的包，且标准包的引用只能使用全路径。

3. 包的加载

程序启动时，在执行入口函数（main）之前，Go语言的引导程序会先对整个程序中的包进行初始化并逐个加载包，流程如下。

（1）引导程序从入口函数导入的包开始，逐级查找包的引用，直到找到没有引用其他包的包为止，最终生成一个包引用的有向无环图。

（2）Go编译器将有向无环图转换为一棵树，从树的叶子节点开始逐层向上对包进行初始化。

（3）对于单个包，先初始化其常量，然后初始化其全局变量，最后执行包的init函数（如果有）。一个包可以有多个init函数，引导程序在进行初始化时会执行全部的init函数，但并不能保证执行顺序，所以不建议在一个包中放入多个init函数，而是将需要初始化的逻辑写在一个init函数里。

在所有的包都被初始化与加载后，接下来从main函数开始的程序代码就可以正常使用各包的功能了。

4. 包的作用域

作用域（Scope）是指程序代码中标识符的名字与实例（内存地址）的绑定保持对应有效的逻辑区间。简言之，就是在多大的范围内可见（能够访问）这个标识符。

Go语言是静态作用域语言，其标识符的可见范围不依赖程序运行时的因素，在编译期间就能完全确定。Go 语言用命名空间来表示标识符的可见范围，一个标识符可被定义在多个命名空间中，但它在不同命名空间中的含义是互不相关的。这意味着在一个新的命名空间中可定义任意名字的标识符，而不会与其他命名空间的同名标识符发生冲突。

包名构成了 Go 命名空间的一部分，不同的包可看作一个独立的命名空间，因此在不同包内可以声明相同的标识符。Go 语言包内定义的以大写字母开头的标识符（包括变量、常量、函数和方法名、自定义类型、类的属性等）具有全局作用域，在任意命名空间内都可见；而包内定义的以小写字母开头的标识符却仅在本包中可见，在其他包中是不可见的，即这些标识符具有包内作用域。

Go 语言通过标识符首字母的大小写表达了其可被访问的范围，很好地实现了信息隐藏和代码安全。

【实例 5.1】 在主程序中访问同一包内的另一个源文件。

在 $GOPATH\src（笔者设置的为 C:\Users\Administrator\go\src）目录下建立根目录“easybooks.com”，在其下新建一个项目目录“MyBmi”。用 Windows 记事本在项目目录下创建两个.go 源文件：human.go 与 main.go。

（1）在 human.go 中定义 Human 类及其属性和方法（首字母全为小写），代码如下：

```
package main
type Human struct {
    name   string                                 //姓名
    height float32                                //身高
    weight float32                                //体重
    age    int                                    //年龄
}

func (h *Human) bmiCal() float32 {                //计算 BMI 的方法
    return h.weight / (h.height * h.height)
}

//姓名属性的 get/set 方法
func (h *Human) getName() string {
    return h.name
}
func (h *Human) setName(name string) {
    h.name = name
}

//身高属性的 get/set 方法
func (h *Human) getHeight() float32 {
    return h.height
}
func (h *Human) setHeight(height float32) {
    h.height = height
}

//体重属性的 get/set 方法
func (h *Human) getWeight() float32 {
```

```
    return h.weight
}
func (h *Human) setWeight(weight float32) {
    h.weight = weight
}

//年龄属性的 get/set 方法
func (h *Human) getAge() int {
    return h.age
}
func (h *Human) setAge(age int) {
    h.age = age
}
```

（2）main.go 作为主程序使用 Human 类，代码如下：

```
package main
import "fmt"
func main() {
    man := Human{}
    man.setName("周何骏")
    man.setHeight(1.73)
    man.setWeight(60)
    man.setAge(19)
    fmt.Println(man.getName(), "BMI 是", man.bmiCal())
}
```

（3）以管理员身份打开 Windows 命令行，依次执行如下命令：

```
cd C:\Users\Administrator\go\src\easybooks.com\MyBmi
go run main.go human.go
```

同一包内两个源文件的运行过程如图 5.3 所示。

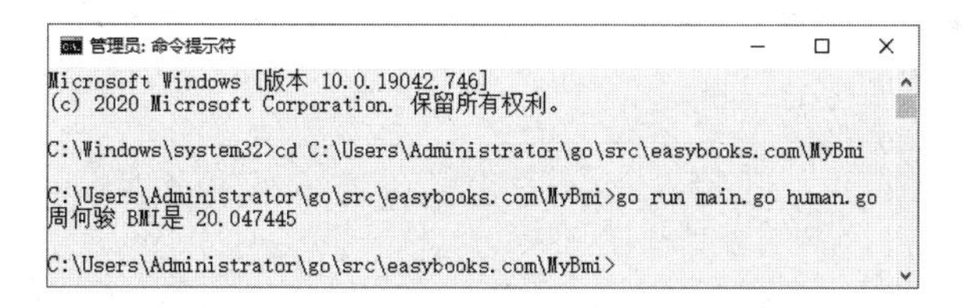

图 5.3　同一包内两个源文件的运行过程

【实例 5.2】 在主程序中访问不同包内的源文件。

（1）在【实例 5.1】所建的项目目录“MyBmi”下新建一个目录“bmi”作为包，将源文件 human.go 放到包中，代码如下：

```
package bmi                                     //声明自己在 bmi 包中
type Human struct {
    Name   string                               //姓名（首字母大写）
    height float32                              //身高
    weight float32                              //体重
    age    int                                  //年龄
}

func (h *Human) BmiCal() float32 {              //计算 BMI 的方法（首字母大写）
```

```
    return h.weight / (h.height * h.height)
}

/**以下所有 get/set 方法的首字母都是大写的*/
//身高属性的 get/set 方法
func (h *Human) GetHeight() float32 {
    return h.height
}
func (h *Human) SetHeight(height float32) {
    h.height = height
}

//体重属性的 get/set 方法
func (h *Human) GetWeight() float32 {
    return h.weight
}
func (h *Human) SetWeight(weight float32) {
    h.weight = weight
}

//年龄属性的 get/set 方法
func (h *Human) GetAge() int {
    return h.age
}
func (h *Human) SetAge(age int) {
    h.age = age
}
```

说明：将 Human 类的 Name 属性的首字母改为大写，外部程序在创建类的对象时就可以直接赋予姓名，也可随时引用姓名；Human 类各个方法的首字母也是大写的，这样包外的程序就能调用这些方法来实现功能。

（2）将主程序 main.go 的代码写成如下内容：

```
package main
import (
    "fmt"
    "easybooks.com/MyBmi/bmi"                    //使用全路径引用包
)
func main() {
    man := bmi.Human{}
    man.Name = "周何骏"                           //直接访问 Name 属性
    man.SetHeight(1.73)
    man.SetWeight(60)
    man.SetAge(19)
    fmt.Println(man.Name, "BMI 是", man.BmiCal())
}
```

（3）在 Windows 命令行下依次执行如下代码：

```
cd C:\Users\Administrator\go\src\easybooks.com\MyBmi
go run main.go
```

不同包内两个源文件的运行过程如图 5.4 所示。

若将 main.go 中的语句“man.SetHeight(1.73)”改成“man.height = 1.73”，再次运行程序，则会报错，这是由于 height（身高）属性的首字母是小写的，包外的程序无法直接访问，如图 5.5 所示。

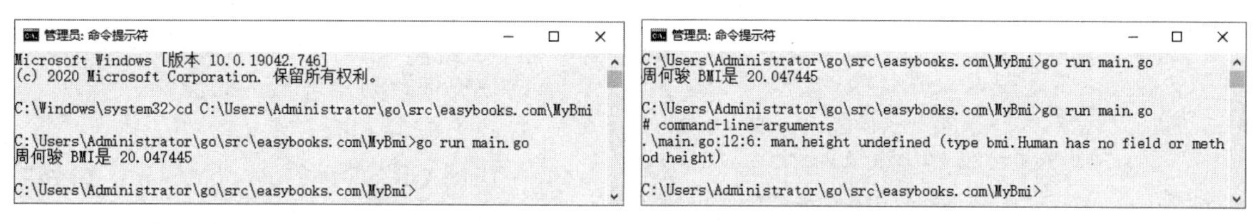

图 5.4　不同包内两个源文件的运行过程　　　图 5.5　包外的程序不能直接访问首字母小写的属性

可见，Go 语言通过标识等首字母的大小写实现了与传统面向对象语言（如 C++、Java）中 public、private 关键字等效的功能。

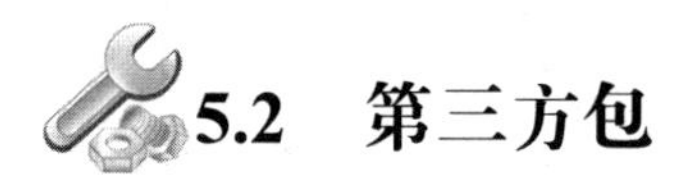

5.2 第三方包

5.2.1 安装第三方包

Go 语言的第三方包有如下两种安装方式。

1. 获取安装

使用 go get 命令可以通过网络远程获取（或更新）第三方包及其依赖包，自动完成编译安装，命令格式如下：

```
go get -参数 带全路径的包名
```

这里的“全路径”指的是包的完整网络访问路径，go get 命令据此动态获取远程代码托管平台仓库中的包，Go 语言目前支持的主要托管平台有 GitHub、Gitee（码云）等。

例如：

```
go get -u git***.com/golang/protobuf/protoc-gen-go
```

这个命令会自动从 GitHub 上获取一个名为“protoc-gen-go”的插件，-u 参数表示让命令通过网络来动态地更新已有的包及其依赖包，一般都要带这个参数。除了-u 参数，go get 命令还有一些其他参数，如表 5.1 所示。

表 5.1　go get 命令的其他参数

参　数	功能描述
-d	只下载包而不安装
-f	忽略对已下载包导入路径的检查
-fix	在下载包后先进行修正，再进行编译安装
-insecure	允许使用非安全通道（如 HTTP 而非 HTTPS）下载包
-t	同时下载并安装指定包测试文件中的依赖包

2．编译安装

有时候，所需的第三方包没有现成的可安装版本，这时可先下载其源代码，再进行编译安装。

1）下载源代码过程

下载源代码需要借助与远程包相匹配的代码管理工具，如 Git、SVN、HG 等，下面以 Git 为例介绍基本的操作方法。

（1）安装 Git。

访问 Git 官方网站，下载 Git，得到可执行程序文件 Git-2.41.0-64-bit.exe，双击该文件启动安装向导，如图 5.6 所示。

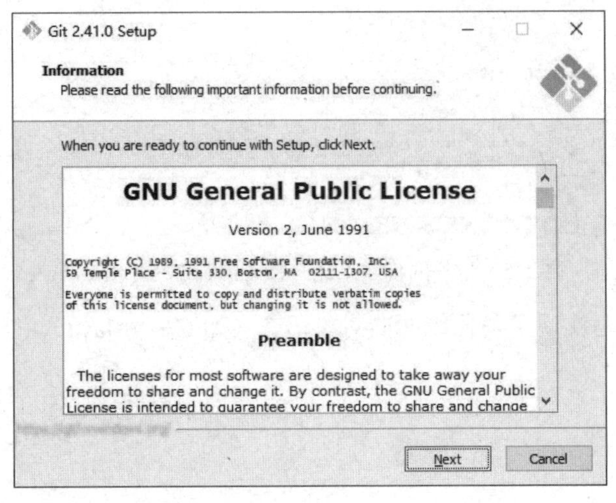

图 5.6　Git 安装向导

单击"Next"按钮，按照安装向导的步骤往下操作，虽然 Git 的配置项有很多，但作为一般使用来说可以不用管它，每一步都采用默认设置，一直单击"Next"按钮，最后单击"Install"按钮开始安装，安装结束后单击"Finish"按钮。

（2）启动 Git Bash。

安装 Git 后，可在开始菜单左上角的"最近添加"中看到 3 个启动图标，如图 5.7 所示。

其中，第 3 个"Git Bash"是 Git 配套的控制台，下载源代码的命令就通过它来执行，双击该图标启动控制台，出现图 5.8 所示的 Git Bash 控制台窗口，在"$"提示符后输入命令。

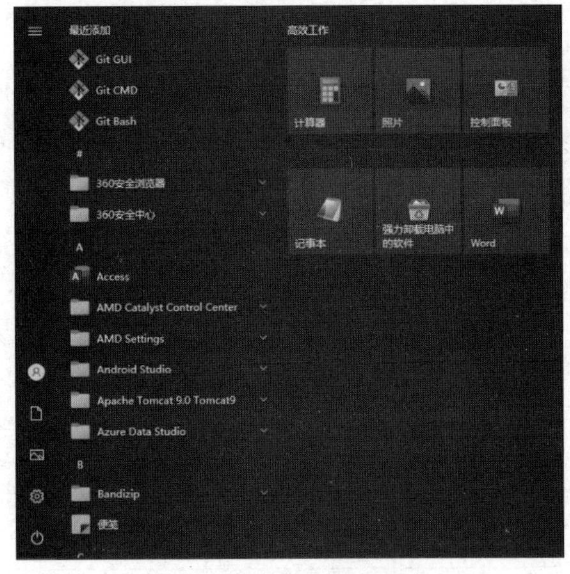

图 5.7　Git 的 3 个启动图标

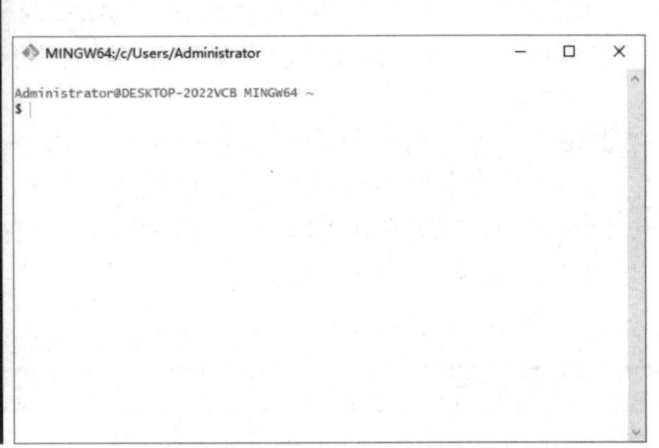

图 5.8　Git Bash 控制台窗口

（3）克隆下载。

使用 git clone 命令以"克隆"方式下载源代码，该命令可以复制远程仓库的所有代码和历史记录，并在本地计算机上创建一个与远程仓库完全相同的仓库副本。

通常将远程仓库中包（及其依赖包）的源代码克隆到本地计算机的$GOPATH\src 目录下，

命令格式如下：

```
git clone https://远程仓库路径/文件名.git $GOPATH/src/本地路径
```

其中，“本地路径”是下载到本地计算机的包的源代码存放路径，不一定要与远程仓库路径相同。

例如：

```
git clone https://git***.com/grpc/grpc-go.git $GOPATH/src/google.golang.org/grpc
```

将 GitHub 远程仓库中 grpc-go 包的源代码下载到本地计算机$GOPATH\src 目录中的google.golang.org\grpc 路径下，Git 会自动创建本地路径上的各级目录。

2）编译安装过程

有了源代码，就可以将其编译成可运行的包并安装到 Go 环境中，使用 go install 命令进行编译安装。

首先执行如下命令，从 Git Bash 控制台进入$GOPATH\src 目录：

```
cd $GOPATH/src/
```

然后执行 go install 命令，格式如下：

```
go install 本地路径（源代码存放路径）@latest
```

最后加“@latest”是为了将安装的包与其在网络上能够找到的最新版本同步。

go install 命令会将编译产生的中间文件存放在$GOPATH\pkg 目录下，而编译得到的最终结果文件（.exe）则生成在$GOPATH\bin 目录下。

5.2.2 包的管理

1. 包管理概述

采用传统方式开发的 Go 项目将所有包的源代码都置于工作目录$GOPATH\src 下，虽然程序员使用 go get 命令获取或 Git+go install 编译的方式能够很容易地得到想要的各种第三方包，但下载的包多了，难免会出现混乱和冲突，这就迫切需要有一种机制对数量庞大的包进行有效管理。

1）vendor 机制

在很长一段时间内，Go 官方并没有第三方包管理的解决方案，直到 Go 1.5 引入了 vendor 机制，才为 Go 外部包的管理提供了有限的支持。该机制的原理是在当前包中引入一个 vendor 目录，并将该包所依赖的外部包复制到这个目录下，Go 编译器在查找所需的第三方包时，也优先在该目录下查找，流程如下。

（1）如果当前包下有 vendor 目录，则先从其下查找第三方包，如果找到，就使用；如果没有找到或者当前包下根本没有 vendor 目录，就继续第（2）步操作。

（2）沿当前包目录向上逐级查找，直到$GOPATH\src 为止，其间只要发现 vendor 目录就去里面查找，并使用找到的第一个符合要求的包。

（3）到$GOPATH 下查找。

（4）到$GOROOT 下查找。

vendor 机制将原来集中存放于$GOPATH\src 目录下的第三方包分散到各包的 vendor 目录中，这样各个项目工程就可以独立地管理自己的第三方包，相互之间不会有影响，本质上是将传统的包共享模式转变为每个项目独立维护的模式，这么做的一个最大好处是保证了单个项目目录下代码的完整性和独立性，在将一个项目移植到新的 Go 环境中时，不需要下载关联的第三方包，直接就能编译运行。

2）版本管理

如果第三方包更新了，新版本与旧版本又不兼容，应该怎么办？广大的 Go 语言程序员迫切需要对第三方包进行更精细的管理，尤其是对包的版本做精确的管控。起初，在 Go 社区中出现了很多包管理工具，如 godep、govendor、glide 等，但不同的包管理工具采用的元信息格式不同（如 godep 用 Godeps.json、glide 用 glide.yaml），十分不利于社区发展，也严重违背了 Go 语言所追求的开箱即用、简单快速的设计理念。为了避免语言和工具的分裂，维护 Go 语言的设计理念，其官方提供了一个叫作 dep 的工具，但并未马上将其集成到 Go 工具链上，Go 语言核心团队通过它来吸取实际使用经验并收集社区的反馈，不断实验、探索如何有效管理包的版本，在此基础上开发出一个统一、强大的包管理工具 go module，并于 2019 年 9 月 3 日发布的 Go 1.13 中开始正式支持。

当前，Go 语言的第三方包管理主要依靠的就是 go module 工具。

2. go module 工具

go module 是 Go 语言官方推荐使用的包管理工具，借助这个工具，用户不必将项目源代码放置到固定的$GOPATH\src 目录下，而是可以根据需要在本地计算机的任何位置创建包的工作目录，并且在工作目录下不必包含 5.1.2 节所述的 src、pkg 和 bin 3 个子目录。

go module 工具以“模块”（Module）为基本单元来管理包，一个任意名称的目录（包括空目录）都可以作为模块，只要其中包含 go.mod 文件就可以。通常，在开发中将项目整体作为一个模块，在程序中都是基于当前模块（项目）的相对路径来引用包的，从而简化了编程。

使用 go module 工具管理一个项目包的步骤如下。

（1）将 Go 语言的环境变量 GO111MODULE 设置为 on，开启 go module 功能。

（2）创建模块。

通过以下命令创建一个新的模块：

```
go mod init 模块名
```

创建模块后会在当前包目录下生成一个 go.mod 文件，其内容为：

```
module 模块名
go 1.xx
```

其中，1.xx 为系统环境所安装的 Go 语言版本号。

（3）管理第三方包。

有了 go.mod 文件后，在项目开发过程中，go module 工具就会自动地进行包管理，如果用户想在项目中引入一个第三方包，比如要使用当前流行的 Go-kit 框架（用于微服务开发），就可以在 go.mod 文件中添加一句：

```
require git***.com/go-kit/kit v0.12.0
```

用 require 关键字引入该框架的 0.12.0 版本，之后就可以通过执行以下命令来手动下载这个框架及其依赖的所有第三方包：

```
go mod download
```

用户可以通过执行 go mod vendor 命令生成 vendor 目录，在其中集中放置 go.mod 文件描述的所有第三方包，还可以通过执行 go mod tidy 命令更新依赖关系，加载缺少的包和移除不用的包。go module 工具能够动态地更新 go.mod 文件，很容易地对一个包进行依赖管理和版本控制，

Go 语言的 go build 和 go install 命令也会自动使用 go.mod 文件中的依赖关系，从而降低传统 GOPATH 管理的复杂性。

【实例 5.3】将【实例 5.2】的项目使用 go module 工具进行管理。

操作步骤如下。

（1）在本地计算机的任一位置（笔者的计算机位置是 C:\Users\Administrator）新建一个目录“easybooks.com”，在其中创建项目目录“MyBmi”。

（2）以管理员身份打开 Windows 命令行，执行如下命令，开启 go module 功能：

```
go env -w GO111MODULE=on
```

可执行 go env 命令查看是否开启成功，开启成功的页面如图 5.9 所示。

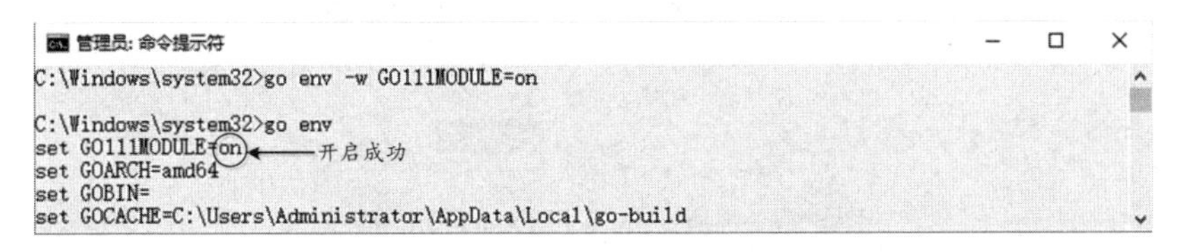

图 5.9　go module 功能开启成功的页面

（3）将【实例 5.2】的项目目录“MyBmi”中的“bmi”包目录（内含 human.go）及主程序 main.go 一起复制到本例项目目录“MyBmi”中，通过命令行进入其中并执行创建模块的命令：

```
cd C:\Users\Administrator\easybooks.com\MyBmi
go mod init MyBmi
```

创建模块的过程如图 5.10 所示。

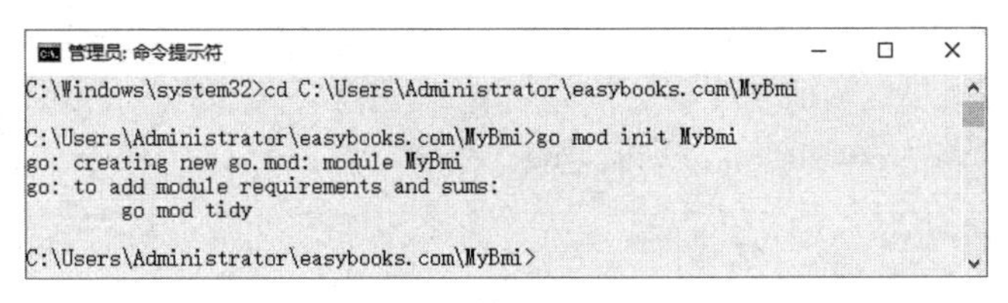

图 5.10　创建模块的过程

命令执行完成后在“MyBmi”目录中可看到已经生成 go.mod 文件，如图 5.11 所示。

图 5.11　生成的 go.mod 文件

用 Windows 记事本打开 go.mod 文件，其内容如下：

```
module MyBmi
go 1.20
```

这表示 go module 工具已将 MyBmi 项目视为一个模块加以管理了。

（4）启动 GoLand，选择“File”→“Open”命令，弹出“Open File or Project”对话框，展开目录树进入 C:\Users\Administrator 下的 easybooks.com 目录，选中“MyBmi”目录，单击“OK”按钮，如图 5.12 所示，可在 GoLand 集成开发环境中打开此项目。

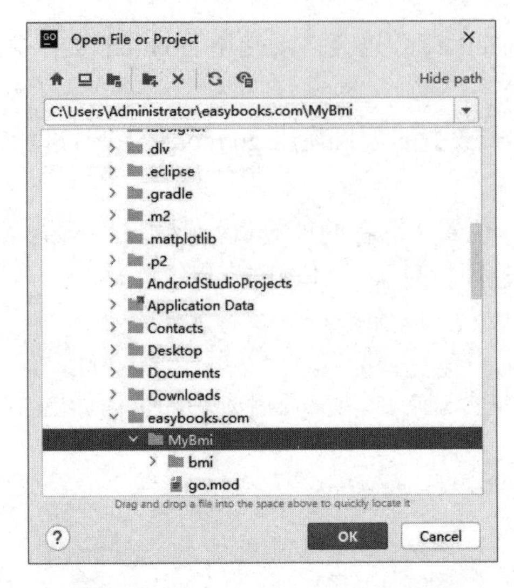

图 5.12　用 GoLand 打开 MyBmi 项目

（5）打开 main.go，将导入 bmi 包的路径由全路径改为模块相对路径，代码如下：

```
package main
import (
    "MyBmi/bmi"                                              //用模块相对路径引用包
    "fmt"
)
func main() {
    ...//主程序代码
}
```

（6）在 GoLand 中运行 main.go，结果如图 5.13 所示。

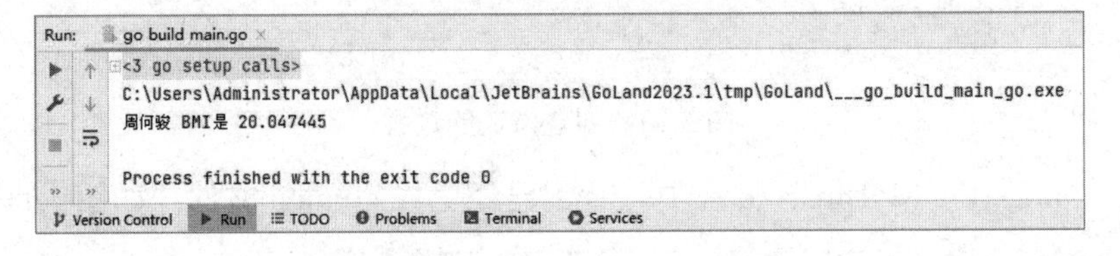

图 5.13　在 GoLand 中运行 main.go 的结果

事实上，GoLand 就是通过 go module 工具来管理其 Go 项目的，在用户创建项目的时候其就会自动在所建的项目目录中生成 go.mod 文件。读者可以打开之前用 GoLand 创建的项目去看一下，而且只有包含 go.mod 文件的目录才会被 GoLand 识别为一个 Go 项目，所以本例若没有事先用 go mod init 命令生成 go.mod 文件，而试图直接用 GoLand 打开项目目录，就会出现图 5.14 所示的错误。

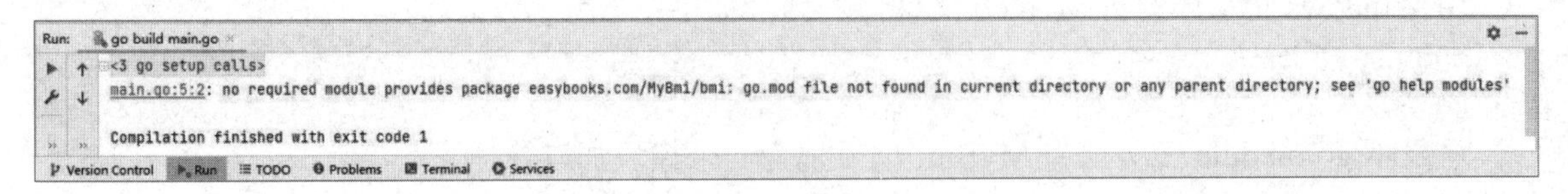

图 5.14　没有创建模块（不含 go.mod 文件）的项目不能用 GoLand 打开

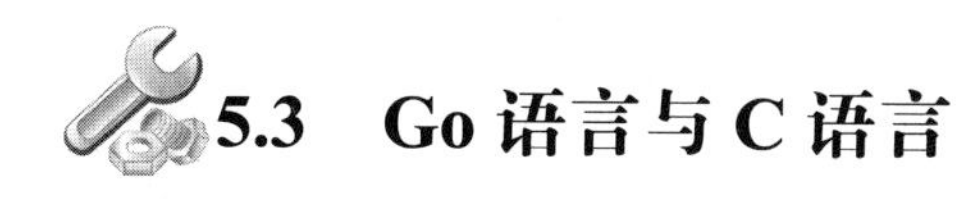

5.3 Go 语言与 C 语言

C 语言作为一种普遍、通用的系统底层高级语言，在性能和效率上有着公认的天然优势，实际开发中的某些功能直接用 C 代码处理更佳。为此，很多高级语言提供了与 C 语言对接的编程接口，因此 Go 语言也提供了对 C 语言的支持。在 Go 语言工具包中有一个 Cgo 命令，专门用来处理 Go 语言调用 C 语言相关的操作，用户可以直接使用该命令，也可以在运行或构建 Go 程序时自动调用它。Cgo 命令对 C 代码的处理要依赖系统中 C 语言相关的编译工具，如 gcc，在 Go 环境中默认已开启对 Cgo 命令的支持，如图 5.15 所示。

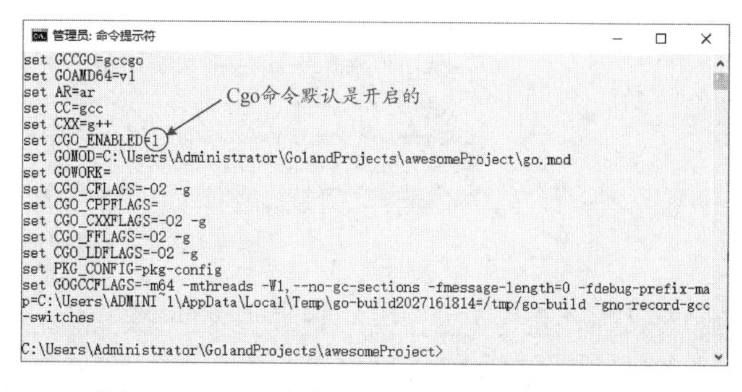

图 5.15 Go 环境默认开启了对 Cgo 命令的支持

Go 语言将 C 语言的一切代码元素都封装在一个名为“C”的伪包中，在程序中用“import "C"”语句“导入”这个伪包，在导入语句的行上面以注释“#include ...”的形式引用与 C 语言相关的库和源文件，而这些被引用的 C 代码中公共的变量和函数等在 Go 程序中统一被挂到“C”伪包中以供使用。

【实例 5.4】 用 Go 语言调用 C 代码实现圆形面积和周长的计算。

（1）在 GoLand 的默认项目目录“awesomeProject”下用 Windows 记事本创建一个 C 源文件 circle.c，代码如下：

```
#include <stdio.h>
#define PI 3.1416

float getArea(float r)                          //计算圆形面积的函数
{
    return PI * r * r;
}

float getGirth(float r)                         //计算圆形周长的函数
{
    return 2 * PI * r;
}

int main(void)                                  //C 语言的主函数
{
    float r, s, c;
    printf("r=");
    scanf("%f", &r);
    s = getArea(r);
    c = getGirth(r);
    printf("Area:%f; Girth:%f", s, c);
    return 0;
}
```

编写完成后保存该文件，可以用 gcc 编译器先编译运行一下，以管理员身份打开 Windows 命令行，输入如下命令：

```
cd C:\Users\Administrator\GolandProjects\awesomeProject
gcc -o circle circle.c && circle
```

输入 r=10，运行结果如图 5.16 所示。

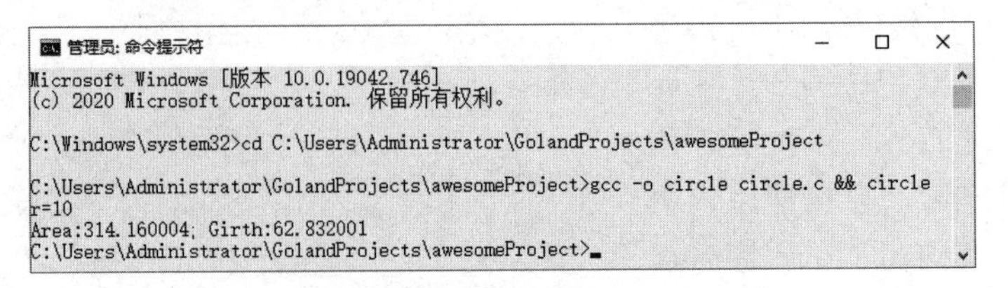

图 5.16　C 代码编译运行结果

（2）在 Go 程序中调用 C 代码（goandc.go）：

```
package main

//#include <stdio.h>                                    //引用与 C 语言相关的库
//#include "./circle.c"                                 //引用 C 语言的源文件
import "C"                                              //导入“C”伪包
import "fmt"

func main() {
    var r float32
    fmt.Print("请输入圆形半径：")
    fmt.Scanln(&r)
    fmt.Println("面积 =", float32(C.getArea(C.float(r))), ", 周长 =",
float32(C.getGirth(C.float(r))))                        //通过伪包调用 C 函数
}
```

注意： 由于 C 语言与 Go 语言的数据类型并不是完全兼容的，因此在向 C 函数传参时要先将其转换为 C 语言的数据类型，如这里的“C.float(r)”将半径值转换为 C 语言的浮点型，而函数执行后的返回值则要用“float32(返回值)”再转换回 Go 语言的对应数据类型。

在 GoLand 中运行 goandc.go，调用 C 代码计算给定半径的圆形面积和周长，运行结果如图 5.17 所示。

```
Run:  go build goandc.go
GOROOT=C:\Program Files\Go #gosetup
GOPATH=C:\Users\Administrator\go #gosetup
"C:\Program Files\Go\bin\go.exe" build -o C:\Users\Administrator\AppData\Local\JetBrains\GoLand2023.1\
rojects\awesomeProject\goandc.go #gosetup
C:\Users\Administrator\AppData\Local\JetBrains\GoLand2023.1\tmp\GoLand\___go_build_goandc_go.exe
请输入圆形半径：10
面积 = 314.16 , 周长 = 62.832

Process finished with the exit code 0
Version Control  Run  TODO  Problems  Terminal  Services
```

图 5.17　运行结果

第 6 章

文件与数据库操作

6.1 基本文件操作

Go 语言基本文件操作包括目录操作，创建、打开与读/写文件，文件操作等，这些功能主要通过 Go 语言内置的 os、path 等包中的函数来实现。

6.1.1 目录操作

1. 创建目录

创建目录使用 Mkdir 和 MkdirAll 这两个函数，Mkdir 函数只能创建单个目录，而 MkdirAll 函数则可以一次性地创建指定路径下的多级目录。其原型分别如下：

```
func Mkdir(目录名, 权限码) error                    //创建单个目录
func MkdirAll(路径, 权限码) error                   //创建多级目录
```

说明：“目录名”可带相对或绝对路径，带相对路径时，默认是相对于当前项目目录的路径；带绝对路径时，路径中的盘符不区分字母大小写。“权限码”是一个 4 位的八进制数，通常取“0777”，表示创建的目录对所有用户可读/写、可执行。这两个函数都返回一个 error（错误）类型的值，当执行成功时，值为 nil；当发生错误时，则可通过这个返回值得到具体的错误信息。

例如：

```
err := os.Mkdir("D:\\Go\\test", 0777)            //Mkdir 函数必须先创建好 Go 目录

err := os.MkdirAll("D:\\Go\\test", 0777)         //MkdirAll 函数会自动创建 Go 目录
err := os.MkdirAll("D:/Go/test", 0777)           //也可以这样写
err := os.MkdirAll("d:/Go/test", 0777)           //或者这样写

err := os.MkdirAll("Go/test", 0777)              //创建到当前项目目录下

if err != nil {
    log.Fatal(err)                                //打印错误日志
}
```

2. 删除目录

删除目录使用 Remove 和 RemoveAll 这两个函数，分别对应删除单个目录（其中没有子目录或文件的目录）和删除多级目录。其原型分别如下：

```
func Remove(目录名) error                                //删除单个目录
func RemoveAll(路径) error                               //删除多级目录
```

其中，执行第 2 个函数会删除参数“路径”指定的目录及其下的子目录和全部文件。

3．重命名目录

重命名目录使用 Rename 函数。其原型如下：

```
func Rename(原目录名, 新目录名) error                       //重命名目录
```

其中，参数中的两个目录名都可以带相对路径或绝对路径，默认相对的都是当前项目目录的路径，如果新目录名已经存在，则替换它。

4．遍历目录

在 path 包下的 filepath 子包中，有一个 Walk 函数用于遍历目录。其原型如下：

```
func Walk(根路径, 自定义函数) error                         //遍历目录
```

Walk 函数需要用户提供一个自定义函数作为其第 2 个参数，Walk 函数从第 1 个参数指定的根路径开始，按照用户自定义函数的具体功能，遍历操作其下的各级子目录。

【实例 6.1】 目录操作演示。

程序代码如下（dir.go）：

```
package main
import (
    "fmt"
    "log"
    "os"
    "path/filepath"
    "time"
)
//由用户提供遍历目录的自定义函数
func showDirPath(path string, f os.FileInfo, err error) error {
    fmt.Println(path, f.ModTime().Format("2006-01-02 15:04:05"))
                                                         // (a)
    return nil
}
func printLog(err error, opt string) {                   //显示每次操作后目录的状态
    if err != nil {
        log.Fatal(err)                                   //若发生错误，则输出错误日志
    } else {
        fmt.Println("执行", opt, "操作，当前目录层次：")
        filepath.Walk("D:/Go", showDirPath)              //若操作成功，则遍历显示
    }
}

func main() {
    mydir := "D:/Go/MyDownloads/" + time.Now().Format("2006/01/02/")
    err := os.MkdirAll(mydir, 0777)                      // (b)
    printLog(err, "创建")
    err = os.Rename("D:/Go/MyDownloads", "D:/Go/下载 Go 语言学习资源")
    printLog(err, "重命名")
```

```
    err = os.Remove("D:/Go/下载 Go 语言学习资源")
    printLog(err, "删除")                                    // (c)
}
```

说明：

（a）在遍历时显示各级目录及其修改时间（通过 os.FileInfo 中的 ModTime 函数来实现）。需要注意的是，Go 语言对时间数据进行格式化时使用固定的“2006-01-02 15:04:05”时间格式，而不是像其他语言那样使用形如“YYYY-MM-DD hh:mm:ss”的格式字符串。

（b）用 MkdirAll 函数根据当前系统时间依次创建年份、月份、日期对应名称的各级子目录。

（c）重命名后的“下载 Go 语言学习资源”目录下面依然存有原来的年份、月份、日期对应名称的各级子目录，所以无法用 Remove 函数删除，若改用删除多级目录的 RemoveAll 函数就能成功删除了。

运行结果如图 6.1 所示。执行程序后可看到在 D 盘下生成的目录，如图 6.2 所示。

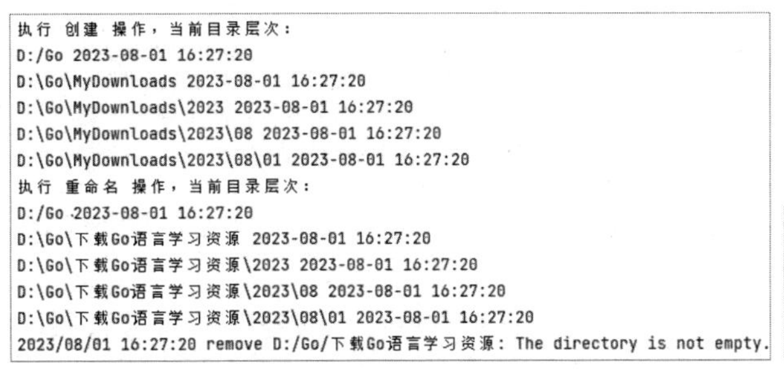

图 6.1　运行结果

图 6.2　执行程序后在 D 盘下生成的目录

6.1.2　创建、打开与读/写文件

1. 创建文件

创建文件使用 Create 函数。其原型如下：

```
func Create(文件名) (*os.File, error)                    //创建文件
```

说明：“文件名”可带相对路径或绝对路径，带相对路径时，默认是相对于当前项目目录的路径；带绝对路径时，路径中的盘符不区分字母大小写。此函数有两个返回值，第 1 个为指针型，是指向 os 包中 File（文件类）对象的句柄，如果创建成功，就可以通过该句柄来对文件执行读/写等操作；第 2 个为 error 型，当创建失败时，可通过它得到具体的错误信息。如果要创建的文件已经存在，则它会被重置为空白文件。

例如：

```
//创建到当前项目目录下
fp, err := os.Create("./test.txt")
fp, err := os.Create("test.txt")                        //或者直接写文件名

//创建到本地计算机的某个路径下
fp, err := os.Create("D:\\Go\\test.txt")                //必须先在 D 盘中创建 Go 目录
fp, err := os.Create("D:/Go/test.txt")                  //也可以这样写
fp, err := os.Create("d:/Go/test.txt")                  //或者这样写

fmt.Printf("%T", fp)                                    //*os.File
```

```
//创建好的文件若暂不操作，则要及时关闭句柄
defer fp.Close()
```

2. 打开文件

打开文件使用 Open 或 OpenFile 函数。其原型分别如下：

```
func Open(文件名) (*os.File, error)                         //打开文件
func OpenFile(文件名,打开方式,权限)(*os.File, error)  //打开文件（底层函数）
```

其中，“文件名”可带相对路径或绝对路径，写法同创建文件。Open 函数的内部实现中调用了底层的 OpenFile 函数。当然，用户在编程时也可以直接调用 OpenFile 函数来设置文件的打开方式、操作权限等细节。例如：

```
fp, err := os.OpenFile("D:/Go/test.txt", os.O_CREATE|os.O_RDWR, 0666)
```

3. 写文件

写文件有如下两种方法。

（1）以字节写文件，使用 Write 函数。其原型如下：

```
func (*os.File) Write(字节数组) (int, error)             //以字节写文件
```

使用时，在打开的文件句柄上调用 Write 函数，将要写的内容先转换为字节数组，再作为参数传给该函数。例如：

```
content := []byte("Hello World! ")                        //转换为字节数组
if _, err = fp.Write(content); err == nil {               //fp 是一个打开的文件句柄
    fmt.Println("写入成功！")
}
```

（2）以字符串写文件，使用 WriteString 函数。其原型如下：

```
func (*os.File) WriteString(字符串) (int, error)        //以字符串写文件
```

例如：

```
fp.WriteString("Hello World! ")
```

4. 读文件

读文件有如下两种方法。

（1）通过缓存读取。

这种方法要先打开文件，用 Go 语言的 bufio 包中的 NewReader 函数在文件句柄上创建一个读取器，然后调用读取器的 ReadString 函数，以指定的分隔符分段读取文件内容，代码形式如下：

```
文件句柄, err = os.Open(文件名)                          //打开文件
读取器 := bufio.NewReader(文件句柄)                      //创建读取器
for {
    字符串, err := 读取器.ReadString('分隔符')           //读取一段内容
    if err == io.EOF {                                   //到达文件末尾
        break
    }
    ...//处理（或显示）读到的字符串
}
文件句柄.Close()                                         //关闭文件
```

（2）直接读取。

使用 os 包中的 ReadFile 函数直接读取文件。其原型如下：

```
func ReadFile(文件名) (字节数组, error)                    //直接读取文件
```

这种方法无须事先打开文件，而是直接将文件全部内容一次性读取到内存中，并以一个字节数组的形式返回。对于内容中没有（或未知）分隔符的文件，使用这种方法处理起来非常方便，但其缺点是消耗内存，不适合处理大数据量的文件记录。

【实例 6.2】 文件读/写演示。

程序代码如下（filerw.go）：

```
package main
import (
    "bufio"                                                //包含缓存读取器的包
    "fmt"
    "io"
    "log"
    "os"
)
func printLog(err error) {                                 //若发生错误，则输出错误日志
    if err != nil {
        log.Fatal(err)
    }
}

func main() {
    fp, err := os.Create("D:/Go/Go 语言.txt")              //创建文件
    printLog(err)
    fp.Write([]byte("我喜欢 Go 编程，\r\n"))                //以字节写文件
    fp.WriteString("Go 是一种很优雅的语言。")                //以字符串写文件
    fp.Close()
    //通过缓存读取文件
    fmt.Println("缓存读取：")
    fp, err = os.Open("D:/Go/Go 语言.txt")                 //打开文件
    printLog(err)
    rd := bufio.NewReader(fp)                              //创建读取器
    for {
        str, err := rd.ReadString('\n')                    //每次读一行
        if err == io.EOF {
            break
        }
        fmt.Printf(str)
    }
    fp.Close()                                             //关闭文件
    fmt.Println()
    //直接读取文件
    fmt.Println("直接读取：")
    content, err := os.ReadFile("D:/Go/Go 语言.txt") //一次性读取文件全部内容
    printLog(err)
    fmt.Printf(string(content))                            //以字符串原样输出
}
```

运行结果如图 6.3 所示。执行程序后可在 D 盘 Go 目录下看到该文件，打开可查看其中的内

容，如图 6.4 所示。

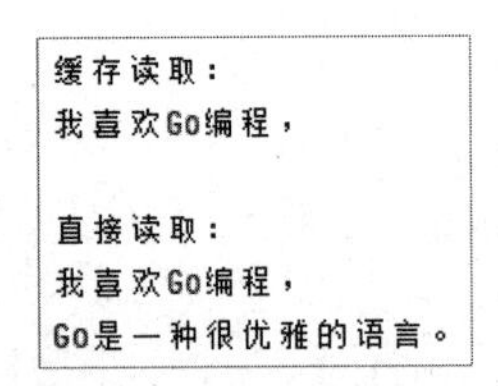

图 6.3　运行结果

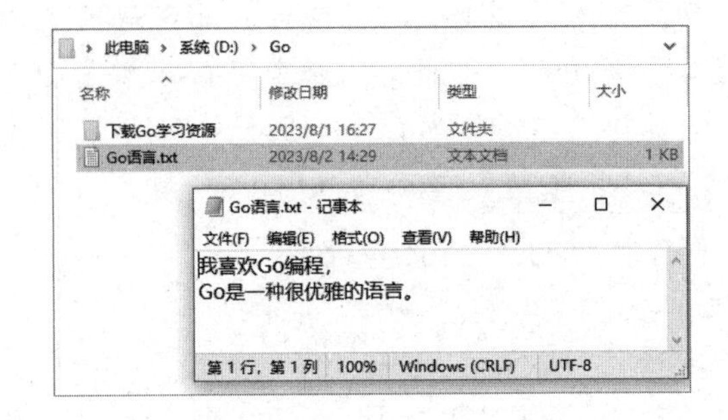

图 6.4　读/写的文件及其内容

可以看到，“Go 语言.txt”文件中虽然有两行文本，但在写入第 2 行的时候没有在末尾加'\n'（换行符），致使在通过缓存以“'\n'”作为分隔符读取文件的时候读取不到第 2 行文本，而直接读取方法则不存在这个问题。

6.1.3　文件操作

1．复制文件

复制文件使用 io 包中的 Copy 函数。其原型如下：

```
func Copy(目标文件句柄, 原文件句柄) (字节数, error)      //复制文件
```

说明：复制文件之前先在要存放备份文件的路径下创建目标文件（可与原文件同名或不同名），同时打开原文件，复制过程实际上是对目标文件和原文件句柄（指针）的操作，执行成功后返回复制的字节数。

【实例 6.3】在 D 盘 Go 目录下建立一个“备份”子目录，将【实例 6.2】中创建的文件“Go 语言.txt”复制到此子目录下。

程序代码如下（copy.go）：

```
package main
import (
    "fmt"
    "io"
    "log"
    "os"
)
func printLog(err error) {                              //若发生错误，则输出错误日志
    if err != nil {
        log.Fatal(err)
    }
}

func main() {
    err0 := os.Mkdir("D:/Go/备份", 0777)                  //建立“备份”子目录
    printLog(err0)
    fdst, err1 := os.Create("D:/Go/备份/Go 语言.txt")     //创建目标文件
    printLog(err1)
```

```
        fsrc, err2 := os.Open("D:/Go/Go 语言.txt")        //打开原文件
        printLog(err2)
        defer func() {                                     //延迟执行的匿名函数
            fdst.Close()                                   //关闭目标文件句柄
            fsrc.Close()                                   //关闭原文件句柄
        }()
        bnum, err3 := io.Copy(fdst, fsrc)                  //执行复制操作
        printLog(err3)
        if err3 == nil {
            fmt.Println("备份完成，复制", bnum, "字节。")
        }
    }
```

上面代码中有一个延迟执行的匿名函数，它能保证在程序的任何一步发生错误时都能及时地关闭目标文件和原文件的句柄，以防止因指针悬空而导致程序崩溃。

运行结果如图 6.5 所示，执行程序后可在 D 盘 Go 目录下看到多了一个“备份”子目录，其中就有复制后的同名文件，如图 6.6 所示。

```
备份完成，复制 54 字节。
```

图 6.5　运行结果

图 6.6　复制后的同名文件

2. 移动文件

因为 Go 语言的文件名包含其所处的路径，所以对文件的移动实际上是对文件的一种重命名（修改文件名中的路径）操作。移动文件使用 Rename 函数。其原型如下：

```
func Rename(原文件名, 新文件名) error                  //移动文件
```

其中，“原文件名”和“新文件名”都是包含了路径（相对或绝对）的文件名，两个文件的名称可以相同，但原文件名包含的路径是原路径，新文件名包含的则是移动到的目标路径。

【实例 6.4】 将 D 盘 Go 目录下的“Go 语言.txt”文件移动到其子目录“下载 Go 语言学习资源”的底层目录下。

程序代码如下（move.go）：

```
    package main
    import (
        "log"
        "os"
    )
    func main() {
        err := os.Rename("d:/Go/Go 语言.txt", "d:/Go/下载 Go 语言学习资源
/2023/08/01/Go 语言.txt")
        if err != nil {
            log.Fatal(err)
        }
    }
```

运行程序后，可发现原来D盘Go目录下的文件不见了，被移动到新的路径下，如图6.7所示。

图6.7 “Go 语言.txt”文件被移动到新的路径下

3. 修改文件访问权限

Go 语言使用4位八进制数表示一个文件（或目录）的访问权限，最高位固定是前导0，后面3位分别表示文件（目录）拥有者、拥有者所在的同组用户、其他组用户对该文件（目录）的访问权限，而每位八进制数所对应的3个二进制数则代表了3种不同的访问权限类型（读、写、执行，分别对应字母r、w、x）的状态，1表示具有访问权限，0表示无访问权限，所以各种可能的访问权限组合如表6.1所示。

表6.1 各种可能的访问权限组合

访问权限	二进制数	八进制数	状态
rwx	111	7	可读、可写、可执行
rw-	110	6	可读、可写、不可执行
r-x	101	5	可读、可执行、不可写
r--	100	4	只读
-wx	011	3	可写、可执行，不可读
-w-	010	2	只可写
--x	001	1	只可执行
---	000	0	无任何访问权限

例如：

```
八进制数      二进制数                        含义
0777     0 111 111 111   拥有者、同组用户、其他组用户都具有完全的读/写和执行权限
0666     0 110 110 110   拥有者、同组用户、其他组用户都具有读/写权限，但不具有执行权限
0755     0 111 101 101   拥有者具有完全权限，而同组用户及其他组用户都具有读和执行权限，
                         但不具有写权限
0754     0 111 101 100   拥有者具有完全权限，同组用户具有读和执行权限，其他组用户只具有
                         读权限
```

使用os包中的Stat函数可查看文件当前的访问权限组合状态。其原型如下：

```
func Stat(文件名) (FileInfo, error)                //查看文件当前的访问权限组合状态
```

该函数返回一个FileInfo对象实例，其中存放了访问权限状态信息，可通过调用其Mode方法获取信息内容。

使用os包中的Chmod函数可修改文件的访问权限。其原型如下：

```
func Chmod(文件名, 访问权限值) error                //修改文件的访问权限
```

其中，“访问权限值”就是用前述4位八进制数表示的访问权限。

【实例6.5】 修改“备份”目录下的“Go 语言.txt”文件的访问权限为对任何用户都只读。

程序代码如下（chmod.go）：

```
package main
import (
```

```
        "fmt"
        "log"
        "os"
    )
    func main() {
        finf, err := os.Stat("D:/Go/备份/Go 语言.txt")
        if err != nil {
            log.Fatal(err)
        }
        fmt.Println("原有访问权限：", finf.Mode())
        os.Chmod("D:/Go/备份/Go 语言.txt", 0444)
        finf, err = os.Stat("D:/Go/备份/Go 语言.txt")
        fmt.Println("修改后为：", finf.Mode())
    }
```

运行结果如图 6.8 所示，此时，在 D 盘“Go\备份”目录下右击文件“Go 语言.txt”，在弹出的快捷菜单中，选择“属性”命令，打开其属性对话框，可看到底部的“只读”复选框已被勾选，说明访问权限修改成功，如图 6.9 所示。

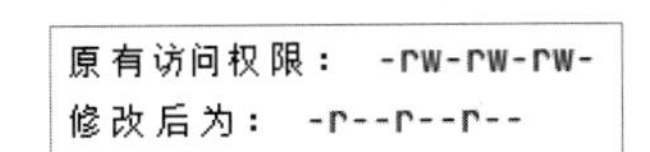

图 6.8　运行结果

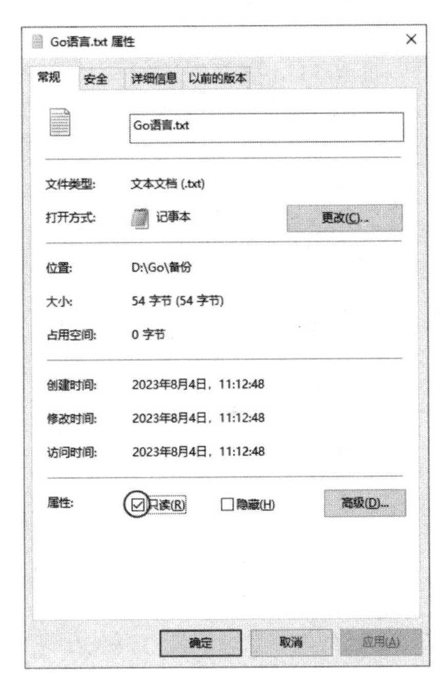

图 6.9　访问权限修改成功

6.2　特殊文件处理

6.2.1　XML 文件处理

在 Go 程序中，用结构体来表达 XML 文件的标签及其层次关系。先将整个 XML 文件定义成一个结构体，第一个名称为 XMLName（xml.Name 类型）的字段对应 XML 文件的根标签，根标签下面的每个一级子标签对应一个字段；如果子标签又有嵌套的次级标签，则针对这个子标签再定义一个结构体（用其下次级标签作为其字段），并以此结构体类型作为该子标签字段的类型，以此类推；对于包含属性的标签，也要将其定义为结构体的一个字段，并标注“attr”。

例如，有如下结构的一个 XML 文件：

```
<?xml version="1.0" encoding="UTF-8"?>
 <根标签>
  <标签 1>值 1</标签 1>
  <标签 2 属性="值">值 2</标签 2>
  ...
  <标签 i>
    <标签 i1>值 i1</标签 i1>
    <标签 i2>值 i2</标签 i2>
    ...
    <标签 in>值 in</标签 in>
  </标签 i>
  ...
  <标签 n>值 n</标签 n>
 </根标签>
```

其对应的 Go 程序中的结构体定义如下：

```
type 结构体 1 struct {                          //将整个 XML 文件定义成一个结构体 1
    XMLName xml.Name `xml:"根标签"`
    字段 1    类型 1    `xml:"标签 1"`
    字段 2    类型 2    `xml:"标签 2"`
    字段 2a   类型 2a   `xml:"属性,attr"`    //属性也要定义为一个字段并标注“attr”
    ...
    字段 i    结构体 2  `xml:"标签 i"`       //标签 i 的类型是结构体 2
    ...
    字段 n    类型 n    `xml:"标签 n"`
}

type 结构体 2 struct {                          //对有嵌套的标签 i 再定义一个结构体 2
    字段 i1   类型 i1   `xml:"标签 i1"`
    字段 i2   类型 i2   `xml:"标签 i2"`
    ...
    字段 in   类型 in   `xml:"标签 in"`
}
```

Go 语言中的 xml 包用于处理 XML 文件，下面介绍其中相关的几个函数。

1）XML 数据生成

使用 Marshal 或 MarshalIndent 函数生成 XML 数据。其原型分别如下：

```
func Marshal(interface{}) (字节数组, error)
func MarshalIndent(interface{}, 前缀, 缩进符) (字节数组, error)
```

说明：这两个函数的第 1 个参数都是空接口，因为任何类型的数据都可以赋值给空接口，所以只要用户将定义好的结构化数据传给这个参数，函数就能自动将其转化为 XML 类型的数据并以字节数组的形式返回，程序将返回的字节数据写入文件就生成了 XML 文件。MarshalIndent 函数相比 Marshal 函数多了两个参数，其分别用于设定 XML 文件标签的前缀和缩进符（通常都设为空格“" "”），可使生成的 XML 文件结构更加清晰、易读。

2）XML 数据解析

对已有 XML 文件内容的解析使用 Unmarshal 函数，它接收程序读取的 XML 文件字节数据，并将其转换为用户定义好的结构体对象，原型如下：

```
func Unmarshal(字节数组, interface{}) error
```

其中，第 2 个参数也是一个空接口，用户将要解析的 XML 文件所对应的结构体传入其中即可获得其数据内容。

【实例 6.6】 设计并生成一个存储某网站系统用户信息的 XML 文件。

程序代码如下（xml01.go）：

```
package main
import (
    "encoding/xml"                               //处理 XML 文件的包
    "log"
    "os"
)
type UsersArchive struct {                       //“用户档案”结构体
    XMLName xml.Name `xml:"users"`               //根标签<users>
    MAU     int      `xml:"mau,attr"`            //月活跃用户数（Monthly Active User）
    User    []User   `xml:"user"`                //每个用户信息被存放在一个 User 结构体数组中
}
type User struct {                               //“用户”结构体
    UCode string      `xml:"ucode,attr"`        //“用户编码”（属性）
    Name  string      `xml:"name"`              //姓名
    Sex   bool        `xml:"sex"`               //性别
    Age   int         `xml:"age"`               //年龄
    Addr  FullAddress `xml:"addr"`              //住址（结构体）
}
type FullAddress struct {                        //“住址”结构体
    Distric  string `xml:"distric"`             //区
    City     string `xml:"city"`                //市
    Province string `xml:"province"`            //省
    Pos      string `xml:"pos"`                 //位置
}

func main() {
    u := &UsersArchive{MAU: 3}                   //创建 3 个（mau="3"）用户的档案对象
    //向档案中添加用户
    u.User = append(u.User, User{"easy-***.com", "易斯", true, 65,
FullAddress{"栖霞", "南京", "江苏", "仙林大学城文苑路 1 号"}})
    u.User = append(u.User, User{"231668-***.com", "周俊邻", true, 19,
FullAddress{"栖霞", "南京", "江苏", "尧新大道 16 号"}})
    u.User = append(u.User, User{"sunrh-***.net", "孙函锦", false, 46,
FullAddress{"高新", "大庆", "黑龙江", "学府街 99 号"}})
    //生成 XML 数据
    xmldata, err := xml.MarshalIndent(u, " ", " ")
    if err != nil {
        log.Fatal(err)
        return
```

```
    }
    //创建 XML 文件
    fp, _ := os.Create("D:/Go/users.xml")
    defer fp.Close()
    //写入 XML 文件
    fp.Write([]byte(xml.Header))          //写文件头
    fp.Write(xmldata)                     //写 XML 数据
}
```

这里在写入 XML 文件时要先写一个文件头（<?xml version="1.0" encoding="UTF-8"?>），再写 XML 数据。

运行程序后，在 D 盘 Go 目录下生成了 users.xml 文件。其内容如下：

```
<?xml version="1.0" encoding="UTF-8"?>
 <users mau="3">
  <user ucode="easy-***.com">
   <name>易斯</name>
   <sex>true</sex>
   <age>65</age>
   <addr>
    <distric>栖霞</distric>
    <city>南京</city>
    <province>江苏</province>
    <pos>仙林大学城文苑路 1 号</pos>
   </addr>
  </user>
  <user ucode="231668-***.com">
   <name>周俊邻</name>
   <sex>true</sex>
   <age>19</age>
   <addr>
    <distric>栖霞</distric>
    <city>南京</city>
    <province>江苏</province>
    <pos>尧新大道 16 号</pos>
   </addr>
  </user>
  <user ucode="sunrh-***.net">
   <name>孙函锦</name>
   <sex>false</sex>
   <age>46</age>
   <addr>
    <distric>高新</distric>
    <city>大庆</city>
    <province>黑龙江</province>
    <pos>学府街 99 号</pos>
   </addr>
```

```
  </user>
 </users>
```

【实例 6.7】读取并解析显示【实例 6.6】中所生成的 XML 文件内容。

程序代码如下（xml02.go）：

```
package main
import (
    "encoding/xml"                          //处理 XML 文件的包
    "fmt"
    "log"
    "os"
)
type UsersArchive struct {                  //“用户档案”结构体
    ...//代码同【实例 6.6】
}
type User struct {                          //“用户”结构体
    ...//代码同【实例 6.6】
}
type FullAddress struct {                   //“住址”结构体
    ...//代码同【实例 6.6】
}

func getSex(sex bool) string {              //将“性别”转换为文字形式
    if sex {
        return "男"
    } else {
        return "女"
    }
}

func main() {
    //读取 XML 数据
    xmldata, err := os.ReadFile("D:/Go/users.xml")
    if err != nil {
        log.Fatal(err)
        return
    }
    u := UsersArchive{}                     //接收 XML 数据的结构体对象
    //解析 XML 数据
    err = xml.Unmarshal(xmldata, &u)
    if err != nil {
        log.Fatal(err)
        return
    }
    //显示 XML 文件内容
    fmt.Println("共有", u.MAU, "个用户：")
    for _, user := range u.User {           //遍历显示每个用户的信息
```

```
        fmt.Println(user.UCode, user.Name, getSex(user.Sex), user.Age, "住址：", user.Addr.Province, "省", user.Addr.City, "市", user.Addr.Distric, "区", user.Addr.Pos)
    }
}
```

运行结果如图 6.10 所示。

```
共有 3 个用户：
easy-***.com 易斯 男 65 住址： 江苏 省 南京 市 栖霞 区 仙林大学城文苑路1号
231668-***.com 周俊邻 男 19 住址： 江苏 省 南京 市 栖霞 区 尧新大道16号
sunrh-***.net 孙函锦 女 46 住址： 黑龙江 省 大庆 市 高新 区 学府街99号
```

图 6.10　运行结果

6.2.2　JSON 文件处理

JSON（JavaScript Object Notation）是当今互联网上应用十分广泛的一种轻量级数据交换格式，它采用一组键/值对表示数据对象，用大括号括起来，原型如下：

```
{"键 1":值 1, "键 2":值 2, ..., "键 n":值 n}
```

其中，所有的键都必须加双引号，键与值之间以冒号分隔，值可以是任意类型的数据，甚至可以是一个 JSON 对象，构成 JSON 对象的嵌套。

Go 语言同样是用结构体来描述 JSON 对象的，将其每个键都定义成结构体的字段，对于嵌套的 JSON 对象则要再单独定义一个结构体。

例如，有一个 JSON 对象的结构如下：

```
{
    "键 1":值 1,
    "键 2":值 2,
    ...
    "键 i":{
        "键 i1":值 i1,
        "键 i2":值 i2,
        ...
        "键 in":值 in,
    },
    ...
    "键 n":值 n
}
```

其对应的 Go 程序中的结构体定义如下：

```
type 结构体 1 struct {                              //将 JSON 对象定义成一个结构体 1
    字段 1    类型 1    `json:"键 1"`
    字段 2    类型 2    `json:"键 2"`
    ...
    字段 i    结构体 2  `json:"键 i"`              //键 i 对应的值 i 的类型是结构体 2
    ...
    字段 n    类型 n    `json:"键 n"`
}
```

```
type 结构体 2 struct {                       //对嵌套的 JSON 对象再单独定义一个结构体 2
    字段 i1   类型 i1   `json:"键 i1"`
    字段 i2   类型 i2   `json:"键 i2"`
    ...
    字段 in   类型 in   `json:"键 in"`
}
```

Go 语言中的 json 包用于处理 JSON 文件，相关的几个函数的功能与 xml 包中的 XML 文件处理函数的功能完全相同，也是用 Marshal 或 MarshalIndent 函数生成 JSON 数据，用 Unmarshal 函数解析 JSON 数据。

【实例 6.8】 生成一个存储某网站系统用户信息的 JSON 文件。

程序代码如下（json01.go）：

```
package main
import (
    "encoding/json"                        //处理 JSON 文件的包
    "log"
    "os"
)
type User struct {                         //“用户”结构体
    UCode string     `json:"ucode"`        //用户编码
    Name  string     `json:"name"`         //姓名
    Sex   bool       `json:"sex"`          //性别
    Age   int        `json:"age"`          //年龄
    Addr  FullAddress `json:"addr"`        //住址（结构体）
}
type FullAddress struct {                  //“住址”结构体
    Distric  string `json:"distric"`       //区
    City     string `json:"city"`          //市
    Province string `json:"province"`      //省
    Pos      string `json:"pos"`           //位置
}

func main() {
    user := &User{"easy-***.com", "易斯", true, 65, FullAddress{"栖霞", "南京",
"江苏", "仙林大学城文苑路 1 号"}}                 //创建一个用户对象
    //生成 JSON 对象
    jsondata, err := json.MarshalIndent(user, " ", " ")
    if err != nil {
        log.Fatal(err)
        return
    }
    //创建 JSON 文件
    fp, _ := os.Create("D:/Go/user.json")
    defer fp.Close()
    //写入 JSON 文件
    fp.Write(jsondata)
}
```

运行程序后，在 D 盘 Go 目录下生成 user.json 文件，打开即可看到生成的 JSON 对象，如

图 6.11 所示。

图 6.11　生成的 JSON 对象

【实例 6.9】 读取并解析显示【实例 6.8】中所生成的 JSON 对象。

程序代码如下（json02.go）：

```
package main
import (
    "encoding/json"                              //处理 JSON 文件的包
    "fmt"
    "log"
    "os"
)

type User struct {                               // "用户" 结构体
    ...//代码同【实例 6.8】
}
type FullAddress struct {                        // "住址" 结构体
    ...//代码同【实例 6.8】
}

func getSex(sex bool) string {                   //将 "性别" 转换为文字形式
    if sex {
        return "男"
    } else {
        return "女"
    }
}

func main() {
    //读取 JSON 数据
    jsondata, err := os.ReadFile("D:/Go/user.json")
    if err != nil {
        log.Fatal(err)
```

```
            return
        }
        u := User{}                                //接收 JSON 数据的结构体对象
        //解析 JSON 数据
        err = json.Unmarshal(jsondata, &u)
        if err != nil {
            log.Fatal(err)
            return
        }
        //显示 JSON 对象
        fmt.Println(u.UCode, u.Name, getSex(u.Sex), u.Age, "住址: ", u.Addr.Province,
"省", u.Addr.City, "市", u.Addr.Distric, "区", u.Addr.Pos)
    }
```

运行结果如图 6.12 所示。

```
easy-***.com 易斯 男 65 住址： 江苏 省 南京 市 栖霞 区 仙林大学城文苑路1号
```

图 6.12　运行结果

6.2.3　CSV 文件处理

CSV 文件以纯文本形式存储表格数据，行与行之间以换行符分隔，每行由字段组成，通常所有记录具有完全相同的字段顺序，字段与字段之间常以逗号或制表符分隔。例如，一个存储商品记录的 CSV 文件（commodity.csv）的内容如图 6.13 所示。

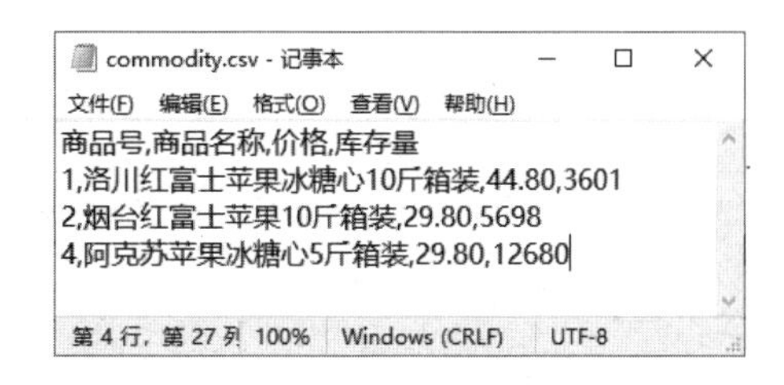

图 6.13　存储商品记录的 CSV 文件的内容

Go 语言中的 csv 包提供了读/写 CSV 文件的函数。

1. 读取 CSV 文件

先打开要读取的 CSV 文件，使用 NewReader 函数在文件句柄上创建一个读取器，然后调用读取器的 ReadAll 函数读取所有的数据记录，每条记录是一个字符串的切片，切片中的每个元素代表一个字段。

【实例 6.10】 读取并显示图 6.13 所示的 CSV 文件内容。

先将 commodity.csv 文件放到 D 盘 Go 目录下，再编写如下程序代码（csv01.go）：

```
package main
import (
    "encoding/csv"                              //处理 CSV 文件的包
    "fmt"
    "log"
    "os"
)

func main() {
    //打开 CSV 文件
    fp, err := os.Open("D:/Go/commodity.csv")
```

```
    if err != nil {
        log.Fatal(err)
        return
    }
    defer fp.Close()
    //创建读取器
    rd := csv.NewReader(fp)
    //读取所有记录
    commoditys, err := rd.ReadAll()
    if err != nil {
        log.Fatal(err)
        return
    }
    //遍历显示所有记录
    for _, record := range commoditys {
        fmt.Println(record)
    }
}
```

运行结果如图 6.14 所示。

```
[商品号 商品名称 价格 库存量]
[1 洛川红富士苹果冰糖心10斤箱装 44.80 3601]
[2 烟台红富士苹果10斤箱装 29.80 5698]
[4 阿克苏苹果冰糖心5斤箱装 29.80 12680]
```

图 6.14　运行结果

2. 写入 CSV 文件

先创建（打开）一个 CSV 文件，用 NewWriter 函数在文件句柄上创建一个写入器，然后以字符串切片的形式构造要写入的数据记录，最后调用写入器的 Write 函数执行写操作。

【实例 6.11】 创建一个 CSV 文件，并向其中写入用户记录。

程序代码如下（csv02.go）：

```
package main
import (
    "encoding/csv"                          //处理 CSV 文件的包
    "log"
    "os"
)

func main() {
    //创建 CSV 文件
    fp, err := os.Create("D:/Go/users.csv")
    if err != nil {
        log.Fatal(err)
        return
    }
    defer fp.Close()
    //创建写入器
```

```
    wt := csv.NewWriter(fp)
    //构造数据记录
    users := [][]string{{"姓名", "性别", "年龄"},
        {"易斯", "男", "65"},
        {"周俊邻", "男", "19"},
        {"孙函锦", "女", "46"},
    }
    //执行写操作
    for _, record := range users {
        err = wt.Write(record)
        if err != nil {
            log.Fatal(err)
            return
        }
    }
    wt.Flush()
}
```

运行程序后，在D盘Go目录下生成users.csv文件，其内容如图6.15所示。

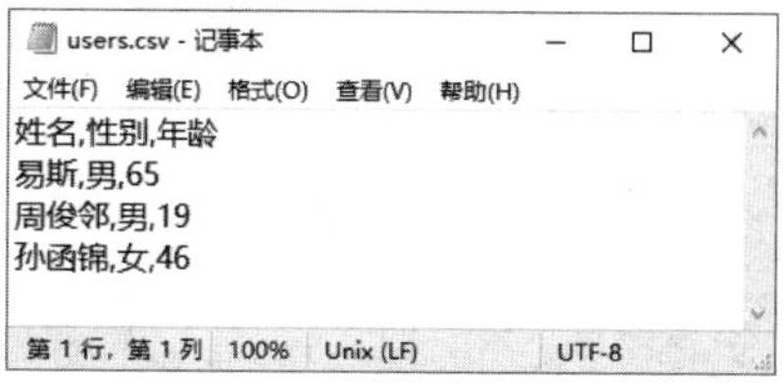

```
users.csv - 记事本
文件(F) 编辑(E) 格式(O) 查看(V) 帮助(H)
姓名,性别,年龄
易斯,男,65
周俊邻,男,19
孙函锦,女,46
第1行，第1列 100% Unix (LF) UTF-8
```

图6.15 users.csv文件的内容

6.2.4 Excel文件处理

1. 安装Excelize库

Excelize是一款开源的Go语言库，提供了读取、写入和操作Excel文件的API，可以轻松地完成对Excel文件的处理。

以管理员身份打开Windows命令行，先开启go module功能，再用go install命令安装Excelize库的最新版本：

```
go env -w GO111MODULE=on
go install git***.com/360EntSecGroup-Skylar/excelize@latest
```

命令行窗口显示结果如图6.16所示。

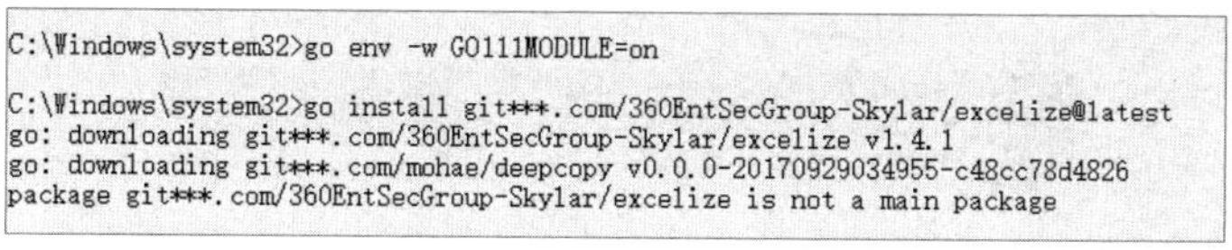

```
C:\Windows\system32>go env -w GO111MODULE=on

C:\Windows\system32>go install git***.com/360EntSecGroup-Skylar/excelize@latest
go: downloading git***.com/360EntSecGroup-Skylar/excelize v1.4.1
go: downloading git***.com/mohae/deepcopy v0.0.0-20170929034955-c48cc78d4826
package git***.com/360EntSecGroup-Skylar/excelize is not a main package
```

图6.16 命令行窗口显示结果

2. 写入Excel文件

先用NewFile函数创建一个Excel文件，该函数返回文件（File）类型的指针，再通过调用指针的SetCellValue函数向Excel指定表格的特定单元格中写入值。SetCellValue函数的原型如下：

```
SetCellValue(表格, 单元格, 值)
```

其中，前两个参数用于确定要写入的表格和单元格的名称，都是字符串型；第3个参数则是一个空接口，可接收任意类型的数据。

写入完成后，用SaveAs函数保存Excel文件，在保存时要指定路径和文件名。

【实例 6.12】创建一个 Excel 文件，并向其中写入用户信息。

程序代码如下（excel01.go）：

```
package main
import (
    "git***.com/360EntSecGroup-Skylar/excelize"    //处理 Excel 文件的库
    "log"
)

func main() {
    //创建 Excel 文件
    fp := excelize.NewFile()
    //写入数据
    fp.SetCellValue("Sheet1", "A1", "姓名")
    fp.SetCellValue("Sheet1", "B1", "性别")
    fp.SetCellValue("Sheet1", "C1", "年龄")

    fp.SetCellValue("Sheet1", "A2", "易斯")
    fp.SetCellValue("Sheet1", "B2", "男")
    fp.SetCellValue("Sheet1", "C2", 65)

    fp.SetCellValue("Sheet1", "A3", "周俊邻")
    fp.SetCellValue("Sheet1", "B3", "男")
    fp.SetCellValue("Sheet1", "C3", 19)

    fp.SetCellValue("Sheet1", "A4", "孙函锦")
    fp.SetCellValue("Sheet1", "B4", "女")
    fp.SetCellValue("Sheet1", "C4", 46)
    //保存 Excel 文件
    if err := fp.SaveAs("D:/Go/users.xlsx"); err != nil {
        log.Fatal(err)
    }
}
```

运行程序后，在 D 盘 Go 目录下生成 users.xlsx 文件，其内容如图 6.17 所示。

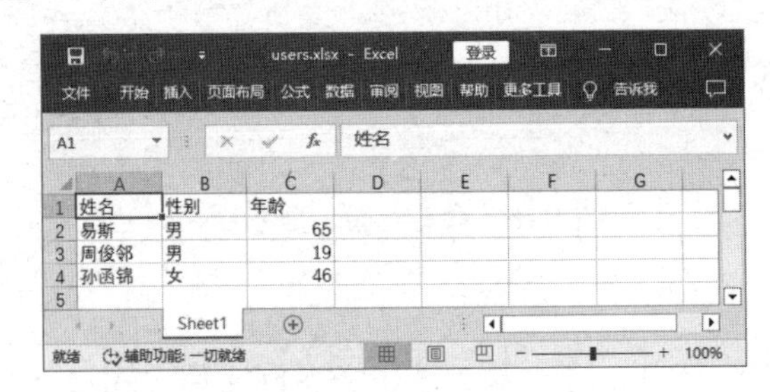

	A	B	C
1	姓名	性别	年龄
2	易斯	男	65
3	周俊邻	男	19
4	孙函锦	女	46

图 6.17　users.xlsx 文件的内容

3．读取 Excel 文件

在读取时先用 Excelize 库的 OpenFile 函数打开 Excel 文件，然后调用文件句柄上的 GetRows 函数获取指定名称表格中的所有行，返回的行被存放在一个字符串切片数组中，可以用 for-range

语句遍历的方式依次读取出每个单元格的内容。

【实例 6.13】 读取并显示图 6.17 所示的 Excel 文件内容。

程序代码如下（excel02.go）：

```
package main
import (
    "fmt"
    "git***.com/360EntSecGroup-Skylar/excelize"    //处理 Excel 文件的库
    "log"
)

func main() {
    //打开 Excel 文件
    fp, err := excelize.OpenFile("D:/Go/users.xlsx")
    if err != nil {
        log.Fatal(err)
        return
    }
    //获取表格中的所有行
    rows := fp.GetRows("Sheet1")                    //返回字符串切片数组
    //遍历读取各个单元格的内容
    for _, row := range rows {
        for _, cell := range row {
            fmt.Print(cell, " ")
        }
        fmt.Println()
    }
}
```

运行结果如图 6.18 所示。

```
姓名 性别 年龄
易斯 男 65
周俊邻 男 19
孙函锦 女 46
```

图 6.18　运行结果

6.3　数据库操作

6.3.1　SQL 数据库操作

SQL 数据库就是传统的关系数据库，如 MySQL、SQL Server、Oracle 等，它们共同的本质特征是：使用标准的结构化查询语言（Structured Query Language，SQL）来定义、控制和操作数据，数据以记录（行）的形式存放在关系表中。由于这类数据库使用的是通用 SQL 语法，因此 Go 语言对此进行了统一抽象，提供了 database/sql 接口，对所有数据库的操作都采用相同的方法，程序语句形式如下：

```
连接名, 错误 := sql.Open(驱动程序名, 连接字符串) //创建连接
结果集, 错误 := 连接名.Query(SELECT 语句)        //查询数据
连接名.Exec(SQL 语句)                             //执行操作（包括插入、更新、删除等）
```

database/sql 接口虽然定义了通用的方法，但并没有对其进行实现，具体的实现由第三方驱动程序完成。在编程时，先在程序开头用“import”导入相应的数据库驱动包，然后往创建连接

sql.Open 方法的第 1 个参数中传入驱动程序名，第 2 个参数为对应数据库的连接字符串。由于接口方法是通用的，因此在创建好连接之后，不管操作的是何种数据库，程序代码几乎都一样。

1．操作 MySQL

MySQL 是当下十分流行的 SQL 数据库之一，它最初由瑞典 MySQL AB 公司开发，凭借其体积小、运行速度快、总体拥有成本低，尤其是开放源代码这一特点，成为 Web 应用方面十分受欢迎的数据库之一，一般中小型甚至大型网站的开发都将它作为网站数据库。

【实例 6.14】 在 MySQL 中创建一个人员信息数据库 myperson，并编写 Go 程序对其进行一系列操作。

（1）在数据库中创建人员信息表 person，其包含 3 个字段：name（姓名）、age（年龄）、score（得分）。

（2）往 person 表中录入如下 3 条记录：

周何骏 40 98.5
周骁珏 13 61.5
Jack 15 95.0

（3）对 person 表中的数据执行增、删、改等操作：

① 将“周何骏”的年龄减 20；
② 将“周骁珏”的名字改为“周骁瑀”，得分改为“99”；
③ 对 person 表中所有人员的得分统一加 1；
④ 删除得分小于 100 分的人员信息。

（4）在以上每一步操作完成之后都对表中所有人员的信息进行查询和显示。

开发步骤如下。

（1）安装 MySQL。

从 Oracle 官方网站上下载 MySQL 安装包的可执行程序，双击启动安装向导，按照安装向导的指引进行操作；或者下载 MySQL 压缩包，手动编写配置文件，通过 Windows 命令行安装 MySQL 服务。详细过程请读者参考网上资料或 MySQL 相关书籍，此处不展开介绍。

（2）创建数据库。

安装好 MySQL 后，再安装一个可视化工具（笔者用的是 Navicat Premium）。执行如下 SQL 语句，创建数据库 myperson：

```
CREATE DATABASE myperson;
```

（3）安装 MySQL 驱动程序。

以管理员身份打开 Windows 命令行，先开启 go module 功能，再用 go install 命令安装 MySQL 驱动程序：

```
go env -w GO111MODULE=on
go install git***.com/go-sql-driver/mysql@latest
```

命令行窗口显示结果如图 6.19 所示。

```
C:\Windows\system32>go env -w GO111MODULE=on

C:\Windows\system32>go install git***.com/go-sql-driver/mysql@latest
go: downloading git***.com/go-sql-driver/mysql v1.7.1
package git***.com/go-sql-driver/mysql is not a main package
```

图 6.19　命令行窗口显示结果

（4）编写程序。

程序代码如下（mysql.go）：

```
    package main
    import (
        "database/sql"                                  //Go 语言提供的 SQL 数据库通用接口
        "fmt"
        _ "git***.com/go-sql-driver/mysql"              //MySQL 的驱动包
        "log"
    )

    type Person struct {                                //“人员信息”结构体
        Name  string                                    //姓名
        Age   int                                       //年龄
        Score float32                                   //得分
    }

    func showPersons(db *sql.DB) {                      //显示所有人员信息的函数
        rs, err := db.Query("SELECT * FROM person")
        if err != nil {
            log.Fatal(err)
            return
        }
        defer rs.Close()
        p := Person{}
        for rs.Next() {                                 //遍历显示
            rs.Scan(&p.Name, &p.Age, &p.Score)
            fmt.Println(p.Name, "\t", p.Age, "\t", p.Score)
        }
    }

    func main() {
        mydb, err := sql.Open("mysql",
"root:123456@tcp(127.0.0.1:3306)/myperson")            //创建 MySQL 连接
        if err != nil {
            log.Fatal(err)
            return
        }
        defer mydb.Close()
        err = mydb.Ping()                               //测试连接是否成功
        if err != nil {
            log.Fatal(err)
            return
        }
        mydb.Exec("CREATE TABLE person(name varchar(12) PRIMARY KEY, age int,
score real)")                                           //创建人员信息表
        mydb.Exec("INSERT INTO person VALUES(?, ?, ?), (?, ?, ?), (?, ?, ?)",
"周何骏", 40, 98.5, "周骁珏", 13, 61.5, "Jack", 15, 95.0) //录入人员信息
        fmt.Println("原数据：")
```

```
    showPersons(mydb)                                        //显示原数据
    mydb.Exec("UPDATE person SET age = age - 20 WHERE name = '周何骏'")
    mydb.Exec("UPDATE person SET name = '周骁瑀', score = 99 WHERE name = '周骁珏'")
    mydb.Exec("UPDATE person SET score = score + 1")
    fmt.Println("修改后：")
    showPersons(mydb)                                        //显示修改后的数据
    mydb.Exec("DELETE FROM person WHERE score < 100")
    fmt.Println("删除后：")
    showPersons(mydb)                                        //显示删除后剩余的数据
}
```

运行结果如图 6.20 所示。用 Navicat Premium 连接 MySQL，可看到其中创建的数据库、数据库表及当前的人员信息，如图 6.21 所示。

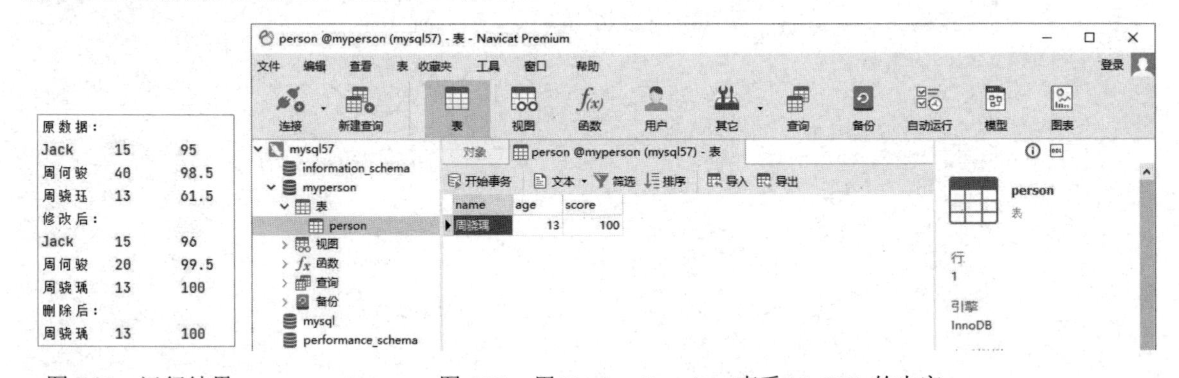

图 6.20 运行结果　　　　图 6.21 用 Navicat Premium 查看 MySQL 的内容

2. 操作其他 SQL 数据库

Go 语言的 database/sql 接口面向所有 SQL 数据库，所以上面操作 MySQL 的实例程序同样可用于操作其他 SQL 数据库，只需要更换驱动程序、替换连接字符串，其他代码几乎不需要改动。下面介绍几种常用 SQL 数据库的操作。

1）SQLite

SQLite 是一款轻型的嵌入式数据库，由 D.RichardHipp 开发。它被包含在一个相对较小的 C 库中，可嵌入到很多现有的操作系统和程序语言中。SQLite 占用的资源非常少，在一些嵌入式设备中，可能只需要占用几百 KB 的内存就够了，广泛支持 Windows、Linux、UNIX 等主流操作系统，同时能够与多种高级语言（如 Python、C#、PHP、Java 等）相结合，Go 语言也将 SQLite 作为其内置数据库来支持用户完成一些简单的快速数据存储任务。SQLite 的第一个 Alpha 版本诞生于 2000 年 5 月，目前已升级至 SQLite 3，Go 语言内部集成了 SQLite 3，用户无须单独安装。

（1）安装驱动程序。

虽然 GO 语言自带 SQLite 3，但其驱动程序仍然用的是第三方包，需要在线安装。以管理员身份打开 Windows 命令行，先开启 go module 功能（开启该功能的代码为 go env -w GO111MODULE=on，后续不再展示），再用 go install 命令安装 SQLite 3 驱动程序：

```
go install git***.com/mattn/go-sqlite3@latest
```

（2）使用驱动程序。

安装好驱动程序后，先在程序开头输入如下代码：

```
    import (
        "database/sql"
        "fmt"
        _ "git***.com/mattn/go-sqlite3"            //SQLite 3 的驱动包
        "log"
    )
```

然后将创建连接的语句改写为：

```
    mydb, err := sql.Open("sqlite3", "./myperson")
```

其他代码不变，就可以实现与【实例 6.14】完全相同的功能。

2）PostgreSQL

PostgreSQL 是以加州大学伯克利分校计算机系相关成员开发的以 POSTGRES 系统为基础的数据库。经过十几年的发展，PostgreSQL 已经成为一个功能强大的对象关系数据库管理系统。它完全免费，不受任何公司或其他私人实体的控制，是当今世界上可以获得先进的开放源代码的数据库系统，并且是跨平台的，可以在许多操作系统上运行，包括 Windows、Linux、FreeBSD、macOS 和 Solaris 等。在开源数据库领域中，PostgreSQL 甚至成了与 MySQL 相媲美的另一种选择。

（1）安装 PostgreSQL。

下载 PostgreSQL 获得可执行程序文件，双击该文件将自动安装环境所需的 Windows 组件并启动安装向导，按照安装向导的指引进行操作，在“Password”和“Port”界面上分别设置连接数据库的密码和端口，PostgreSQL 默认的用户是“postgres”，端口是“5432”，一般无须改动。

（2）创建数据库。

PostgreSQL 自带 pgAdmin 4 管理器，可通过 Windows“开始”菜单中的命令来启动。它具有基于 Web 的图形用户界面，用于可视化地操作 PostgreSQL，初次启动需要输入安装 PostgreSQL 时设置的密码进行登录。登录后展开窗口左侧树状视图，右击“Databases(1)”节点，在弹出的快捷菜单中选择“Create”→“Database”命令，在弹出对话框的“Database”输入框中输入数据库名“myperson”，单击“Save”按钮创建人员信息数据库，如图 6.22 所示。

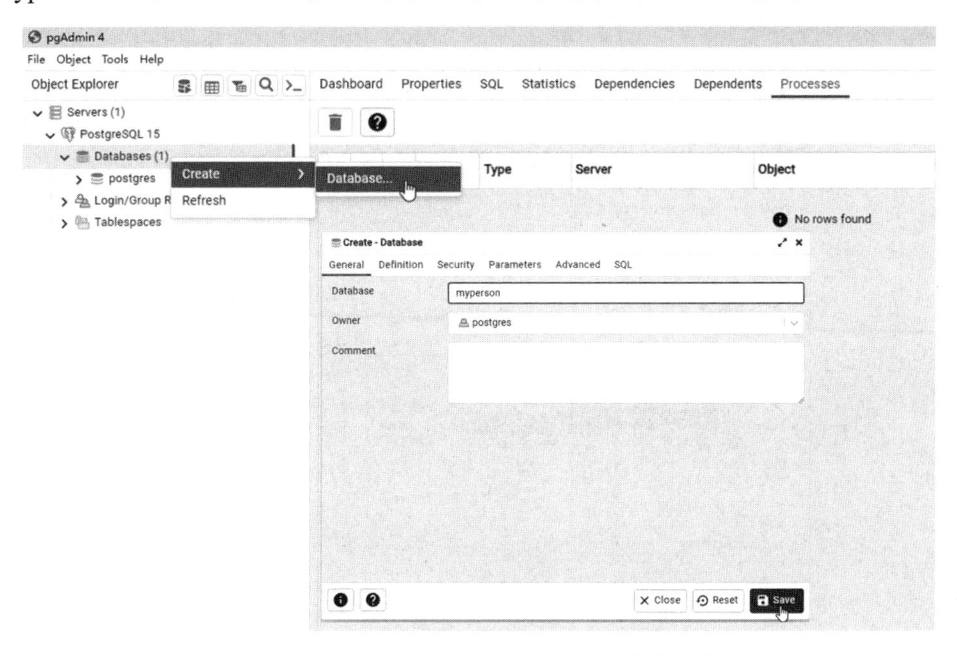

图 6.22　在 PostgreSQL 中创建人员信息数据库

（3）安装驱动程序。

支持 GO 语言操作 PostgreSQL 的第三方包有多个，其中比较主流的是 git***.com/lib/pq 驱动程序，在 Windows 命令行中先开启 go module 功能，再用 go install 命令在线安装该驱动程序：

```
go install git***.com/lib/pq@latest
```

（4）使用驱动程序。

安装好驱动程序后，先在程序开头输入如下代码：

```
import (
    "database/sql"
    "fmt"
    _ "git***.com/lib/pq"                    //PostgreSQL 的驱动包
    "log"
)
```

然后将创建连接的语句改写为：

```
mydb, err := sql.Open("postgres", "host=localhost port=5432 user=postgres
password=123456 dbname=myperson sslmode=disable")
```

（5）修改代码。

只要将程序向 person 表中录入记录的语句改写为：

```
mydb.Exec("INSERT INTO person VALUES($1, $2, $3), ($4, $5, $6), ($7, $8,
$9)", "周何骏", 40, 98.5, "周骁珏", 13, 61.5, "Jack", 15, 95.0)
                                        //SQL 语句参数占位符由?改为$n
```

其他代码不变，就可以实现与【实例 6.14】完全相同的功能。

运行程序后，可通过 pgAdmin 4 查看数据库，展开窗口左侧树状视图的“Databases(2)”→“myperson”→“Schemas(1)”→“public”→“Tables(1)”节点，可见其下的 person 表，右击此表，在弹出的快捷菜单中选择“View/Edit Data”→“All Rows”命令，显示表中的记录，如图 6.23 所示。

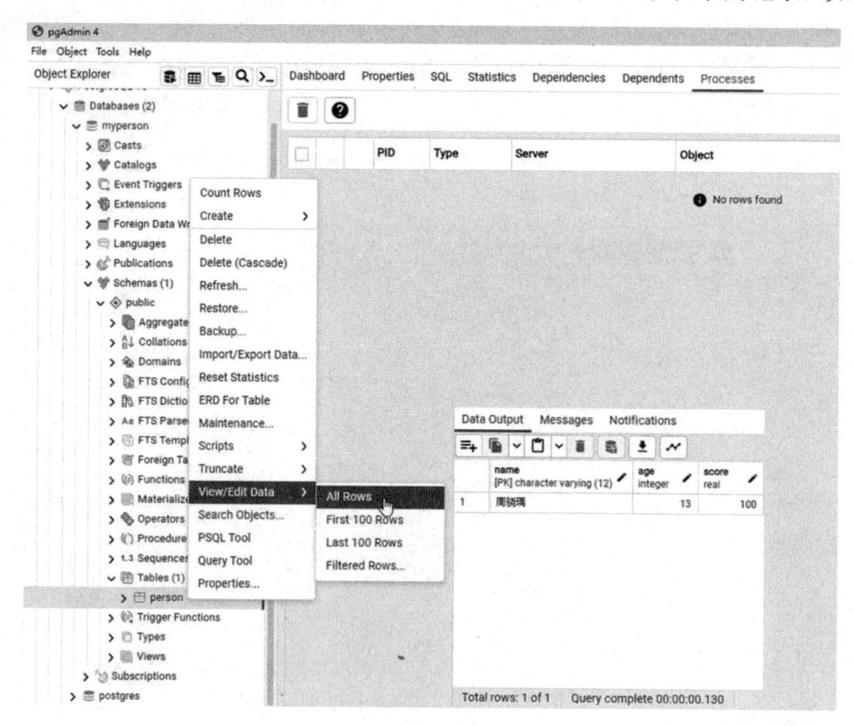

图 6.23　查看 PostgreSQL 表中的记录

3）SQL Server

除了开源领域的数据库，Go 语言对大型商用数据库的支持也很给力，这里以微软公司的著名数据库产品 SQL Server 为例进行说明。

（1）安装 SQL Server。

读者可参考微软官方文档或 SQL Server 相关书籍完成 SQL Server 的安装，此处不展开介绍。

（2）创建数据库。

启动 SQL Server Management Studio 可视化管理器登录 SQL Server，展开窗口左侧对象资源管理器中的树状视图，右击“数据库”节点，在弹出的快捷菜单中选择“新建数据库”命令，在弹出窗口的“数据库名称”输入框中输入数据库名“myperson”，单击“确定”按钮创建人员信息数据库，如图 6.24 所示。

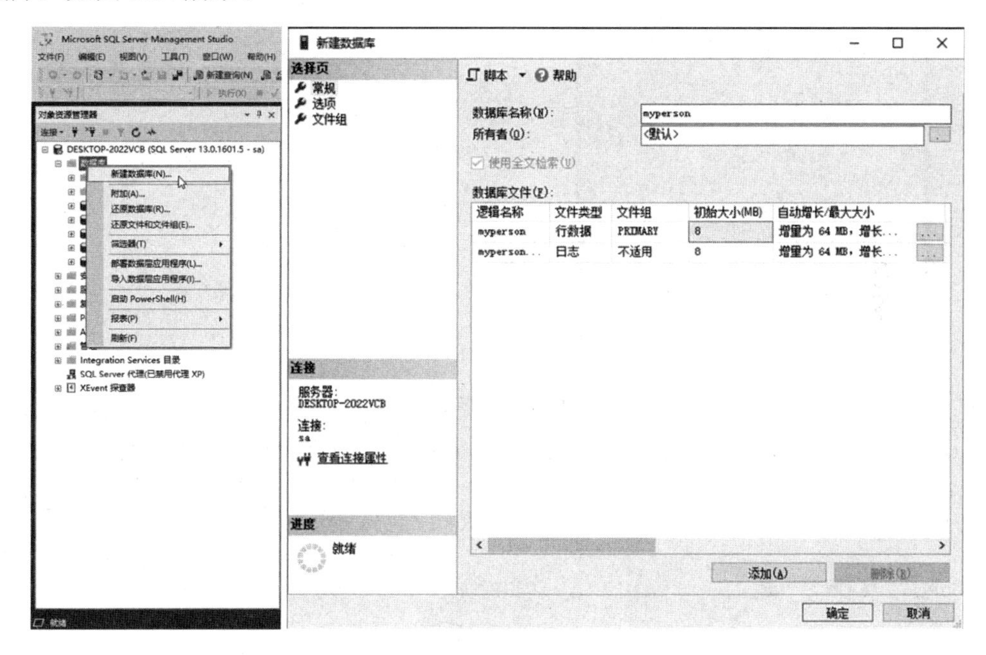

图 6.24　在 SQL Server 中创建人员信息数据库

（3）安装驱动程序。

以管理员身份打开 Windows 命令行，先开启 go module 功能，再用 go install 命令安装 SQL Server 驱动程序：

```
go install git***.com/denisenkom/go-mssqldb@latest
```

（4）使用驱动程序。

安装好驱动程序后，先在程序开头输入如下代码：

```
import (
    "database/sql"
    "fmt"
    _ "git***.com/denisenkom/go-mssqldb"        //SQL Server 的驱动包
    "log"
)
```

然后将创建连接的语句改写为：

```
mydb, err := sql.Open("mssql", "server=localhost;user
id=sa;password=123456;port=1433;database=myperson;")
```

其他代码不变，就可以实现与【实例 6.14】完全相同的功能。

运行程序后，可通过 SQL Server Management Studio 查看数据库，展开窗口左侧对象资源管理器中树状视图的“数据库”→“myperson”→“表”节点，可见其下的 dbo.person 表，右击此表，在弹出的快捷菜单中选择“编辑前 200 行”命令，显示表中的记录，如图 6.25 所示。

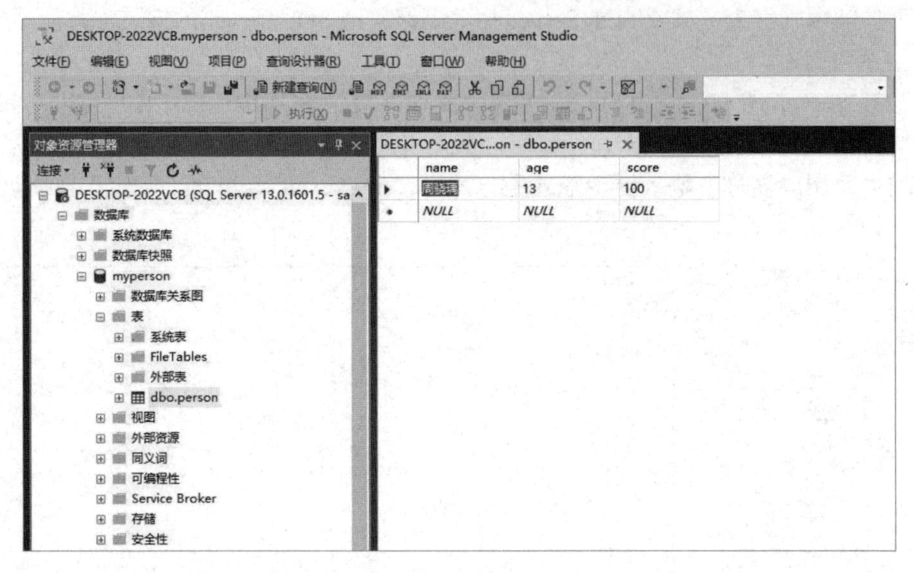

图 6.25　查看 SQL Server 表中的记录

本书对上面各 SQL 数据库的操作提供了完整的 Go 程序，源文件分别是 sqlite.go（操作 SQLite）、postgresql.go（操作 PostgreSQL）、sqlsrv.go（操作 SQL Server），它们均实现了与【实例 6.14】完全相同的功能，并与源代码 mysql.go 一起放在本书配套资源中，需要的读者可免费下载学习。

3. 数据持久化

以上介绍的 Go 语言对各种 SQL 数据库的操作都是“直接”进行的，即将 SQL 语句作为方法参数写在代码中。在程序规模不大时，这么做简单便捷，但对开发大型系统来说，这种方式不利于将复杂的业务逻辑与后台数据操作分离，所以实际的应用系统在架构设计上一般会抽象出一个“持久层”，持久层中是对应的数据库表和记录的实体对象，程序的业务代码通过操作这些实体对象来存取数据而并不与数据库发生直接接触，与数据库交互的任务则由第三方框架实现。这种将数据库映射为程序中能够操作的对象的技术被称为 ORM（Object-Relation Mapping，对象关系映射），实现 ORM 的框架就是持久层框架，如 Java 应用领域的 Hibernate、MyBatis 等都是十分著名的持久层框架。Go 语言也有很多支持它的持久层框架，其中比较主流的是 Gorm，它是一款性能极佳的 ORM 库，下面用一个实例来演示它的基本用法。

【实例 6.15】 通过 Gorm 框架操作 MySQL，实现对人员信息的增、删、改、查，功能同【实例 6.14】。

开发步骤如下。

（1）安装 Gorm 框架。

以管理员身份打开 Windows 命令行，先开启 go module 功能，再用 go install 命令安装 Gorm 框架：

```
go install git***.com/jinzhu/gorm@latest
```

（2）编写程序。

程序代码如下（gorm.go）：

```
package main
import (
    "fmt"
    _ "git***.com/go-sql-driver/mysql"
    "git***.com/jinzhu/gorm"                          //Gorm 框架
    "log"
)

type GPerson struct {                                 //（a）对应数据库表的结构体
    Name  string  `json:"name"`
    Age   int     `json:"age"`
    Score float32 `json:"score"`
}

func showPersons(db *gorm.DB) {                       //（b）显示所有人员信息的函数
    rs := []GPerson{}
    err := db.Find(&rs).Error                         //（c）查询所有人员信息
    if err != nil {
        log.Fatal(err)
        return
    }
    for _, p := range rs {                            //遍历显示
        fmt.Println(p.Name, "\t", p.Age, "\t", p.Score)
    }
}

func main() {
    mydb, err := gorm.Open("mysql", "root:123456@tcp(127.0.0.1:3306)/myperson")
                                                      //（b）创建 Gorm-MySQL 连接
    if err != nil {
        log.Fatal(err)
        return
    }
    defer mydb.Close()
    mydb.AutoMigrate(GPerson{})                       //（a）创建人员信息表
    //录入人员信息
    p1 := GPerson{Name: "周何骏", Age: 40, Score: 98.5}
    mydb.Save(p1)
    p2 := GPerson{Name: "周骁珏", Age: 13, Score: 61.5}
    mydb.Save(p2)
    p3 := GPerson{Name: "Jack", Age: 15, Score: 95.0}
    mydb.Save(p3)
    fmt.Println("原数据：")
    showPersons(mydb)
    p := new(GPerson)
```

```
        mydb.Model(p).Where("name = ?", "周何骏").Update("age", gorm.Expr("age - ?",
 20))                                                    //更新单条记录的单个字段
        mydb.Model(p).Where("name = ?", "周骁珏").Updates(GPerson{Name: "周骁瑀",
Score: 99})                                              //更新单条记录的多个字段
        mydb.Model(p).Update("score", gorm.Expr("score + ?", 1))
                                                         //批量更新某个字段
        fmt.Println("修改后：")
        showPersons(mydb)
        mydb.Where("score < 100").Delete(p)             //删除符合条件的记录
        fmt.Println("删除后：")
        showPersons(mydb)
    }
```

说明：

（a）要在程序中使用 Gorm 框架，必须先针对数据库表定义结构体，结构体与数据库表的字段存在一一对应关系，以“`json:"表字段名"`”声明，形式如下：

```
    type 类型名 struct {
        字段 1   类型 1   `json:"表字段 1"`
        字段 2   类型 2   `json:"表字段 2"`
        ...
        字段 n   类型 n   `json:"表字段 n"`
    }
```

定义好结构体之后，在程序中调用 AutoMigrate 方法，框架就能根据结构体类型自动在 MySQL 中创建对应的数据库表，表名按照驼峰命名法拆分结构体类型名后生成，后半段会转换为英文复数。例如：

结构体类型名	转换后的表名
MyUser	my_users
GPerson	g_people（因为英文单词 person 的复数是 people）

（b）Gorm 框架连接数据库的方式与 database/sql 接口在形式上完全一样，也是向 Open 方法中传入驱动程序名和连接字符串，形式如下：

```
    连接名, 错误 := gorm.Open(驱动程序名, 连接字符串)          //创建连接
```

Gorm 框架中的 Open 方法返回的是一个指向 gorm.DB 类型的指针，通过该指针可以调用框架的 Save、Update/Updates、Delete 等方法以对象化的方式操作数据。

（c）语句“err := db.Find(&rs).Error”通过框架的 Find 方法查询数据库中所有人员的信息，所得到的结果集（rs）是一个由查到的人员信息对象（GPerson 类型）构成的切片，在查询时也可以用 Where 方法构造查询条件。例如，若将上述语句改为下面两条带查询条件的语句，将会得到图 6.26 所示的结果：

```
    err := db.Where("age < ?", 20).Find(&rs).Error //年龄小于 20 岁的人员信息
    err := db.Where("score > 90").Find(&rs).Error  //得分大于 90 分的人员信息
```

```
原数据：
周骁珏    13      61.5
Jack      15      95
```

（a）年龄小于 20 岁的人员信息

```
原数据：
周何骏    40      98.5
Jack      15      95
```

（b）得分大于 90 分的人员信息

图 6.26　带查询条件的语句执行结果

（3）运行程序。

运行结果如图 6.27 所示。用 Navicat Premium 可查看 Gorm 框架在 MySQL 中自动创建的数据库表及其中的人员信息，如图 6.28 所示。

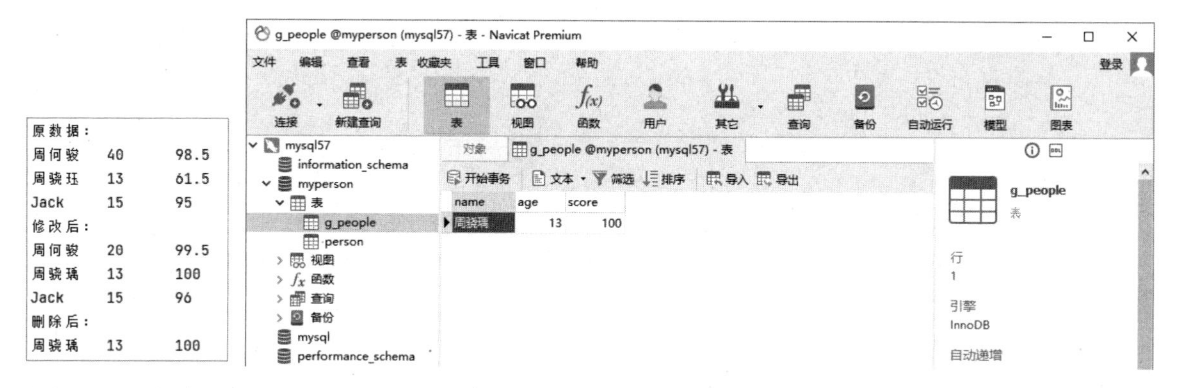

图 6.27　运行结果　　　图 6.28　Gorm 框架在 MySQL 中自动创建的数据库表及其中的人员信息

6.3.2 NoSQL 数据库操作

NoSQL 泛指非关系数据库，它们是伴随着 Web 2.0 的兴起，为满足网站高并发访问对性能的要求和解决大数据应用难题而发展起来的。这类数据库种类繁多，并不采用标准 SQL 语言，技术差异也很大，但普遍的特点是：数据模型简单、数据之间无关系、易扩展、能存储海量数据且读/写性能极高。它们不必像 SQL 数据库那样严格保证关系数据的 ACID（Atomicity，原子性；Consistency，一致性；Isolation，隔离性；Durability，持久性）属性，在对数据一致性要求不高但需要系统具备高度灵活性和高性能的场合下发挥着举足轻重的作用。

下面结合具体实例介绍 Go 语言对两种常用的 NoSQL 数据库——MongoDB 和 Redis 的基本操作。

1. 操作 MongoDB

1）MongoDB 简介

MongoDB 是一款基于分布式文件存储的数据库，用 C++语言编写，旨在为 Web 应用提供可扩展的高性能数据存储解决方案。MongoDB 是一个介于关系数据库和非关系数据库之间的产品，是非关系数据库中功能最丰富、最像关系数据库的数据库。它支持的数据结构非常松散，是类似 JSON 的格式，因此可以存储比较复杂的数据类型。虽然 MongoDB 是一款非关系数据库，但它支持的查询语言是很强大的，其语法类似于面向对象的查询语言，几乎可以实现类似关系数据库单表查询的绝大部分功能，同时支持索引。

与传统关系数据库不同，MongoDB 中数据存储的基本形式不是表而是集合（Collection），对数据的操作也不是用 SQL 语句，而是通过调用集合对象的方法来实现。在 GO 语言中对 MongoDB 集合有如下几种操作方法：

```
集合对象.InsertOne(参数)                              //插入数据
集合对象.InsertMany(参数)                             //批量插入数据
集合对象.Find(参数)                                   //查询数据
集合对象.UpdateOne(参数)                              //更新数据
集合对象.UpdateMany(参数)                             //批量更新数据
```

```
集合对象.DeleteMany(参数)                                    //删除数据
```

MongoDB 是一款面向文档存储的数据库，集合中的数据被存储为一个个文档，这里的“文档”类似于关系数据库表中的“记录”，但文档的结构类似于 JSON 对象，由键/值对组成，形式如下：

```
{
    "键 1":值 1,
    "键 2":值 2,
    ...
    "键 n":值 n
}
```

其中，每个键的值又可以是一个文档，如此嵌套就可以构造和表示极为复杂的数据结构。

在 MongoDB 内部对文档采用一种叫作 BSON 的编码形式，它扩展了 JSON 的表达能力，不只是将数据存储为简单的字符串和数字，还可包含额外的类型，如 int、long、date、float 和 decimal128 等，这使得应用程序能够更容易地处理、排序和比较数据。Go 语言用 D 和 Raw 两大类型来表示 BSON 数据。其中，D 类型用来构造使用本地 Go 类型的 BSON 对象，又包括如下 4 种。

（1）D：一个 BSON 文档。

（2）M：一个无序的映射（map）。它与 D 是一样的，只是不保证顺序。

（3）A：一个 BSON 数组。

（4）E：D 中的一个元素。

Raw 类型则用来验证字节切片或者从原始类型检索单个元素。

本书只涉及 D 类型的应用。

要使用 BSON，需要在程序开头导入下面的包：

```
import "go.***.org/mongo-driver/bson"
```

之后就可以在代码中以 bson.D{...}、bson.M{...}等形式封装 BSON 数据了。

Go 语言操作 MongoDB 的基本方式是，在调用集合对象的方法时通过参数指明要检索的键值和要执行的操作类型及内容，参数皆以 BSON 封装的文档形式给出，形式如下：

```
集合对象.方法名(上下文, bson.M{条件}, bson.M{"类型代码": 操作内容})
```

其中，“条件”相当于关系数据库操作中由“WHERE”子句指明的部分，表示要对集合中符合某些条件的文档执行这个操作，如果写成“bson.D{}”或“bson.M{}”，则表示对所有文档进行操作；“操作内容”是需要插入、修改、删除的具体数据内容，同样是以 BSON 封装的文档形式给出的；“类型代码”给出了操作动作或条件的代码，在 MongoDB 中是由不同的字符串标识代码定义的。MongoDB 方法常用的标识代码及其含义如表 6.2 所示。

表 6.2　MongoDB 方法常用的标识代码及其含义

标识代码	含　义
$set	对键值设置更新
$inc	在键值上加减一个常数
$lt	对键值小于某值的文档进行操作
$lte	对键值小于或等于某值的文档进行操作
$gt	对键值大于某值的文档进行操作
$gte	对键值大于或等于某值的文档进行操作
$eq	对键值等于某值的文档进行操作
$ne	对键值不等于某值的文档进行操作

例如：

```
集合对象.UpdateOne(上下文, bson.M{"name": "周何骏"}, bson.M{"$inc": bson.M{"age": -20}})
                                            //将 name（姓名）为“周何骏”的文档的 age（年龄）减 20

集合对象.Find(上下文, bson.D{})    //查询集合中的所有文档

集合对象.UpdateMany(上下文, bson.M{}, bson.M{"$inc": bson.M{"score": 1}})
                                            //对集合中所有文档的 score（得分）加 1

集合对象.DeleteMany(上下文, bson.M{"score": bson.M{"$lt": 100}})
                                            //删除集合中 score（得分）小于 100 的文档
```

2）MongoDB 安装

本书所用的 MongoDB 为 4.0 版，下载后获得的安装包文件为 mongodb-win32-x86_64-2008plus-ssl-4.0.1-signed.msi，双击该文件启动安装向导，如图 6.29 所示。

安装过程很简单，按照安装向导的指引往下操作就可以了，但有一点要注意：由于 MongoDB 在其安装包中默认会启动 MongoDB Compass 组件的安装，但该组件并不包含在 MongoDB 的安装包内，安装向导会主动联网并从第三方获取它，而这个组件实际上目前还无法通过网络渠道获得，因此安装向导程序会锁死在安装进程上无限期地等待下去，导致安装过程无法结束，如图 6.30 所示。

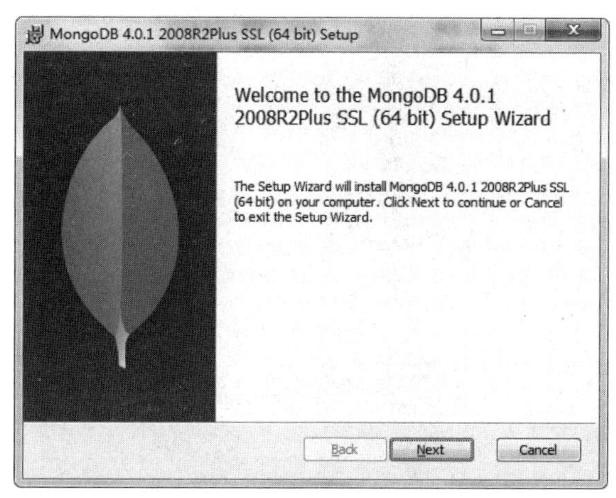

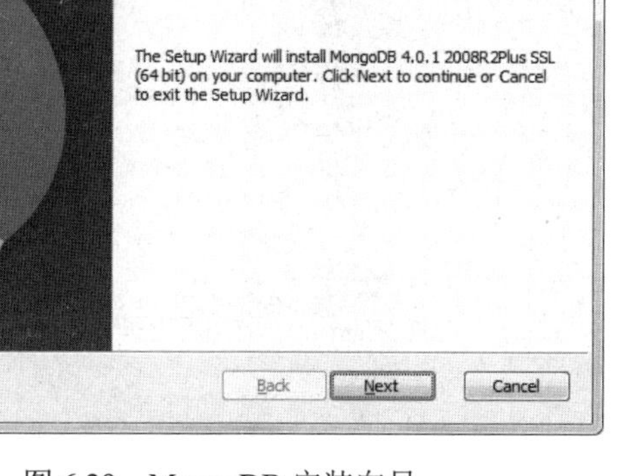

图 6.29 MongoDB 安装向导

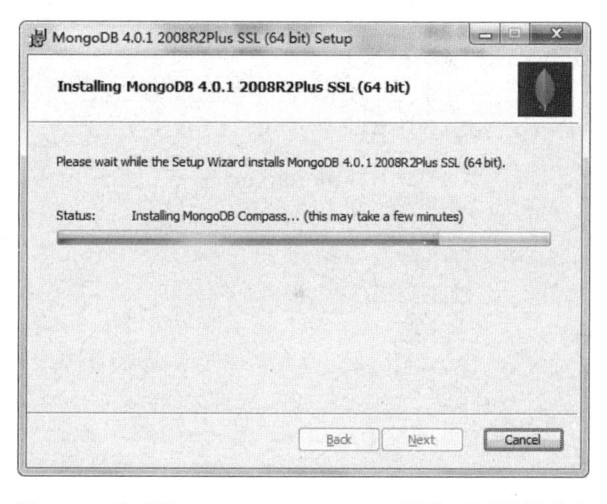

图 6.30 为获取 MongoDB Compass 组件而无限期等待

为避免出现这样的困境，读者在安装的时候，要在选择安装类型的对话框上单击“Custom”（定制）按钮，并在下一个对话框上取消勾选底部的“Install MongoDB Compass”复选框，如图 6.31 所示，这样继续操作就可以顺利地安装 MongoDB 了。

如果读者在安装时不慎忘了执行上述操作而进入到获取 MongoDB Compass 组件的无限期等待中，则解决办法是：通过 Windows 任务管理器强行终止安装进程，退出后再重新安装 MongoDB 并记得按上述步骤（见图 6.31）操作就可以了。

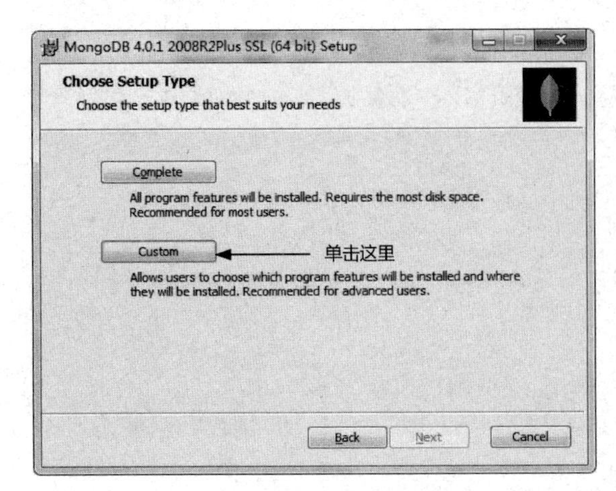

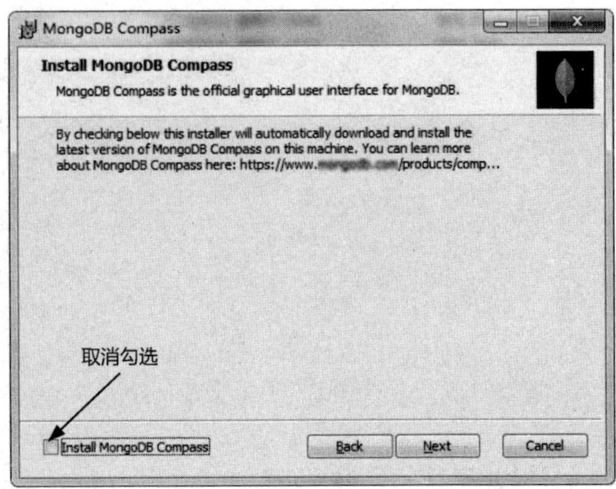

图 6.31　取消安装 MongoDB Compass 组件

3）MongoDB 操作实例

【实例 6.16】 编写 Go 程序，在 MongoDB 中创建人员信息数据库 myperson 并进行一系列操作，功能同【实例 6.14】。

开发步骤如下。

（1）安装 MongoDB 驱动程序。

以管理员身份打开 Windows 命令行，先开启 go module 功能，再用 go install 命令安装 MongoDB 驱动程序：

```
go install go.***.org/mongo-driver/mongo@latest
```

（2）编写程序。

程序代码如下（mongo.go）：

```
package main
import (
    "context"
    "fmt"
    "go.***.org/mongo-driver/bson"                    //使用 BSON 的包
    "go.***.org/mongo-driver/mongo"                   //MongoDB 的驱动包
    "go.***.org/mongo-driver/mongo/options"
    "log"
    "time"
)

type Person struct {                                  //“人员信息”结构体
    Name  string                                      //姓名
    Age   int                                         //年龄
    Score float32                                     //得分
}

func showPersons(cnt *mongo.Client) {                 //显示所有人员信息的函数
    ctx, cancel := context.WithTimeout(context.Background(), 30*time.Second)
    defer cancel()
    collection := cnt.Database("myperson").Collection("person")
                                                      //访问数据库的 person 集合
```

```
    rs, err := collection.Find(ctx, bson.D{})  //查询集合中所有人员的文档
    if err != nil {
        log.Fatal(err)
        return
    }
    defer rs.Close(ctx)
    var p bson.D
    for rs.Next(ctx) {                          //遍历显示
        rs.Decode(&p)
        fmt.Println(p.Map()["name"], "\t", p.Map()["age"], "\t", p.Map()["score"])
    }
}

func main() {
    option := options.Client().ApplyURI("mongodb://localhost:27017")
                                                //配置连接选项
    mycnt, err := mongo.Connect(context.TODO(), option)
                                                //连接 MongoDB
    if err != nil {
        log.Fatal(err)
        return
    }
    err = mycnt.Ping(context.TODO(), nil)      //测试连接是否成功
    if err != nil {
        log.Fatal(err)
        return
    }
    collection := mycnt.Database("myperson").Collection("person")
                                                //创建数据库和集合
    p := Person{Name: "周何骏", Age: 40, Score: 98.5}
    collection.InsertOne(context.TODO(), p)    //插入一个人员的文档
    p1 := Person{Name: "周骁珏", Age: 13, Score: 61.5}
    p2 := Person{Name: "Jack", Age: 15, Score: 95.0}
    collection.InsertMany(context.TODO(), []interface{}{p1, p2})
                                                //批量插入两个人员的文档
    fmt.Println("原数据：")
    showPersons(mycnt)                          //显示原数据
    operator := bson.M{"$inc": bson.M{"age": -20}}
    collection.UpdateOne(context.TODO(), bson.M{"name": "周何骏"}, operator)
                                                //更新一个人员的文档
    operator = bson.M{"$set": bson.M{"name": "周骁瑀", "score": 99}}
    collection.UpdateOne(context.TODO(), bson.M{"name": "周骁珏"}, operator)
                                                //更新一个人员的文档
    operator = bson.M{"$inc": bson.M{"score": 1}}
    collection.UpdateMany(context.TODO(), bson.M{}, operator)
                                                //批量更新多个人员的文档
    fmt.Println("修改后：")
    showPersons(mycnt)                          //显示修改后的数据
```

```
    collection.DeleteMany(context.TODO(), bson.M{"score": bson.M{"$lt": 100}})
                                                          //删除文档
    fmt.Println("删除后: ")
    showPersons(mycnt)                                    //显示删除后剩余的数据
}
```

说明：连接 MongoDB 的机制与前面介绍的各种 SQL 数据库的机制都不一样，其必须先用“options.Client().ApplyURI(...)”语句配置连接选项，其中需要指明连接端口，MongoDB 默认的端口是 27017。在配置好连接选项后，调用 mongo.Connect 函数返回一个 mongo.Client 类型的 MongoDB 客户端指针，并用如下语句获取要操作的集合：

```
客户端.Database(数据库名).Collection(集合名)
```

如果语句参数中指定的数据库和集合不存在，则系统将自动创建。

（3）运行程序。

运行结果如图 6.32 所示。用 Navicat Premium 连接 MongoDB，可看到其中创建的数据库、集合及当前的人员文档，如图 6.33 所示。

```
原数据：
周何骏    40      98.5
周骁瑀    13      61.5
Jack      15      95
修改后：
周何骏    20      99.5
周骁瑀    13      100
Jack      15      96
删除后：
周骁瑀    13      100
```

图 6.32　运行结果

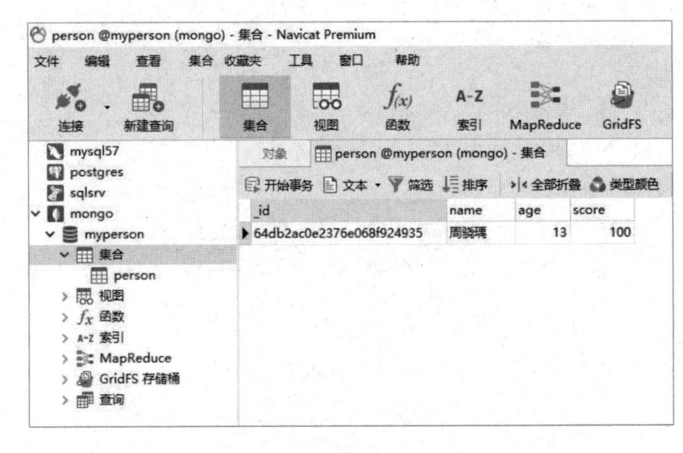

图 6.33　用 Navicat Premium 查看 MongoDB 的内容

2. 操作 Redis

1）Redis 简介

Redis 是一款运行在内存中的开源数据库，使用 ANSI C 语言编写，遵守 BSD 协议，支持网络并提供多种语言的 API。

由于 Redis 是基于内存的，因此它的运行速度很快（是关系数据库的几倍到几十倍），在已报道的某些测试中，甚至可以完成每秒 10 万次的读/写，性能十分可观。在现实应用中，数据的查询要远多于更新，据统计，一个正常网站日常查询与更新的比例是 7∶3 到 9∶1，若将常用的数据存储在 Redis 中来代替关系数据库的查询访问，则可以大幅提高网站的性能。例如，当用户登录网上商城后，系统把最近热销的几款商品信息从数据库中一次性查询出来存放在 Redis 中，那么之后大部分的查询只需要基于 Redis 就可以了，对访问量很大的网站来说，这样做将使用户获得快速响应和极佳的体验。

作为目前应用十分广泛的内存数据存储系统之一，Redis 还支持数据持久化、事务、HA（High Available，高可用）、双机集群系统、主从库等技术。Redis 在运行时会周期性地把更新后的数据写入磁盘，或把修改操作写入追加的记录文件（有 RDB 和 AOF 两种方式），并在此基础上实现了主从同步。机器重启后，能通过持久化数据自动重建内存，因此使用 Redis 作为缓存，即使机器宕机，热点数据也不会丢失。

Redis 具有十分丰富的应用场景，主要的应用场景如下所示。

- 计数器。

电商 App 商品的浏览量、App 短视频的播放次数等信息都会被统计，以便用于运营或进行产品市场分析。为了保证数据实时生效，对用户的每一次浏览都要进行计数，这会产生非常高的并发量。这时可以用 Redis 提供的 incr 命令实现计数器功能，由于 Redis 的一切操作都在内存中进行，因此其性能极佳。

- 社交互动。

使用 Redis 提供的散列、集合等数据类型，可以方便地实现网站（或 App）中的点赞、踩、关注共同好友等社交场景的基本功能。

- 排行榜。

可以利用 Redis 提供的有序集合数据类型实现各种复杂的排行榜应用，如京东、淘宝的销量榜，将商品按时间、销售量排名等。

- 最新列表。

Redis 可以通过 LPUSH 命令在列表头部插入一个内容 ID 作为关键字，并通过 LTRIM 命令限制列表的数量，这样列表永远为 N 个 ID，它无须查询最新的列表，直接根据 ID 查找对应的内容即可。

- 分布式会话。

在集群模式下，一般会搭建以 Redis 等内存数据库为中心的会话（Session）服务，数据不再由容器管理，而是由会话服务及内存数据库管理。

- 高并发读/写。

Redis 特别适合将方法的运行结果放入缓存，以便后续在请求方法时直接从缓存中读取。这对执行耗时但结果不频繁变动的 SQL 查询的支持极好。在高并发的情况下，应尽量避免请求直接访问关系数据库，这时可以使用 Redis 进行缓存操作，让请求先访问 Redis。

Redis 也是一种键/值数据库，它的缺点是自身的数据类型较少，运算能力不强。目前，Redis 主要处理的还是字符串型的数据，支持字符串、散列、列表、集合、有序集合、基数和地理位置这 7 种使用率比较高的数据类型。在 Redis 2.6 之后开始增加对 Lua 语言的支持，以提高运算能力。

2）Redis 安装

（1）下载 Redis。

本书使用 Redis 5.0 的 Windows 版，下载得到的压缩包文件为 Redis-x64-5.0.10.zip，解压缩后将其中所有的文件复制并存盘到一个指定的目录下（笔者将其保存在 C:\redis 目录下）。

（2）启动 Redis。

以管理员身份打开 Windows 命令行，用 cd 命令进入保存 Redis 的目录，输入如下命令启动 Redis：

```
redis-server.exe redis.windows.conf
```

如果命令行输出图 6.34 所示的信息，则表示成功启动 Redis。

（3）安装 Redis 服务。

虽然启动了 Redis，但关闭命令行窗口后 Redis 也就关停了。为方便使用，需要把 Redis 安装成 Windows 操作系统下的一个服务。

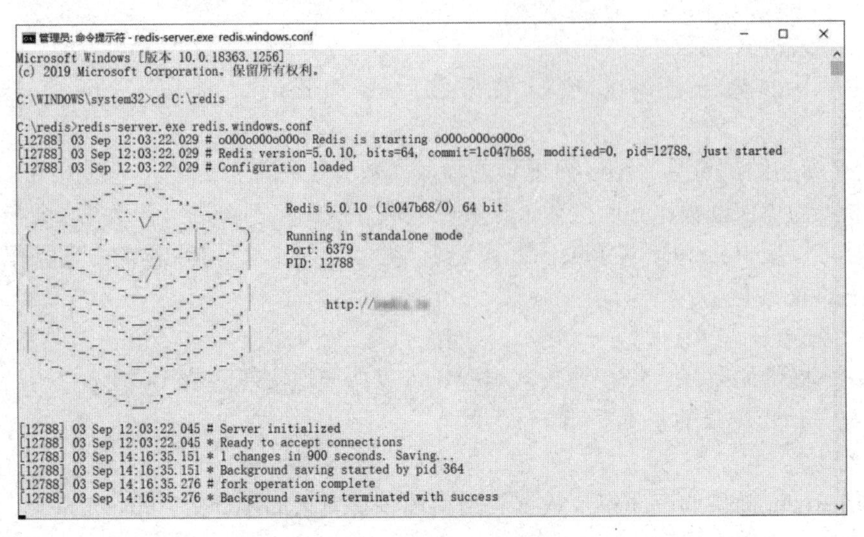

图 6.34 成功启动 Redis

关闭命令行窗口后，重新打开，再次进入保存 Redis 的目录，输入如下命令：

```
redis-server --service-install redis.windows-service.conf --loglevel  verbose
```

稍等片刻，如果没有报错，显示图 6.35 所示的信息，则表示 Redis 服务安装成功。

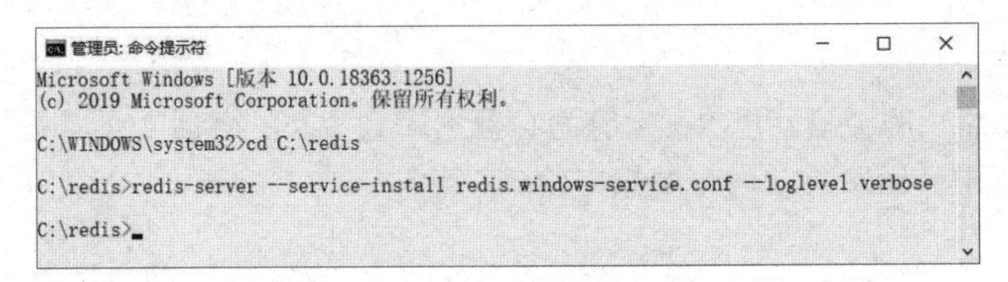

图 6.35 Redis 服务安装成功

此时，打开 Windows 操作系统的“计算机管理”窗口，在系统服务列表中可以找到一个名为“Redis”的 Windows 服务。

（4）试用 Redis。

在 Redis 服务启动的情况下，通过 Windows 命令行进入保存 Redis 的目录，输入如下命令连接到 Redis：

```
redis-cli.exe -h 127.0.0.1 -p 6379
```

该命令创建了一个地址为 127.0.0.1（本地计算机）、端口为 6379 的 Redis 连接，之后就可以使用 set key value 和 get key 命令保存和获得数据了。

这里先试着往 Redis 中保存一个键名为“username”、值为“zhouhejun”的记录，依次输入如下命令：

```
set username zhouhejun
get username
```

以上整个过程的命令行输入和显示内容如图 6.36 所示。

（5）通过客户端操作 Redis。

以上对 Redis 的操作都是通过命令行执行的，操作起来比较麻烦且不够直观。目前，已经有一些由第三方开发的专门用于操作 Redis 的可视化客户端软件。本书介绍一款用 Java 开发的 Redis 可视化客户端软件 RedisClient，下载后得到的压缩包文件为 RedisClient-windows.zip，解压缩后直接双击运行 RedisClient-windows\release 目录下的 redisclient-win32.x86_64.2.0.jar 文件，打开图 6.37 所示的窗口。

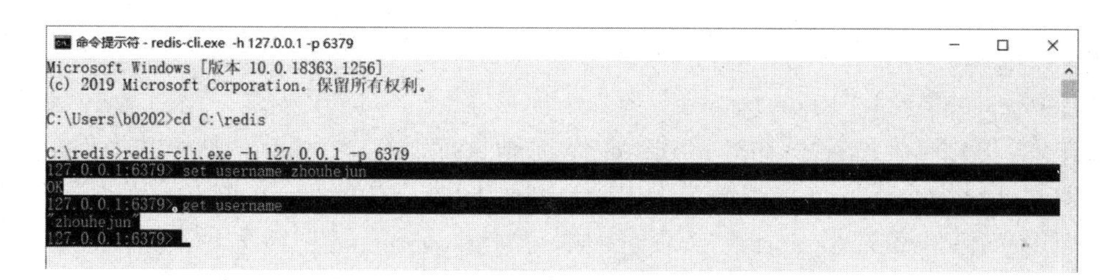

图 6.36 试用 Redis 的命令行输入和显示内容

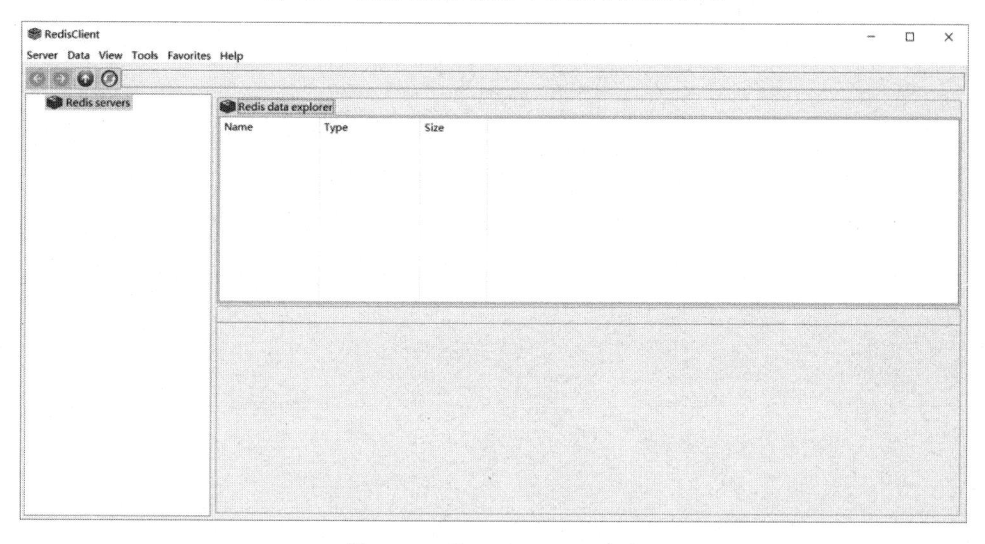

图 6.37 “RedisClient”窗口

右击左侧窗格中的“Redis servers”节点，在弹出的快捷菜单中选择“Add server”命令（或者选择主菜单中的“Server”→“Add”命令），弹出“Add server”窗口，在其中配置 Redis 连接，如图 6.38 所示。

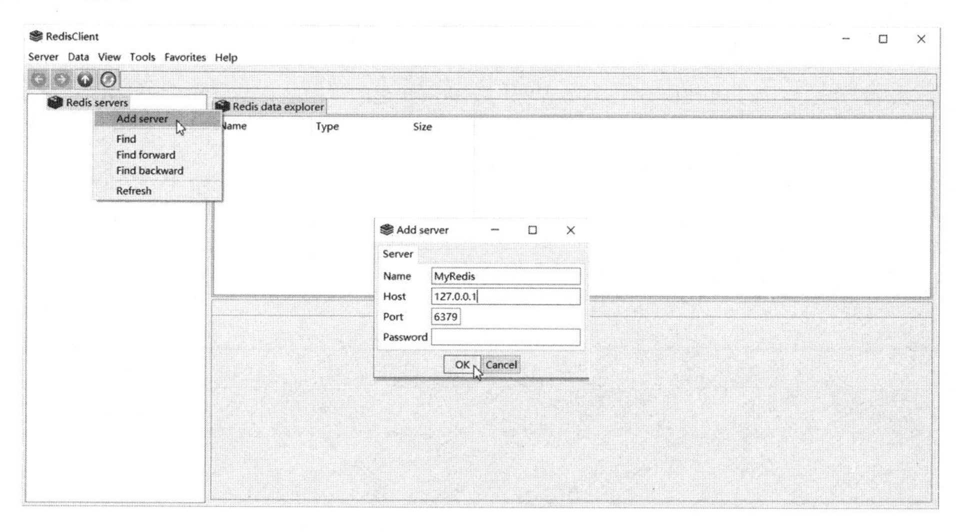

图 6.38 配置 Redis 连接

在“Name”输入框中输入连接名称（可任取），暂且命名为“MyRedis”；在“Host”输入框中输入 Redis 所在的主机 IP 地址，由于其安装在本地计算机中，因此填写“127.0.0.1”；在“Port”输入框中输入连接端口，Redis 默认的端口是 6379，一般不需要变动。单击“OK”按钮，创建一个 Redis 连接。

创建连接后，可看到“Redis servers”节点下面多了一个“MyRedis”节点，双击展开可看到其中的数据库，Redis 中预置了 db0～db15 共 16 个数据库。其中，db0 是默认的当前数据库。也就是说，前面通过命令行存进去的键名为“username”的记录就存放在该数据库中。双击 db0，在右边区域的“Redis data explorer”选项页中即可看到 username 记录条目，点击该记录条目，在下方打开的“username”选项页中就可以看到该记录的键名（Key）和值（Value），与命令行存入的一模一样，如图 6.39 所示。

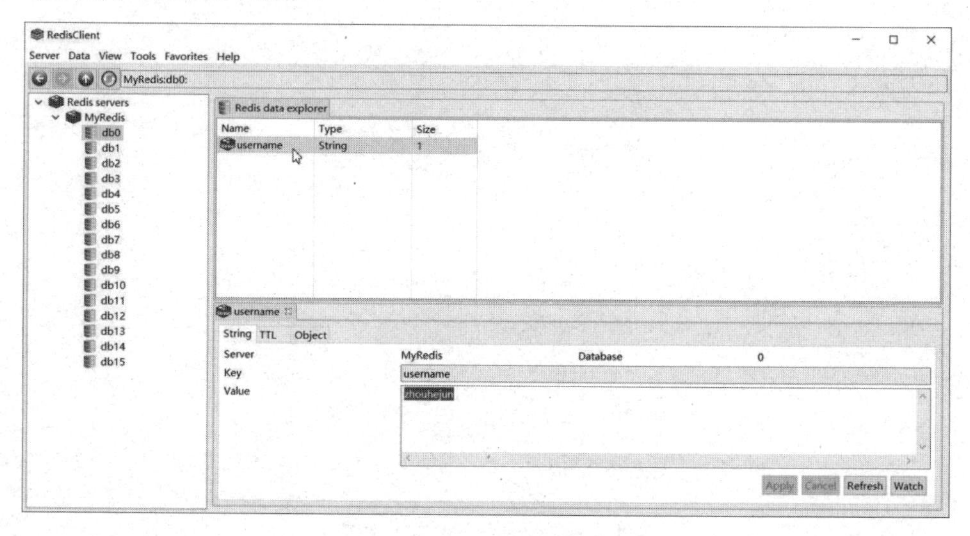

图 6.39　通过 RedisClient 可视化访问 Redis

3）Redis 操作实例

【实例 6.17】 编写 Go 程序操作 Redis，写入并显示人员信息。

开发步骤如下。

（1）安装 Redis 客户端包。

以管理员身份打开 Windows 命令行，先开启 go module 功能，再用 go install 命令安装 Redis 客户端包：

```
go install git***.com/gomodule/redigo@latest
```

（2）编写程序。

程序代码如下（redis.go）：

```
package main
import (
    "fmt"
    "git***.com/gomodule/redigo/redis"          //Redis 的客户端包
    "log"
)

type Person struct {                            //“人员信息”结构体
    Name  string                                //姓名
    Age   int                                   //年龄
    Score float64                               //得分
}
```

```
func main() {
    mycon, err := redis.Dial("tcp", "localhost:6379")
                                              //连接 Redis 服务器
    if err != nil {
        log.Fatal(err)
        return
    }
    defer mycon.Close()
    //写入数据
    mycon.Do("Set", "name", "周骁瑀")
    mycon.Do("Set", "age", 13)
    mycon.Do("Set", "score", 61.5)
    //获取数据
    p := Person{}
    p.Name, _ = redis.String(mycon.Do("Get", "name"))
    p.Age, _ = redis.Int(mycon.Do("Get", "age"))
    p.Score, _ = redis.Float64(mycon.Do("Get", "score"))
    //显示数据
    fmt.Println(p.Name, "\t", p.Age, "\t", p.Score)
}
```

说明：Redis 中存储的数据都是键/值对的形式，比较简单，在程序中常用的是 Do 方法，它可以直接支持 Redis 的 Set、Get、MSet、MGet、HSet、HGet 等命令，本例通过执行 Set 命令向 Redis 中写入数据，通过执行 Get 命令从 Redis 中获取数据。但要注意的是，获取的数据必须通过调用客户端包提供的类型转换函数还原为相应类型后才能在 Go 程序中使用，本例演示了用 redis.String 函数将姓名转换为字符串型，用 redis.Int 函数将年龄转换为整型，用 redis.Float64 函数将得分转换为浮点型的操作。虽然 Redis 客户端包所支持的类型并不多，但对基本类型的数据已经够用了。

（3）运行程序。

运行结果如图 6.40 所示。用 RedisClient 访问 Redis，可看到程序写入其中的数据，如图 6.41 所示。

```
周骁瑀    13    61.5
```

图 6.40　运行结果

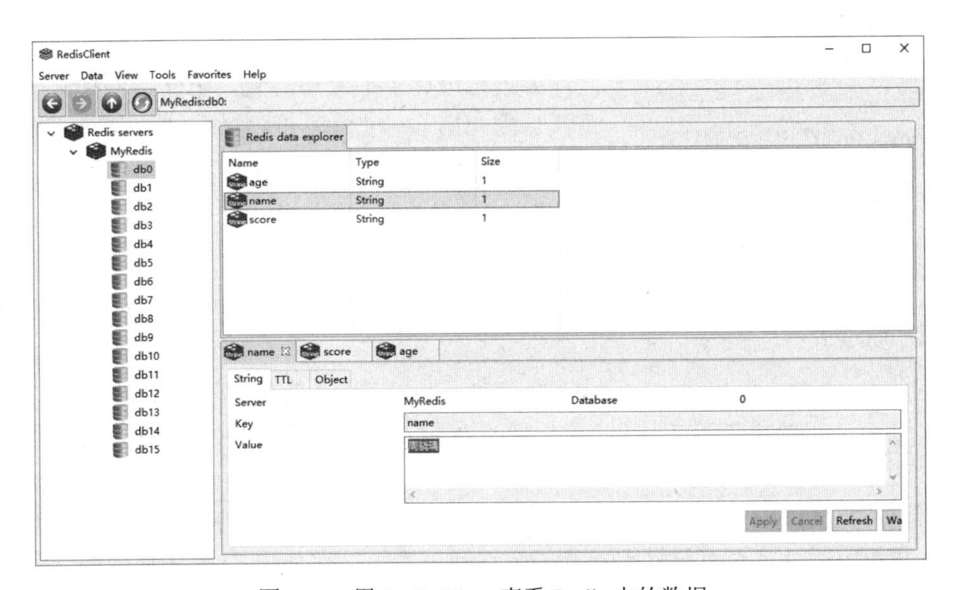

图 6.41　用 RedisClient 查看 Redis 中的数据

第 7 章 Go 语言网络编程

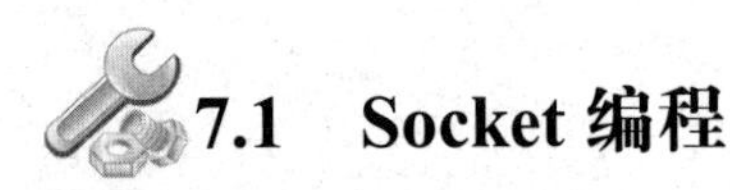

7.1 Socket 编程

7.1.1 Socket 概述

互联网通行的 TCP/IP 自上而下分为应用层、传输层、网际层和网络接口层，应用程序的网络通信功能是由传输层定义的，涉及 TCP 和 UDP 两个协议。Socket 是用于在计算机网络中两个应用进程间发送和接收数据的端点，其中包含通信协议、目标地址、连接状态等。作为一种网络资源，它本质上就是对传输层协议（TCP/UDP）的运用进行了一层封装，让应用程序能够更方便地使用传输层来传输数据。主流操作系统（Windows/Linux/macOS 等）提供了统一的套接字接口（Socket API），开发人员平时编写的网络程序大多处于应用层，它们直接调用 Socket API 进行通信，所以 Socket 在网络中所处的位置大致为应用层的底部、传输层之上（见图 7.1），起到连接这两层的关键作用。

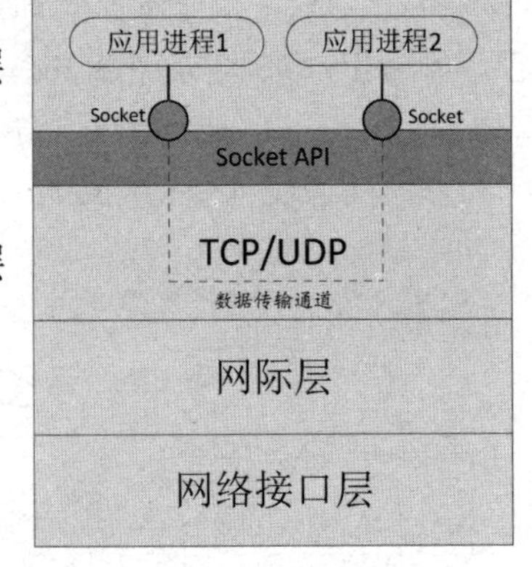

图 7.1　Socket 在网络中所处的位置

Go 语言提供了 net 包来处理 Socket，它对 Socket 的连接过程进行了抽象和封装，可支持各种常用的网络协议，因此用 net 包编写 Socket 程序比传统语言的网络编程更加方便、简洁。

7.1.2 TCP 程序设计

1. TCP 原理

TCP（Transmission Control Protocol，传输控制协议）是一种可靠的、面向数据流且需要建立连接的传输协议，许多高层应用协议（包括 HTTP、FTP 等）都以它为基础，TCP 非常适用于数据的连续传输。

TCP 能够为应用程序提供可靠的通信连接，使一台计算机发出的字节流无差错地送达网络上的其他计算机。因此，对可靠性要求高的数据通信系统往往使用 TCP 传输数据，但在正式收发数据前，通信双方必须先建立连接。

一个典型的使用 TCP 传输文件的过程如下：

（1）启动服务器，等待一段时间后启动客户端，它与此服务器经过三次握手后建立连接。

（2）在此后的一段时间内，客户端向服务器发送一个请求，服务器处理这个请求，并为客户端发回一个应答。这个过程一直持续下去，直到客户端向服务器发送一个文件结束符并关闭客户端连接为止。

（3）服务器也关闭服务器端连接，结束运行或等待一个新的客户端连接。

以上 TCP 客户端与 TCP 服务器间的交互时序如图 7.2 所示。

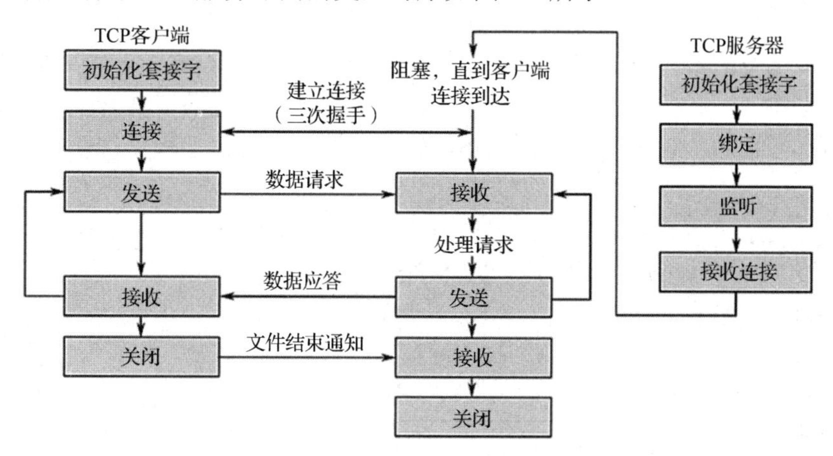

图 7.2　TCP 客户端与 TCP 服务器间的交互时序

2. TCP 编程

Go 语言 TCP 编程步骤如下。

（1）封装地址。

客户端用 net.ResolveTCPAddr 方法封装 TCP 地址，形式如下：

```
地址, 错误 := net.ResolveTCPAddr("tcp", "主机:端口")
```

返回的“地址”是一个 TCPAddr 类型的指针。

（2）监听地址。

服务器通过 net.ListenTCP 方法监听第（1）步封装的 TCP 地址，等待客户端的请求，形式如下：

```
监听器, 错误 := net.ListenTCP("tcp", 地址)
```

这里创建的监听器是*TCPListener 类型的。

（3）发起连接。

客户端通过 net.DialTCP 方法向服务器监听的 TCP 地址发起连接请求，形式如下：

```
连接, 错误 := net.DialTCP("tcp", nil, 地址)
```

返回的“连接”是 TCPConn 类型的指针。

（4）接收连接。

服务器在循环中用监听器的 AcceptTCP 方法随时接收连接请求：

```
连接, 错误 := 监听器.AcceptTCP()
```

这里的“连接”是由监听器创建的用于与客户端 Socket 连接的结构体，也是 TCPConn 类型的指针。

（5）传输数据。

接下来的数据传输就在双方连接对象（TCPConn 类型的结构体）之间进行，用 Read 方法接收数据，Write 方法发送数据，形式如下：

```
长度, 错误 := 连接.Read(数据)                    //接收数据
长度, 错误 := 连接.Write(数据)                   //发送数据
```

收发的数据都是字节切片（[]byte）类型的。

【实例 7.1】 用 TCP 实现客户端向服务器上传文本文件。

开发步骤如下。

（1）实现思路及准备。

首先客户端将要上传的文件名发送给服务器，服务器在自己的资源目录下创建此名称的文本文件；然后客户端将文件内容读取出来发送给服务器，服务器端程序将传来的内容写入文本文件即可。

本例使用 D:\Go\下载 Go 语言学习资源\2023\08\01 目录下的“Go 语言.txt”文件进行演示，服务器资源目录为 D:\res\files，需要事先创建好。

（2）服务器端开发。

编写如下服务器端的程序代码（file-server.go）：

```go
package main
import (
    "fmt"
    "log"
    "net"                                        //Go 语言 Socket 编程包
    "os"
    "strings"
    "time"
)

func handleTrans(conn net.TCPConn) {        //处理 TCP 传输的协程函数
    defer conn.Close()
    //先接收文件名
    name := make([]byte, 255)                //Windows 文件名的最大长度是 255 字节
    len, err := conn.Read(name)
    if err != nil {
        log.Fatal(err)
        return
    }
    filename := strings.Trim(string(name[:len]), "\r\n")
    //创建此名称的文本文件
    fp, err := os.Create("D:/res/files/" + filename + ".txt")
    defer fp.Close()
    //再接收文件内容
    contents := make([]byte, 1024)
    num, err := conn.Read(contents)
    if err != nil {
        log.Fatal(err)
        return
```

```
        }
        //将客户端传来的内容写入文本文件
        fp.WriteString(string(contents[:num]))
        fmt.Println(time.Now().Format("2006-01-02 15:04:05"), "文件已保存，来自",
conn.RemoteAddr().String())
    }

    func main() {
        //封装地址
        addr, err := net.ResolveTCPAddr("tcp", "127.0.0.1:8021")
        if err != nil {
            log.Fatal(err)
            return
        }
        //监听地址
        listener, err := net.ListenTCP("tcp", addr)
        if err != nil {
            log.Fatal(err)
            return
        }
        defer listener.Close()
        //循环等待客户端的请求
        for {
            conn, err := listener.AcceptTCP()   //接收连接请求
            if err != nil {
                log.Fatal(err)
                return
            }
            fmt.Println(time.Now().Format("2006-01-02 15:04:05"), "上传文件请求，来
自", conn.RemoteAddr().String())
            go handleTrans(*conn)                  //启动TCP传输处理协程
        }
    }
```

（3）客户端开发。

编写如下客户端的程序代码（file-client.go）：

```
    package main
    import (
        "bufio"
        "fmt"
        "log"
        "net"                                      //Go语言Socket编程包
        "os"
        "strings"
        "time"
    )
    func main() {
        //封装地址
        addr, err := net.ResolveTCPAddr("tcp", "127.0.0.1:8021")
```

```
        if err != nil {
            log.Fatal(err)
            return
        }
        //发起连接
        conn, err := net.DialTCP("tcp", nil, addr)
        if err != nil {
            log.Fatal(err)
            return
        }
        //将要上传的文件名发送给服务器
        fmt.Print("请输入要上传的文件名（不带后缀）：")
        rd := bufio.NewReader(os.Stdin)
        filename, err := rd.ReadString('\n')
        if err != nil {
            log.Fatal(err)
            return
        }
        conn.Write([]byte(filename))        //发送文件名
        //将文件内容读取出来发送给服务器
        filename = strings.Trim(filename, "\r\n")
        contents, err := os.ReadFile("D:/Go/下载 Go 语言学习资源/2023/08/01/" +
filename + ".txt")
        num, err := conn.Write(contents)    //发送文件内容
        if err != nil {
            log.Fatal(err)
            return
        }
        fmt.Print(time.Now().Format("2006-01-02 15:04:05"), "传输完成！")
        fmt.Printf("共上传了 %d 字节。", num)
    }
```

（4）运行程序。

先启动服务器端程序再启动客户端程序，在客户端子窗口提示符处输入文件名“Go 语言”并按回车键，运行结果如图 7.3 所示。此时进入 D:\res\files 目录可看到上传的文件“Go 语言.txt”。

```
2023-08-24 16:19:42 上传文件请求，来自 127.0.0.1:50718
2023-08-24 16:19:50 文件已保存，来自 127.0.0.1:50718
```

服务器端输出

```
请输入要上传的文件名（不带后缀）：Go语言
2023-08-24 16:19:50传输完成！共上传了 54 字节。
```

客户端输出

图 7.3　运行结果

7.1.3　UDP 程序设计

1. UDP 原理

UDP（User Datagram Protocol，用户数据报协议）是一种简单、轻量、无连接的传输协议，可以用于对通信可靠性要求不高的场合，如以下几种情形：

- 网络数据大多为短消息。
- 系统拥有大量客户端。
- 对数据安全性无特殊要求。
- 网络负载很重，但对响应速度要求极高。

UDP 所收发数据的形式是报文（Datagram），在通信时，UDP 客户端向 UDP 服务器发送一定长度的请求报文，报文大小的限制与各系统的协议实现有关，但不得超过其下层 IP 规定的 64KB，UDP 服务器同样以报文做出应答，如图 7.4 所示。即使服务器未收到此报文，客户端也不会重发，因此报文的传输是不可靠的。

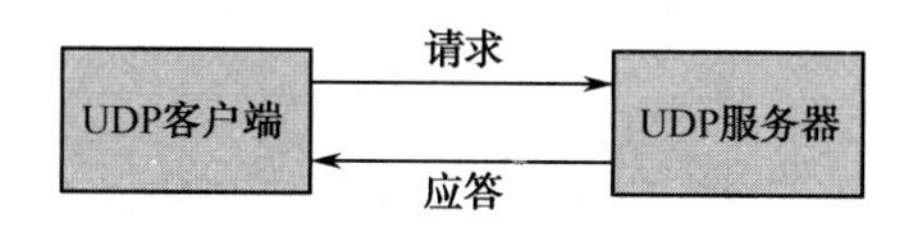

图 7.4　UDP 的请求与应答

在 UDP 方式下，客户端并不与服务器建立连接，它只负责调用发送函数向服务器发送请求报文。类似地，服务器也不接收客户端的连接，只是调用接收函数被动等待来自某客户端的数据到达。UDP 客户端与 UDP 服务器间的交互时序如图 7.5 所示。

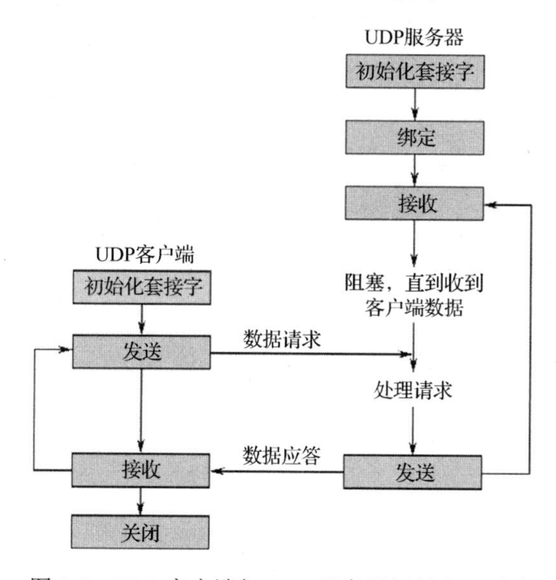

图 7.5　UDP 客户端与 UDP 服务器间的交互时序

UDP 与 TCP 的比较如表 7.1 所示。

表 7.1　UDP 与 TCP 的比较

比　较　项	UDP	TCP
是否连接	无连接	面向连接
传输可靠性	不可靠	可靠
是否提供流量控制	不提供	提供
工作方式	可以是全双工	全双工
应用场合	数据量小	数据量大
传输速度	快	慢

2. UDP 编程

Go 语言 UDP 编程步骤如下。

（1）封装地址。

客户端用 net.ResolveUDPAddr 方法封装 UDP 地址，形式如下：

```
地址, 错误 := net.ResolveUDPAddr("udp", "主机:端口")
```

返回的“地址”是一个 UDPAddr 类型的指针。

（2）监听地址。

服务器通过 net.ListenUDP 方法监听第（1）步封装的 UDP 地址，形式如下：

```
监听器, 错误 := net.ListenUDP("udp", 地址)
```

虽然该语句与前述 TCP 的监听语句在形式上相同，但其返回的监听器类型是 UDP 连接对象（UDPConn）的指针，可通过它直接收发 UDP 数据，无须额外创建连接。

（3）建立连接。

客户端通过 net.DialUDP 方法与服务器的监听器建立连接，形式如下：

```
连接, 错误 := net.DialUDP("udp", nil, 地址)
```

返回的“连接”也是 UDPConn 类型的指针，它无须经服务器接收，直接就能与服务器的监听器通信。

（4）收发数据。

UDP 数据的收发在服务器的监听器与客户端连接（两者同为 UDPConn 类型的结构体）之间进行，用 ReadFromUDP 方法接收数据，用 WriteToUDP 方法发送数据，形式如下：

```
长度, 地址, 错误 := 连接.ReadFromUDP(数据) //接收数据
连接.WriteToUDP(数据, 地址)                //发送数据
```

UDP 收发的数据也都是字节切片（[]byte）类型的。注意这里的“地址”是对方的 UDP 地址。

【实例 7.2】 用 UDP 模拟即时通信软件（如微信、QQ 等）的用户加入群聊时与服务器的交互。

开发步骤如下。

（1）服务器端开发。

编写如下服务器端的程序代码（group-server.go）：

```
package main
import (
    "fmt"
    "log"
    "net"                                   //Go 语言 Socket 编程包
    "strings"
    "time"
)

func main() {
    //封装地址
    addr, err := net.ResolveUDPAddr("udp", "127.0.0.1:4000")
    if err != nil {
        log.Fatal(err)
```

```
            return
        }
        //监听地址
        listener, err := net.ListenUDP("udp", addr)
        if err != nil {
            log.Fatal(err)
            return
        }
        defer listener.Close()
        //循环处理客户端数据
        for {
            user := make([]byte, 12)
            num, peer, err := listener.ReadFromUDP(user)
                                                    //接收加群的用户名
            if err != nil {
                log.Fatal(err)
                return
            }
            username := strings.Trim(string(user[:num]), "\r\n")
            fmt.Println(time.Now().Format("2006-01-02 15:04:05"), "用户",
username, "加入群聊。来自", peer.String())
            listener.WriteToUDP([]byte(username+", 欢迎您！"), peer)
                                                    //向客户端发送问候消息
        }
    }
```

（2）客户端开发。

编写如下客户端的程序代码（group-client.go）：

```
    package main
    import (
        "bufio"
        "fmt"
        "log"
        "net"                                       //Go 语言 Socket 编程包
        "os"
        "time"
    )

    func main() {
        //封装地址
        addr, err := net.ResolveUDPAddr("udp", "127.0.0.1:4000")
        if err != nil {
            log.Fatal(err)
            return
        }
        //建立连接
        conn, err := net.DialUDP("udp", nil, addr)
        if err != nil {
            log.Fatal(err)
```

```
            return
        }
        defer conn.Close()
        //将用户名发送给服务器
        fmt.Print("输入用户名：")
        rd := bufio.NewReader(os.Stdin)
        username, err := rd.ReadString('\n')
        if err != nil {
            log.Fatal(err)
            return
        }
        conn.Write([]byte(username))          //发送用户名
        //接收服务器返回的通知
        notice := make([]byte, 30)
        num, peer, err := conn.ReadFromUDP(notice)
                                              //接收问候消息
        if err != nil {
            log.Fatal(err)
            return
        }
        fmt.Println(time.Now().Format("2006-01-02 15:04:05"),
string(notice[:num]), "来自", peer.String(), "的问候。")
    }
```

（3）运行程序。

先启动服务器端程序再启动客户端程序，在客户端子窗口提示符处输入用户名“周何骏”并按回车键，运行结果如图 7.6 所示。

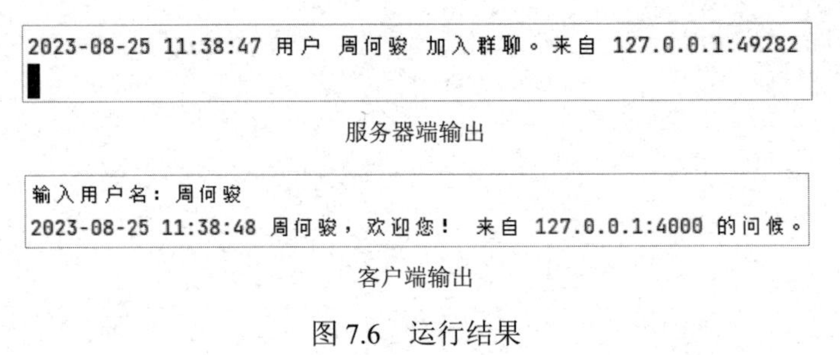

2023-08-25 11:38:47 用户 周何骏 加入群聊。来自 127.0.0.1:49282
服务器端输出
输入用户名：周何骏
2023-08-25 11:38:48 周何骏，欢迎您！ 来自 127.0.0.1:4000 的问候。
客户端输出

图 7.6　运行结果

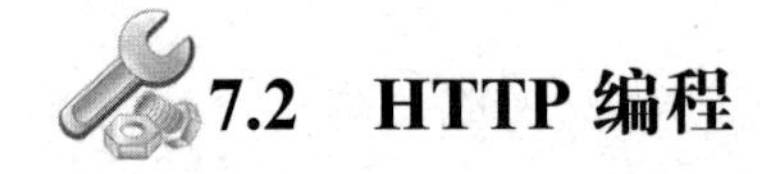

7.2　HTTP 编程

7.2.1　最简单的 HTTP 程序

Go 语言提供了 net/http 包，专门用于实现 HTTP 功能，一个最简单的 HTTP 程序由服务器和客户端两部分组成，客户端向服务器上的复用器发送 HTTP 请求，复用器根据请求的 URL 找到预先注册的对应处理器，将请求交给处理器处理，处理器执行程序处理逻辑得到结果，将结果写入 HTTP 响应体后返回客户端，整个过程如图 7.7 所示。

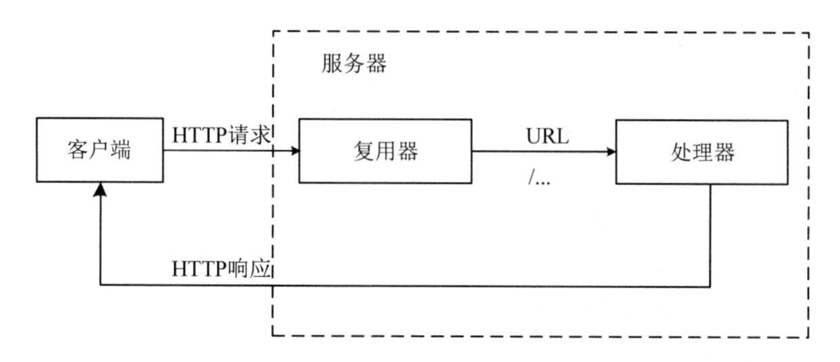

图 7.7　Go 语言最简单的 HTTP 程序的工作过程

这个过程的 Go 语言实现方式如下。

1）服务器

先在服务器上编写一个处理器函数，并将这个函数注册到复用器中，然后在指定服务地址上开启监听，等待客户端请求的到来。

（1）实现处理器。

实现处理器就是编写相应的处理器函数，处理器函数有固定类型的两个参数，语法格式如下：

```
func 函数名(参数 1 http.ResponseWriter, 参数 2 *http.Request) {
    ...//执行处理逻辑的代码
}
```

其中，参数 1 对应 HTTP 响应体，参数 2 对应 HTTP 请求体。在编程时，可从请求体中得到客户端提交的数据，处理后的结果则通过响应体返回客户端。

（2）注册处理器。

用户实现的处理器必须先注册才能使用，net/http 包提供了一个 HandleFunc 函数用于在指定的 URL 路径上注册处理器。其语法格式如下：

```
http.HandleFunc(URL 路径, 函数名)
```

这里的“函数名”也就是第（1）步所编写的处理器函数名。

（3）开启监听。

一切准备就绪后，服务器调用 ListenAndServe 函数开启监听，就可以向客户端提供服务了。其语法格式如下：

```
http.ListenAndServe(地址, nil)
```

如果需要对服务器进行更多配置，则可先创建一个 http.Server 结构体对象，对其特定的参数进行初始化，再调用 ListenAndServe 函数开启监听，代码形式如下：

```
//配置服务器
server := &http.Server{
    参数 1: 值 1,
    参数 2: 值 2,
    ...
    参数 n: 值 n,
}
server.ListenAndServe()                    //开启监听
```

由于监听地址可在配置服务器时用参数设定，因此这里调用 ListenAndServe 函数可不带“地址”参数。

2）客户端

客户端需要创建 HTTP 请求和解析 HTTP 响应。

（1）创建 HTTP 请求。

Go 语言使用 NewRequest 函数创建 HTTP 请求。其语法格式如下：

```
请求, 错误 := http.NewRequest(方法, URL, 请求体)
```

其中，“方法”指的是 GET、POST、PUT、DELETE 等 HTTP 请求类型；“URL”是包含主机名（域名）、端口、访问路径的完整请求地址；“请求体”一般取 nil。

（2）解析 HTTP 响应。

net/http 包提供了一个模拟客户端的 Client 结构体，通过调用其 Do 方法来获取一个 HTTP 请求对应的响应，语句如下：

```
客户端 := &http.Client{}
响应, 错误 := 客户端.Do(请求)
```

之后，就可以在程序中用“响应.Body”得到响应体中的数据内容了。

Go 语言对常用的 GET 和 POST 请求做了进一步封装，因此可以不用模拟客户端而直接通过 Get 或 Post 函数获取响应。例如：

```
响应, 错误 := http.Get(URL)
```

【实例 7.3】服务器在收到请求后向客户端返回一句话：“Hello,我爱 Go 语言 !@easybooks”。

开发步骤如下。

（1）服务器端开发。

编写如下服务器端的程序代码（hello-server.go）：

```
package main
import (
    "fmt"
    "net/http"                                      //Go 语言 HTTP 编程包
)
//实现处理器
func sayhello(w http.ResponseWriter, req *http.Request) {
    fmt.Fprintf(w, "Hello,我爱 Go 语言! @easybooks\n")
    //w.Write([]byte("Hello,我爱 Go 语言! @easybooks\n"))
                                                    //也可以用这句
}

func main() {
    http.HandleFunc("/hello", sayhello)             //注册处理器
    http.ListenAndServe(":8080", nil)               //开启监听
    //或者用下面这段代码
    //server := &http.Server{
    //  Addr: "0.0.0.0:8080",                       //配置“地址”参数
    //}
    //server.ListenAndServe()
}
```

（2）客户端开发。

编写如下客户端的程序代码（hello-client.go）：

```
package main
import (
    "fmt"
    "io/ioutil"
    "net/http"                                   //Go 语言 HTTP 编程包
)

func main() {
    //创建 HTTP 请求
    req, _ := http.NewRequest("GET", "http://127.0.0.1:8080/hello", nil)
    //解析 HTTP 响应
    client := &http.Client{}
    rsp, _ := client.Do(req)

    //rsp, _ := http.Get("http://127.0.0.1:8080/hello")
                                                 //或者用这句替代上面的 3 句
    //输出并显示响应体中的数据内容
    contents, _ := ioutil.ReadAll(rsp.Body)
    fmt.Println(string(contents))
}
```

（3）运行程序。

先启动服务器端程序再启动客户端程序，从客户端子窗口中可看到输出内容，或者通过浏览器访问 http://127.0.0.1:8080/hello 也能看到同样的输出内容，运行结果如图 7.8 所示。

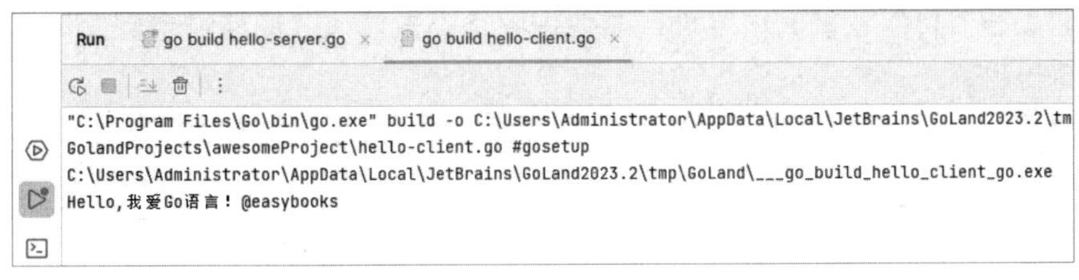

客户端输出

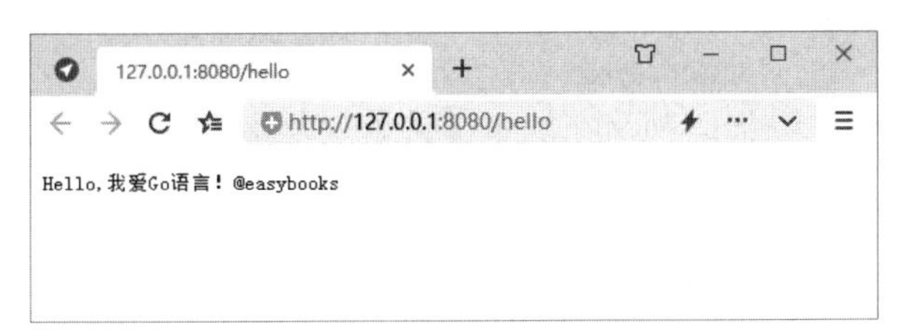

浏览器输出

图 7.8　运行结果

7.2.2　使用模板引擎

【实例 7.3】的客户端只能输出简单文本，而在实际应用中通常以浏览器取代传统客户端，呈现给用户的也不会是纯文本而是丰富的网页，那么应如何做到这一点呢？我们知道，网页本质上是一个 HTML 文档，其中大部分内容（如框架、样式、主题、页尾声明等）是固定不变的，变化的只是业务数据，所以可将不变的部分提取出来作为“模板”，而可变部分则由处理器在运行时提供数据，并借助模板引擎来合成动态网页。使用模板引擎的 HTTP 程序的工作过程如图 7.9 所示，此处，模板就是事先准备好的 HTML 文档，在程序执行时由模板引擎使用处理器的结果数据替换 HTML 文档中已定义的标记即可。

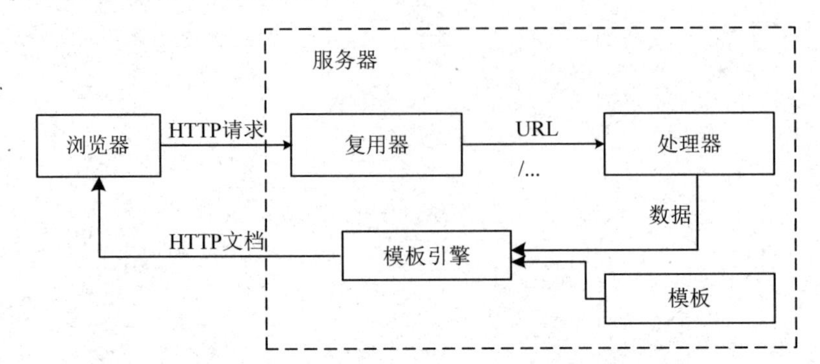

图 7.9　使用模板引擎的 HTTP 程序的工作过程

Go 语言内置了模板引擎 text/template 包，开发使用模板引擎的 HTTP 程序的步骤如下。

（1）定义模板。

模板文件通常是.html 网页文件，也可以是后缀为.tmpl 或.tpl 的文件，但它们都必须使用 UTF-8 编码。用户要按照一定的语法规则编写模板内容，基本规则如下：

- 在模板中使用“{{”和“}}”来包裹和标识需要传入的数据。
- 传给模板的数据可以通过点号（.）来访问。如果是复合类型的数据，则可以通过“{{.字段名}}”来访问它的字段。
- 除“{{”和“}}”包裹的内容外，其他内容均不做修改，原样输出。

（2）解析模板。

解析模板使用 ParseFiles 函数，该函数接收模板文件名作为参数，返回一个模板（Template）对象类型的指针，语法格式如下：

```
模板对象, 错误 := template.ParseFiles(模板文件名)
```

（3）渲染模板。

通过调用模板对象的 Execute 方法来渲染模板。其语法格式如下：

```
模板对象.Execute(HTTP 响应体, 数据)
```

以上对模板的解析和渲染代码都写在服务器的处理器函数中，“HTTP 响应体”也就是处理器函数的第 1 个参数，而“数据”则可以是任意类型的结构体对象实例，执行 Execute 方法后就实现了数据与模板的融合。

【实例 7.4】使用模板引擎在浏览器中输出一句话：“Hello,我爱 Go 语言！@easybooks”。

开发步骤如下。

（1）定义模板。

在当前 GoLand 项目目录下创建模板文件，编写如下程序代码（hello-view.html）：

```
<!DOCTYPE html>
<html lang="en">
<head>
    <meta charset="UTF-8">
    <meta name="viewport" content="width=device-width, initial-scale=1.0">
    <title>我喜爱的编程语言</title>
```

```
    <style>
        .myfont{
            font-family: "华文楷体";
            font-size: x-large;
            font-weight: bold;
            color: limegreen;
        }
    </style>
</head>
<body>
    <div class="myfont">Hello,我爱{{.Language}}语言! @{{.User}}</div>
</body>
</html>
```

（2）解析和渲染模板。

解析和渲染模板的代码都写在服务器的处理器函数中，内容如下（hello-template.go）：

```
package main
import (
    "net/http"
    "text/template"                          //Go 语言模板引擎包
)
type Contents struct {                       //存储数据的结构体
    Language string
    User     string
}
//处理器函数
func renderhello(w http.ResponseWriter, req *http.Request) {
    tmpl, _ := template.ParseFiles("./hello-view.html")
                                             //解析模板
    contents := Contents{
        Language: "Go",
        User:     "easybooks",
    }                                        //产生数据内容
    tmpl.Execute(w, contents)                //渲染模板
}

func main() {
    http.HandleFunc("/hello", renderhello)
    http.ListenAndServe(":8080", nil)
}
```

（3）运行程序。

启动服务器，通过浏览器访问 http://127.0.0.1:8080/hello，运行结果如图 7.10 所示。当然，也可以通过【实例 7.3】所开发的客户端程序访问该地址，得到的输出就是浏览器网页的源代码，可以看到其中的标记已被模板引擎替换为了实际的数据内容。

本来处理器产生的数据只是文本形式的，并无任何格式，但由于在模板中定义了样式“myfont”，因此输出到浏览器页面上的文本就呈现出该样式（华文楷体、大号、加粗、淡绿色）的效果，可见，模板所起到的作用就是将应用程序的显示与数据相分离，当更换数据内容时不会

影响网页的显示风格，反之亦然。模板引擎的这种特性使得它在互联网应用（尤其是目前流行的前后端分离）开发中得到了广泛应用。

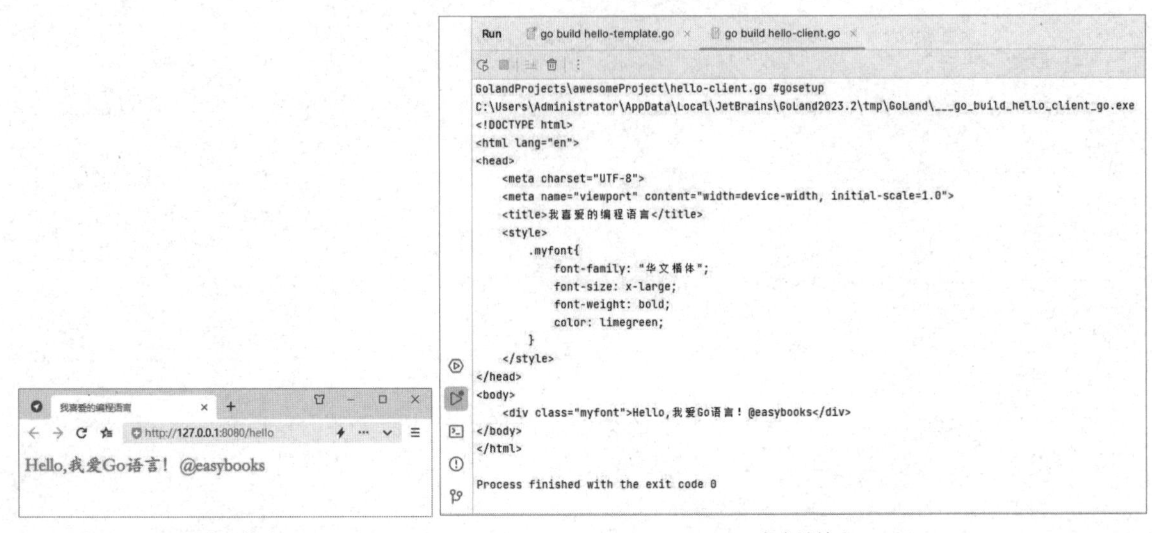

浏览器输出　　　　客户端输出

图 7.10　运行结果

7.2.3 请求多路复用

7.2.1 节和 7.2.2 节已经讲过，客户端（浏览器）的 HTTP 请求首先发送到服务器的复用器上，再由复用器转发到处理器上。Go 语言的复用器是一个结构体 ServeMux，可被多个处理器共用，即支持多路复用。它包含一个映射，会将不同的 URL 分别定向至不同的处理器实例上，如果没有与请求完全一致的 URL，则复用器会在映射中找出与之最匹配的 URL，调用其对应处理器的 ServeHTTP 方法来处理请求。多路复用的 HTTP 程序的工作过程如图 7.11 所示。

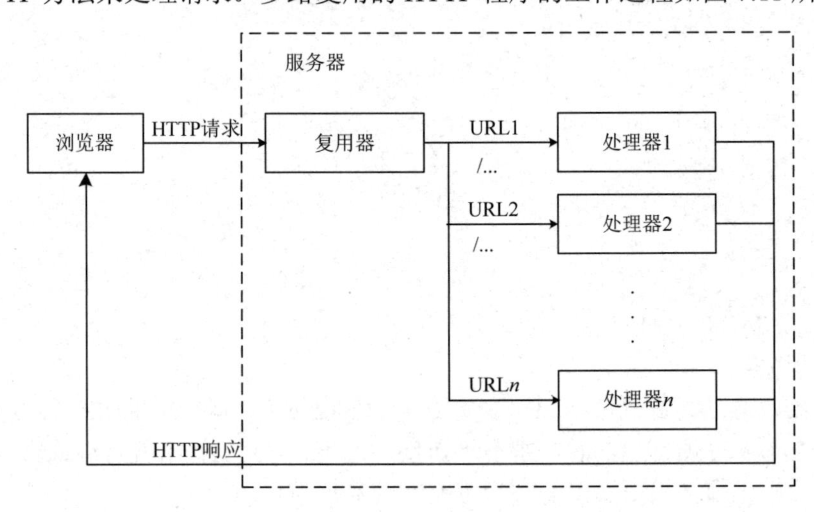

图 7.11　多路复用的 HTTP 程序的工作过程

【实例 7.5】 使用复用器分别以中文和英文输出对 Go 语言的问候。

编写如下服务器端的程序代码（hello-handle.go）：

```
package main
import (
    "fmt"
    "net/http"
)
type Contents struct {                    //作为处理器类的结构体
    Language string
    User     string
}
//处理器的 ServeHTTP 方法
func (c Contents) ServeHTTP(w http.ResponseWriter, req *http.Request) {
    fmt.Fprintf(w, c.Language)
}

func main() {
    mux := http.NewServeMux()             //创建复用器
    mux.Handle("/hello/cn", Contents{Language: "您好，我爱 Go 语言！@易斯\n"})
    mux.Handle("/hello/en", Contents{Language: "Hello,I love Go language!
@easybooks\n"})                           //不同的 URL 分别定向至不同的处理器实例上
    server := &http.Server{
        Addr:    "0.0.0.0:8080",
        Handler: mux,                     //配置复用器
    }
    server.ListenAndServe()
}
```

或者，也可以采用处理器函数的方式来实现多路复用功能，程序代码如下（hello-handlefunc.go）：

```
package main
import (
    "fmt"
    "net/http"
)

func cnHandler(w http.ResponseWriter, req *http.Request) {
    fmt.Fprintf(w, "您好，我爱 Go 语言！@易斯\n")
}                                         //处理器函数 1（输出中文问候语）
func enHandler(w http.ResponseWriter, req *http.Request) {
    fmt.Fprintf(w, "Hello,I love Go language! @easybooks\n")
}                                         //处理器函数 2（输出英文问候语）

func main() {
    mux := http.NewServeMux()             //创建复用器
    //将两个处理器函数注册到复用器中
    mux.HandleFunc("/hello/cn", cnHandler)
    mux.HandleFunc("/hello/en", enHandler)
    server := &http.Server{
        Addr:    "0.0.0.0:8080",
        Handler: mux,                     //配置复用器
```

```
    }
    server.ListenAndServe()
}
```

以上两个程序的运行方式和结果是完全一样的。启动服务器，通过浏览器访问 http://127.0.0.1:8080/hello/cn，输出中文问候语；访问 http://127.0.0.1:8080/hello/en，则输出英文问候语，运行结果如图 7.12 所示。

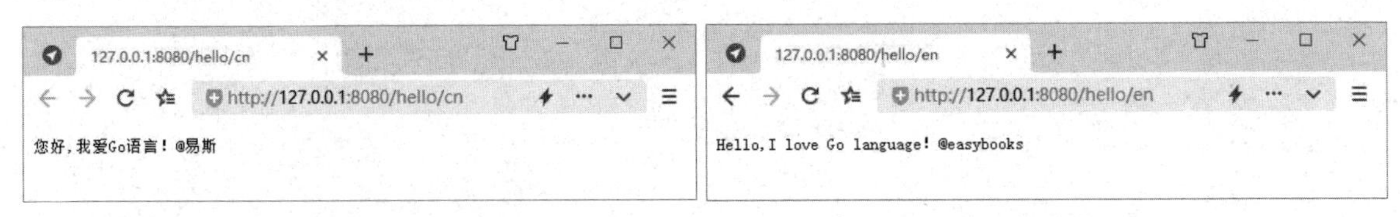

输出中文问候语　　输出英文问候语

图 7.12　运行结果

7.2.4　表单提交处理

在 HTTP 编程中，可从处理器函数的第 2 个参数（HTTP 请求体）中获取页面表单提交的数据，只需执行如下语句：

```
请求体.ParseForm()
```

即可解析出表单数据，表单数据采用的是键/值对形式，可用如下语句得到对应键的值：

```
值 := 请求体.Form.Get(键名)
```

【实例 7.6】 在表单中输入编程语言及用户，提交表单后用模板显示对该编程语言的问候。

开发步骤如下。

（1）定义模板。

本例使用【实例 7.4】中已定义的模板文件 hello-view.html。

（2）开发表单页。

编写如下表单页的程序代码（hello-submit.html）：

```
<html>
<head>
    <title>我喜爱的编程语言</title>
</head>
<body>
    <form action="/hello" method="post">
        编程语言：<input type="text" name="language"><br>
        用  户：<input type="text" name="user"><br>
                  
                  
                  
              
        <input type="submit" value="确定">
    </form>
</body>
</html>
```

表单中两个输入框标记的 name 属性值分别对应表单数据的两个键名，后台程序在引用时必须与之一致。

（3）开发后台程序。

编写如下后台服务器的程序代码（hello-post.go）：

```
package main
import (
    "net/http"
    "text/template"
)
type Contents struct {                              //存储数据的结构体
    Language string
    User     string
}
//将表单数据提交给这个处理器函数
func submit(w http.ResponseWriter, req *http.Request) {
    var tmpl *template.Template
    if req.Method != "POST" {                       //非 POST 请求一律跳转到表单页
        tmpl, _ = template.ParseFiles("./hello-submit.html")
        tmpl.Execute(w, nil)
    } else {                                        //POST 请求则提交给模板页
        tmpl, _ = template.ParseFiles("./hello-view.html")
        req.ParseForm()                             //必须先解析出表单数据才能使用
        contents := Contents{
            Language: req.Form.Get("language"),
                                                    //获取"编程语言"
            User:     req.Form.Get("user"),
                                                    //获取"用户"
        }
        tmpl.Execute(w, contents)                   //渲染模板
    }
}

func main() {
    http.HandleFunc("/hello", submit)
    http.ListenAndServe(":8080", nil)
}
```

（4）运行程序。

启动服务器，通过浏览器访问 http://127.0.0.1:8080/hello，出现表单页，在“编程语言”和“用户”输入框中分别输入编程语言和用户，单击“确定”按钮提交表单，跳转到模板页输出对该编程语言的问候，运行过程如图 7.13 所示。

提交表单

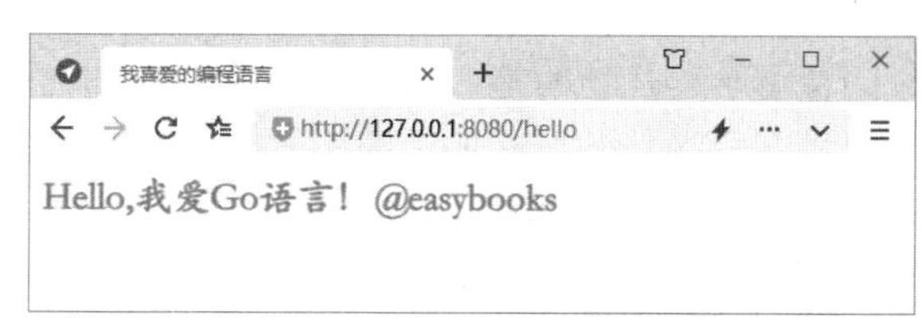

输出问候

图 7.13　运行过程

由本例还可以看出，同一个模板页可满足服务器上不同程序的输出需求，这充分体现了模板的通用性及将程序显示与数据分离的好处。

7.3 Web 开发基础

7.3.1 Web 应用程序架构模式

传统网站的 Web 应用程序普遍采用 MVC 架构模式，它将软件系统分为 3 个基本部分，即模型（Model）、视图（View）和控制器（Controller），分别取三者的首字母简称 MVC。

- 模型：定义系统所用的数据结构并封装对数据的处理方法。它可访问数据库，有对数据进行直接操作的权限。
- 视图：实现 Web 前端界面，有目的地组织和显示数据。它只关注数据的样式和显示效果而不关注其内容的正确性，也不包含处理数据的业务逻辑。
- 控制器：用于控制应用程序的流程、处理与应用程序业务逻辑相关的数据。它接收客户端的请求、与模型和视图交互并做出响应，在系统不同层面之间起到组织与协调的作用。

在采用 Go 语言开发的 Web 应用程序中，用于页面显示的模板和模板引擎就是视图；复用器及其上注册的诸多处理器一起构成整个系统的控制器；而为了存储数据内容所定义的结构体（类）及其操作数据的方法则是模型。一个能完整体现 MVC 架构模式的典型 Go 程序的组成结构如图 7.14 所示。

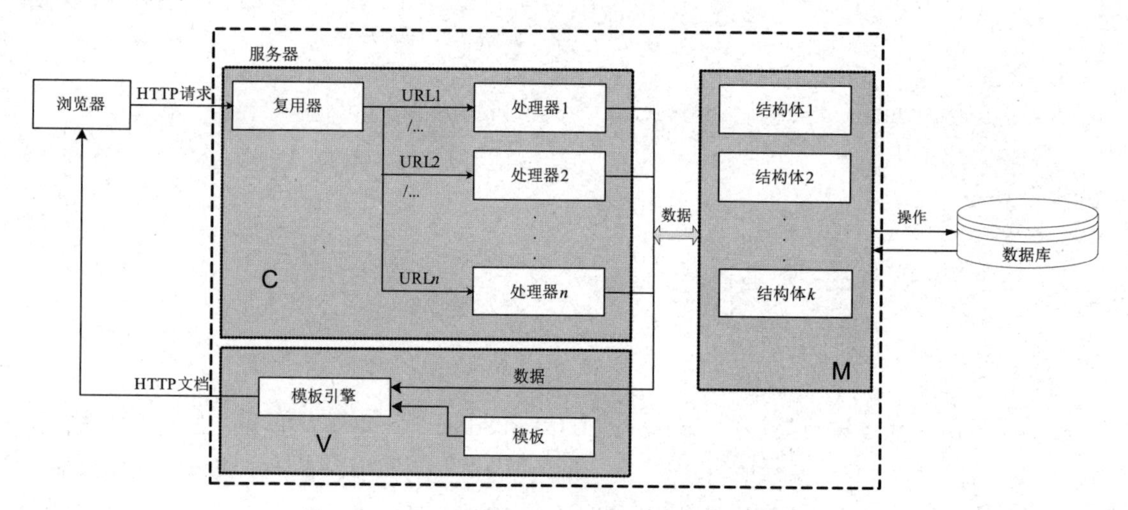

图 7.14　MVC 架构模式的典型 Go 程序的组成结构

读者需要注意的是，图 7.14 中的结构体与处理器之间并非一一对应的关系，某一个处理器可以根据自身业务逻辑的需求，与任意一个或多个结构体交互数据。结构体操作数据的方法可以由程序员编写，也可以用现成的持久层框架（如 Gorm）实现。

【实例 7.7】在 MySQL 中有一张 favlang（喜爱的编程语言）表，其中存放了一些用户及各自喜爱的编程语言，如图 7.15 所示。

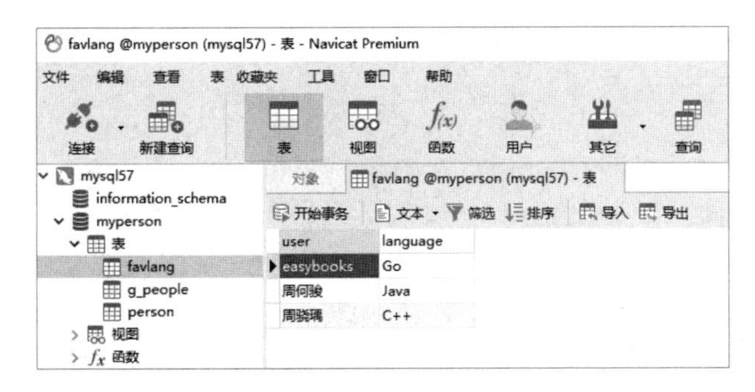

图 7.15　数据库 favlang 表

以 MVC 架构模式开发一个 Web 应用程序，首先从表单中提交用户名，然后到后台数据库中查询出该用户喜爱的编程语言，最后在前端页面上输出此用户对该编程语言的问候。

开发步骤如下。

1. 开发视图

（1）定义模板。

本例依然使用【实例 7.4】中已定义的模板文件 hello-view.html。

（2）设计表单页。

编写如下表单页的程序代码（hello-query.html）：

```
<html>
<head>
    <title>我喜爱的编程语言</title>
</head>
<body>
<form action="/hello" method="post">
    用  户：<input type="text" name="user">
    <input type="submit" value="确定">
</form>
</body>
</html>
```

2. 开发模型和控制器

本例的模型是一个名为“FavLang”的结构体（对应数据库 favlang 表），它有一个 getLang 方法可获取数据库中给定用户所喜爱的编程语言名称；控制器是一个名为“langController”的处理器函数。

模型和控制器部分的代码都写在后台服务器端程序中（hello-mvc.go）：

```
package main
import (
    "database/sql"                          //Go 语言提供的 SQL 数据库通用接口
    _ "git***.com/go-sql-driver/mysql"      //MySQL 的驱动包
    "net/http"                              //Go 语言 HTTP 编程包
    "text/template"                         //Go 语言模板引擎包
)

//模型
type FavLang struct {                       //“模型”结构体（对应数据库 favlang 表）
```

```
    User     string
    Language string
}
func (fl *FavLang) getLang(user string) FavLang {
                                              //模型操作数据的方法
    mydb, _ := sql.Open("mysql", "root:123456@tcp(127.0.0.1:3306)/myperson")
                                              //创建 MySQL 连接
    rs, _ := mydb.Query("SELECT * FROM favlang WHERE user=?", user)
    defer rs.Close()                          //查询用户记录
    for rs.Next() {
        rs.Scan(&fl.User, &fl.Language)//提取数据
    }
    return *fl                                //返回结构体（存有数据）的指针
}

//控制器
func langController(w http.ResponseWriter, req *http.Request) {
    var tmpl *template.Template
    if req.Method != "POST" {
        tmpl, _ = template.ParseFiles("./hello-query.html")
        tmpl.Execute(w, nil)
    } else {
        tmpl, _ = template.ParseFiles("./hello-view.html")
        req.ParseForm()
        model := FavLang{}                    //创建模型对象
        lang := model.getLang(req.Form.Get("user"))
                                              //获取数据
        tmpl.Execute(w, lang)                 //渲染模板
    }
}

func main() {
    http.HandleFunc("/hello", langController)
    http.ListenAndServe(":8080", nil)
}
```

3. 运行程序

启动服务器，通过浏览器访问 http://127.0.0.1:8080/hello，出现表单页，在“用户”输入框中输入用户名，单击“确定”按钮提交表单，跳转到模板页输出此用户对该编程语言的问候，运行过程如图 7.16 所示。

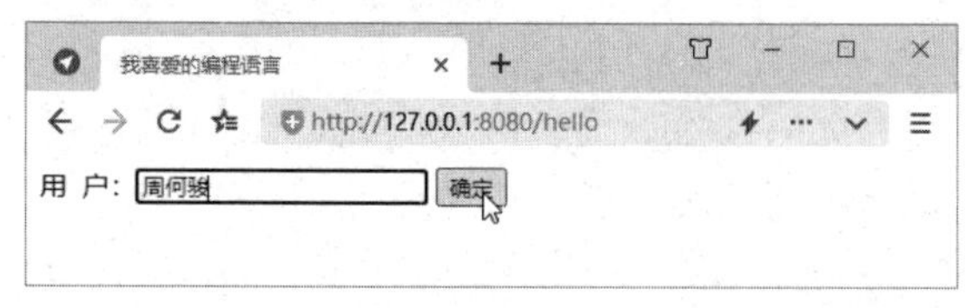

提交表单

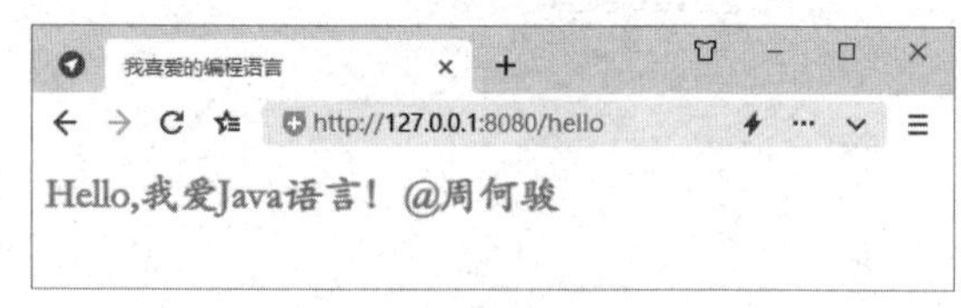

输出问候

图 7.16 运行过程

7.3.2　Gin 框架

在实际开发中，用户还可以基于现成的框架来实现 Web 应用程序功能。Gin 是十分流行的轻量级 Go 语言 Web 框架。它简洁强大、性能优异，已被多个互联网公司应用。Gin 框架与 Go 语言原生的 net/http、text/template 等包在功能上有很多相同和对应之处，概述如下。

1）采用路由引擎实现 C（控制器）功能

路由引擎（gin.Engine）是 Gin 框架提供的一种中间件，是整个 Gin 框架的核心，在用 Gin 框架编写的程序一开始就要通过 Default 方法创建一个路由引擎的实例。它的作用相当于 Go 语言 HTTP 程序中的复用器，可通过不同的请求方法将 URL 关联到对应的处理器函数中，语法格式如下：

```
路由引擎 = gin.Default()
路由引擎.方法(URL 路径, 函数名)
```

这里的“方法”对应 GET、POST、PUT、DELETE 等 HTTP 请求类型，“函数名”是由用户自定义实现的处理器函数。

然后，用 Run 方法启动路由引擎，相当于开启 ListenAndServe 监听：

```
路由引擎.Run(地址)
```

如果不带“地址”参数，则默认是本地计算机的 8080 端口。

2）以上下文参数封装 HTTP 请求体和响应体

Gin 框架对原 Go 语言处理器函数的两个参数[http.ResponseWriter（响应体）和*http.Request（请求体）]进行了再次封装，统一归入上下文（gin.Context），程序从上下文中获取前端提交的请求数据（也是键/值对形式），形式如下：

```
值 := 上下文.PostForm(键名)
```

3）载入和渲染模板

Gin 框架内部集成了模板引擎功能，可用路由引擎的 LoadHTMLFiles 方法载入模板，形式如下：

```
路由引擎.LoadHTMLFiles(模板文件)
```

之后，用上下文的 HTML 方法将其渲染输出到网页上，形式如下：

```
上下文.HTML(http.StatusOK, 网页文件, 数据)
```

其中，http.StatusOK 表示请求处理成功的状态码（200），如果只显示固定页面而没有需要渲染的数据，则“数据”参数也可置为 nil（空）。

如果只是向前端返回简单的文本信息，就用上下文的 String 方法。例如：

```
ctx.String(200, "Hello,我爱 Go 语言！@easybooks\n")
```

这里的 ctx 是上下文的引用句柄（为*gin.Context 指针类型），这句代码的作用就等价于 7.2 节所介绍的：

```
fmt.Fprintf(w, "Hello,我爱 Go 语言！@easybooks\n")
```

【实例 7.8】 使用 Gin 框架实现【实例 7.7】中以 MVC 架构模式开发的 Web 应用程序，根据表单提交的用户名到后台数据库中查询出该用户喜爱的编程语言，并向前端页面输出问候。

开发步骤如下。

1. 安装 Gin 框架

以管理员身份打开 Windows 命令行，先开启 go module 功能，再用 go install 命令安装 Gin

框架：

```
go install git***.com/gin-gonic/gin@latest
```

2. 开发视图

（1）定义模板。

使用【实例 7.4】中已定义的模板文件 hello-view.html。

（2）设计表单页。

使用【实例 7.7】中已开发的表单页 hello-query.html。

3. 开发模型和路由引擎

Gin 框架程序与普通 MVC 程序所使用的模型并无差别，本例仍然使用【实例 7.7】中已开发的 FavLang 结构体及其 getLang 方法作为模型。所不同的是，控制器部分改用 Gin 框架的路由引擎实现，需要针对不同路由的 URL 及请求方法分别编写处理器函数，程序代码如下（hello-gin.go）：

```
package main
import (
    "database/sql"
    "git***.com/gin-gonic/gin"          //Gin 框架库
    _ "git***.com/go-sql-driver/mysql"
    "net/http"
)

//模型
type FavLang struct {                   //“模型”结构体
    User     string
    Language string
}
func (fl *FavLang) getLang(user string) FavLang {
                                        //模型操作数据的方法
    mydb, _ := sql.Open("mysql", "root:123456@tcp(127.0.0.1:3306)/myperson")
    rs, _ := mydb.Query("SELECT * FROM favlang WHERE user=?", user)
    defer rs.Close()
    for rs.Next() {
        rs.Scan(&fl.User, &fl.Language)
    }
    return *fl
}

/**以下为控制器部分的代码*/
var router *gin.Engine                  //声明路由引擎
//处理器函数 1（接收前端页面输入的用户名）
func userGet(ctx *gin.Context) {
    //载入和显示表单页
    router.LoadHTMLFiles("./hello-query.html")
    ctx.HTML(http.StatusOK, "hello-query.html", nil)
}
```

```
//处理器函数 2（获取用户对应的编程语言并输出问候）
func langPost(ctx *gin.Context) {
    user := ctx.PostForm("user")            //从上下文获取用户名
    model := FavLang{}
    lang := model.getLang(user)             //由模型获取编程语言
    router.LoadHTMLFiles("./hello-view.html")
                                            //载入模板
    ctx.HTML(http.StatusOK, "hello-view.html", lang)
                                            //渲染输出
}

func main() {
    router = gin.Default()                  //创建路由引擎实例
    router.GET("/hello", userGet)           //关联处理器函数 1
    router.POST("/hello", langPost)         //关联处理器函数 2
    router.Run(":8080")                     //启动路由引擎
}
```

4. 运行程序

启动服务器，从开发环境底部子窗口中可见 Gin 框架的启动日志，如图 7.17（a）所示。打开浏览器，访问 http://127.0.0.1:8080/hello，在“用户”输入框中输入用户名，单击“确定”按钮提交表单，页面输出问候语，过程同 7.3.1 节的 MVC 实例，从 Gin 框架的日志信息中可观察到请求的类型和处理结果，如图 7.17（b）所示。

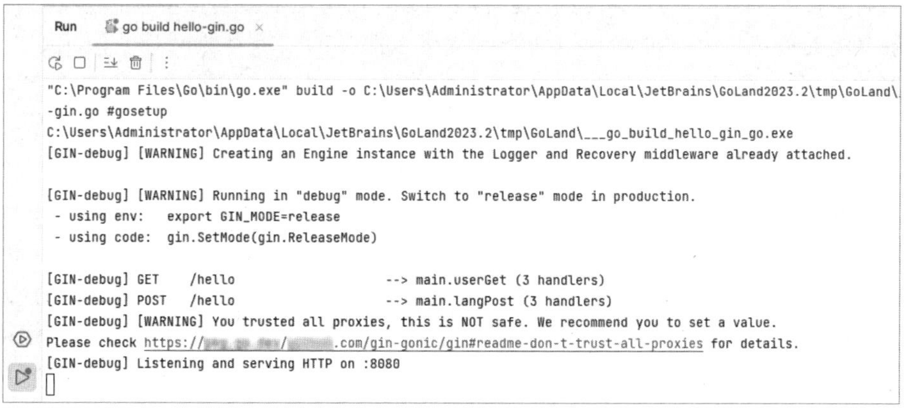

```
Run    go build hello-gin.go ×

"C:\Program Files\Go\bin\go.exe" build -o C:\Users\Administrator\AppData\Local\JetBrains\GoLand2023.2\tmp\GoLand\
-gin.go #gosetup
C:\Users\Administrator\AppData\Local\JetBrains\GoLand2023.2\tmp\GoLand\___go_build_hello_gin_go.exe
[GIN-debug] [WARNING] Creating an Engine instance with the Logger and Recovery middleware already attached.

[GIN-debug] [WARNING] Running in "debug" mode. Switch to "release" mode in production.
 - using env:   export GIN_MODE=release
 - using code:  gin.SetMode(gin.ReleaseMode)

[GIN-debug] GET    /hello                    --> main.userGet (3 handlers)
[GIN-debug] POST   /hello                    --> main.langPost (3 handlers)
[GIN-debug] [WARNING] You trusted all proxies, this is NOT safe. We recommend you to set a value.
Please check https://      /      .com/gin-gonic/gin#readme-don-t-trust-all-proxies for details.
[GIN-debug] Listening and serving HTTP on :8080
```

（a）启动日志

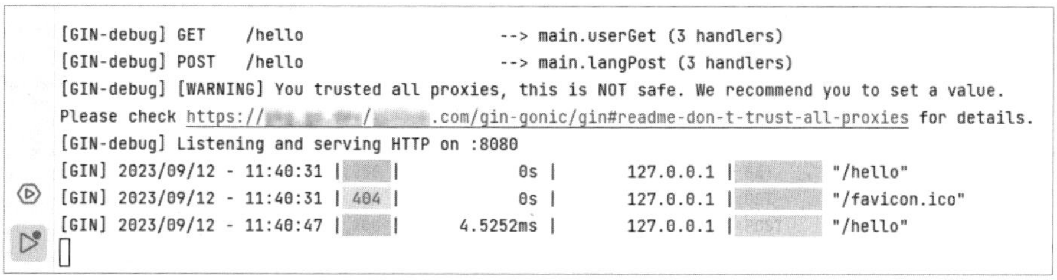

```
[GIN-debug] GET    /hello                    --> main.userGet (3 handlers)
[GIN-debug] POST   /hello                    --> main.langPost (3 handlers)
[GIN-debug] [WARNING] You trusted all proxies, this is NOT safe. We recommend you to set a value.
Please check https://      /      .com/gin-gonic/gin#readme-don-t-trust-all-proxies for details.
[GIN-debug] Listening and serving HTTP on :8080
[GIN] 2023/09/12 - 11:40:31 |     |          0s |       127.0.0.1 |         "/hello"
[GIN] 2023/09/12 - 11:40:31 | 404 |          0s |       127.0.0.1 |         "/favicon.ico"
[GIN] 2023/09/12 - 11:40:47 |     |    4.5252ms |       127.0.0.1 |         "/hello"
```

（b）请求的类型和处理结果

图 7.17　Gin 框架的运行日志

第 8 章

Go 语言微服务开发入门

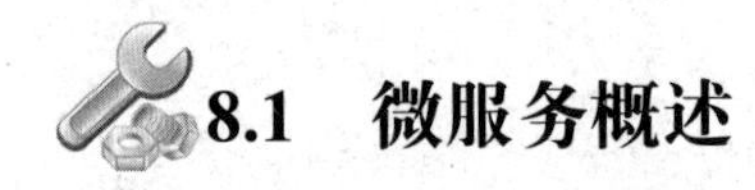

8.1 微服务概述

8.1.1 云计算与微服务

1. 云计算及其服务模式

云计算是从 20 世纪 90 年代开始伴随互联网的普及而逐步发展起来的一种分布式计算模式，它运用计算机领域已经成熟的虚拟机和容器技术将互联网的基础设施（高性能服务器、海量存储设备、丰富的应用软件和服务等）作为资源整合起来统一管理，按需提供给用户付费使用。这样一来，计算资源被作为一种商品在“云”上流通，就像水、电一样可以被方便地取用且价格低廉。目前，云已经成为很多中小微企业快速开展业务，以及几乎所有创业团队实践新想法、迭代产品和开拓市场的首选平台，而运营这些平台提供云服务的多是互联网行业巨头。

自从 2006 年亚马逊证明了云是可行业务并率先推出自己的云服务平台后，众多行业巨头纷至沓来：2007 年，IBM 推出 Blue Cloud 计划；2008 年，谷歌发布 Google 应用引擎；2009 年，Heroku 推出第一款公有云 PaaS；2010 年，微软上线 Microsoft Azure（蓝天）云，与此同时 Rackspace Hosting 和 NASA 联合推出 OpenStack 开源云计划；2011 年，Pivotal 推出开源 PaaS Cloud Foundry；Docker 于 2013 年首次被发布，此后云时代的大幕徐徐拉开。Docker 是一组平台即服务（PaaS）的产品。它基于操作系统层级的虚拟化技术，将软件与其依赖项打包为容器。托管容器的软件被称为 Docker 引擎。Docker 能够帮助开发者在轻量级容器中自动部署应用程序，并使得不同容器中的应用程序彼此隔离，高效工作。该服务有免费和高级两种版本。国内的云计算标杆——阿里云则是从 2008 年开始起步的，腾讯云、华为云紧随其后在中国市场中逐渐成长起来，并开始向国外探索。

云服务提供商出租计算资源有如下 3 种基本模式，以满足不同用户的需求。

（1）IaaS（Infrastructure as a Service，基础设施即服务）：它是底层的云服务，仅仅将基础的硬件资源（如服务器、存储设备等）用虚拟机技术整合起来租给用户使用，除此之外，不提供任何对上层软件应用开发的支持。

（2）PaaS（Platform as a Service，平台即服务）：它除了具备底层完善的基础设施，还提供上层的软件部署平台，包括操作系统、必要的中间件和编程语言运行时（Runtime）等，并对硬件和操作系统进行了统一抽象，使云用户（通常是互联网应用开发者）只需关注自己的业务逻辑实现，不需要考虑底层细节。

（3）SaaS（Software as a Service，软件即服务）：在这种模式下，云服务提供商为企业搭建信息化所需要的全部硬件基础设施、软件部署平台及应用程序（包括数据库），并负责从前期设计到开发实施再到后期维护的一系列任务。这等于是将系统的开发、部署和管理全都交给了第三方，用户无须过问任何技术问题，直接在上面开展自己的业务即可。

以上 3 种模式的系统分层结构如图 8.1 所示，图中以虚线划分出了云服务提供商与用户各自负责运维和管理的部分。

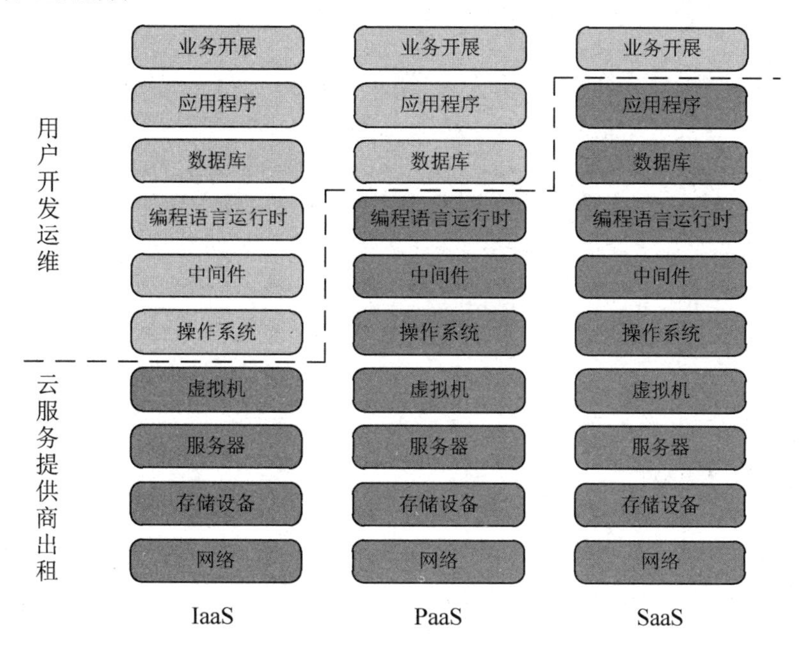

图 8.1　云服务 3 种模式的系统分层结构

2．单体应用的弊端

在过去的二三十年间，云服务的主流模式从 IaaS 发展到 PaaS、SaaS……一路演进，其上层应用变得越来越轻巧，部署越来越迅速，而下层的基础设施和平台则变得越来越强大，并以不同形态的云对上层应用提供强有力的支撑，将自己的业务系统迁移到云上成为越来越多企业的首选。与此同时，移动互联网时代的到来促进了网络业务的高速发展，而在庞大的移动用户基数下，快速变更和不断创新应用的需求也给传统软件开发方式带来了巨大的挑战。面对业务的快速迭代、团队规模的不断扩大，降低沟通协作成本并加快产品的交付速度几乎成为每一个互联网企业追求的目标。

传统软件开发的基本对象是单个应用程序（系统），也被称为“单体应用”。单体应用虽然开发简单，但随着业务复杂度的上升，其规模也随之扩大，程序变得难以理解和维护。采用良好的分层设计和基于成熟框架（如 Java EE、Spring Boot 等）开发的单体应用（其典型的架构通常如图 8.2 所示），虽然通过功能模块化和层间解耦方便了维护，但它依然是将全部功能集中在单一的项目工程中，一旦需要增加新功能（哪怕是很小的）或只是进行局部改动，就需要对原来的整个项目进行重新编译、打包和部署，这个过程很烦琐、经历时间长且容易出现各种意外，使系统无法及时响应需求的变更，不易扩展新功能，失去“敏捷性”。而且单体应用性能的提升只能依赖于增加底层服务器集群节点的数量，这种方式花费的成本太高且有瓶颈。

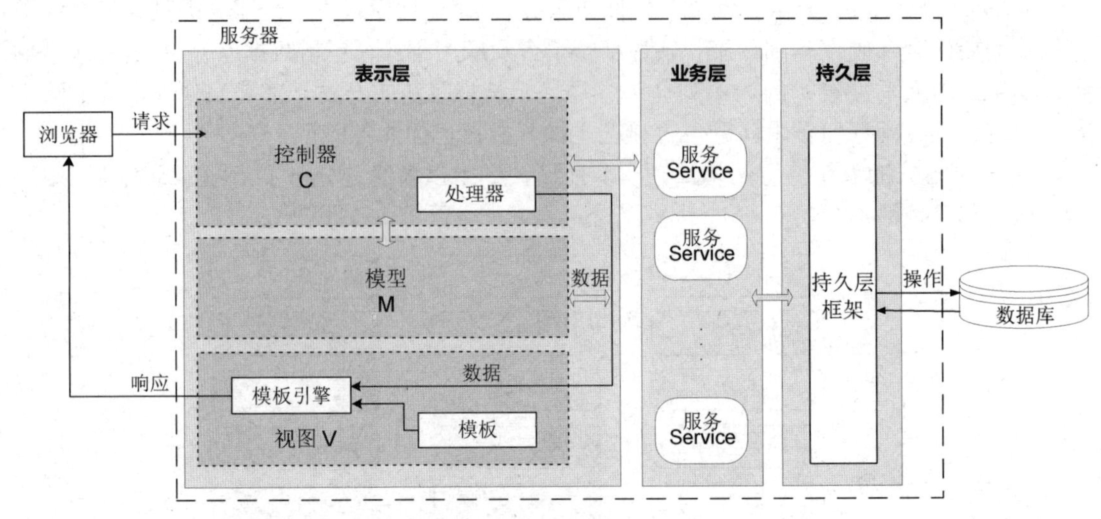

图 8.2 采用分层设计和基于成熟框架开发的单体应用架构

3．微服务的提出

为了克服单体应用开发方式的弊端，更好地适应云时代的业务需求，世界著名软件开发大师马丁·福勒（Martin Fowler）于 2014 年首次提出了微服务的概念，其基本思想是将单体应用转化为多个可以独立开发、独立部署、独立运行和独立维护的服务，以应对更快的变更需求和更短的开发迭代周期。

在开发时先将明确定义的功能模块分成更小的服务，即“微服务”，每个微服务仅描述一个单一的业务，系统中的每个微服务都可以被单独部署，各个微服务之间是松耦合的，这样开发者就可以独立地对每个微服务进行升级、部署、扩展和重新启动等操作，从而实现在对系统功能进行频繁更新和迭代的同时不会对最终用户的使用造成任何影响。相比传统的单体应用架构，微服务架构具有复杂度低、部署灵活、易扩展和跨语言编程等诸多优点。

微服务一经提出就广受青睐，成为目前十分流行的开发方式。到目前为止，大多数互联网应用已经或正在向微服务架构转型。

8.1.2 微服务系统架构

作为一种全新的架构模式，微服务系统提倡将单一应用程序划分成一组小的微服务，每个微服务仅专注于承担单一的职责。在一般情况下，每个职责代表着一个小的高内聚业务能力，数量众多的微服务之间互相协调、相互配合，完成丰富多样的复杂应用功能，为用户提供最终价值。这一点与面向对象程序设计的原理基本相通，都是遵循单一职责、关注分离、模块化与分而治之的原则。

一个典型的微服务系统架构如图 8.3 所示。由图 8.3 可见，微服务系统相比传统分层架构的单体应用来说具备如下特点。

（1）将原属于单体架构的业务层完全独立出来，从企业服务器迁移到云服务平台上（俗称“上云”），并将该层的“服务”进一步细分为一个个的“微服务”。

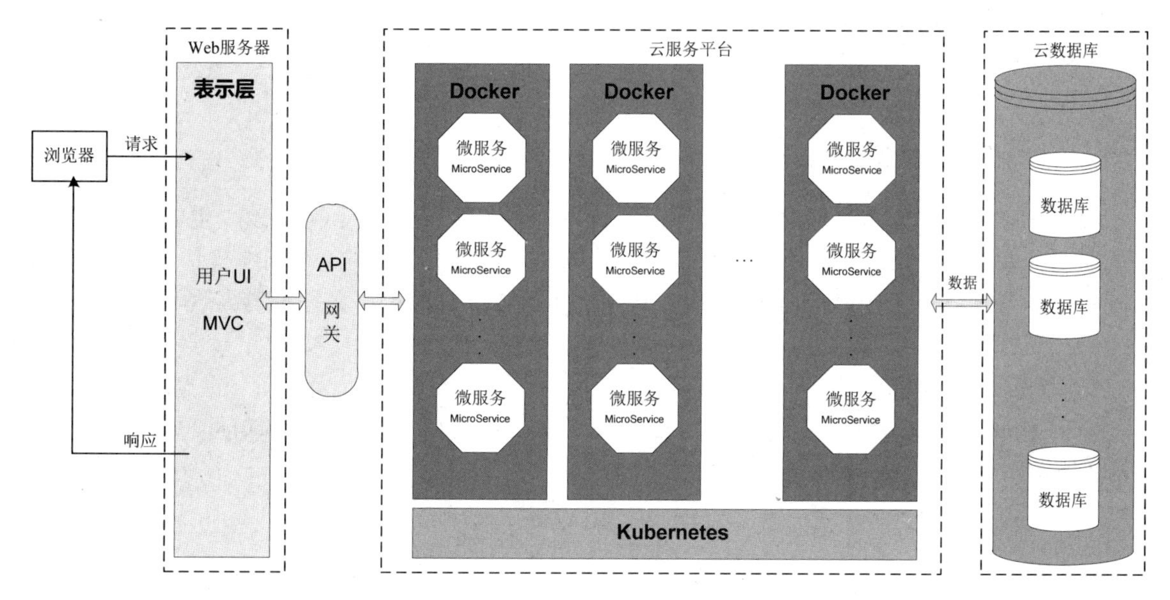

图 8.3　典型的微服务系统架构

（2）微服务遵循单一职责原则，能脱离开具体的操作系统和编程语言运行时，运行于容器中，每个微服务都有属于自己的独立进程，使容器能够合理地为其分配所需的系统资源。目前使用最普遍的容器是 Docker。

（3）云服务平台上运行着多个 Docker，通常会将从原来同一个单体应用（或功能模块）所分出的一组微服务及其运行环境置于一个 Docker 中。

（4）云服务平台上的容器都由专门的软件进行统一管理（编排），目前主流的容器编排软件是 Kubernetes。在实际应用中，Docker 与 Kubernetes 是最佳搭档和标配。

（5）同一或不同容器的微服务之间可以互相调用，微服务的调用采用基于标准 RESTful API 的轻量通信协议，与具体的编程语言和操作系统平台无关。

（6）微服务的运行是独立的，它们之间的通信也是与编程语言平台无关的，每个微服务都可以被单独部署，这就意味着可以将一个应用系统所属的各个微服务分别交由不同的团队乃至多个第三方开发，真正实现软件系统开发过程的“并行化”。

（7）微服务系统在本质上是一个开放的分布式网络应用系统，出于安全需要，前端（相当于原分层单体应用架构的表示层）必须通过特殊的 API 网关访问云服务平台上的微服务，API 网关会提供系统基础的授权、安全、日志、监控、负载均衡等服务，是微服务系统的“海关卫士”。

（8）在后台，微服务系统取消了单体应用的持久层，企业不用自己花钱购买数据库和维护庞大的数据中心，而是把数据托付给“云”管理。国内的阿里云、腾讯云、华为云等都是很不错的云数据库系统，它们以最优化的方案将不同的数据库整合在一起，用户只需付费即可租用，无须关心数据库管理系统的具体类型是 MySQL、SQL Server 还是 Oracle，完全由“云”来运营业务数据，其在更好地保障数据安全的同时极大地降低了企业维护和管理数据的成本。

8.2 微服务开发环境安装

8.2.1 安装 Consul

要搭建和使用微服务系统，首要解决的问题是：必须有一种机制（或工具）能够将开发者做好的微服务发布（注册）到网络（云）上，并且最终用户要能够及时、准确地找到（发现）对于实现自己业务功能有用的微服务。Consul 就是一个很棒的开源微服务注册与发现工具，它的安装步骤如下。

1）下载 Consul

访问 Consul 官方网站，选择对应自己计算机使用的操作系统版本的 Consul 进行下载，如图 8.4 所示。

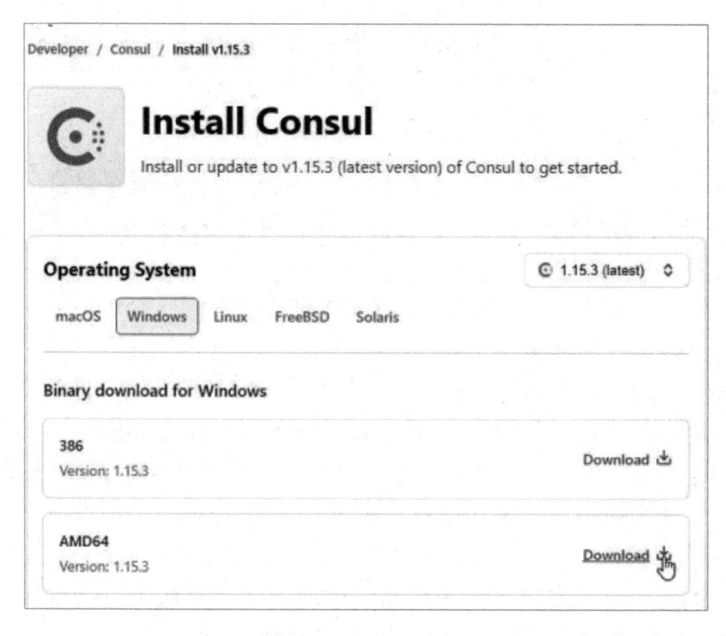

图 8.4 下载 Consul

下载后解压缩压缩包，得到一个 consul.exe 可执行程序文件，在本地计算机磁盘上创建一个目录（笔者创建的是 E:\Go\Consul）用来存放该文件。

2）启动 Consul

以管理员身份打开 Windows 命令行，进入存放 consul.exe 文件的目录并启动 Consul，代码如下：

```
E:
cd E:\Go\Consul
consul.exe agent -dev
```

命令行窗口显示结果如图 8.5 所示。

3）测试安装

打开浏览器，在地址栏中输入 http://localhost:8500，若出现图 8.6 所示的页面说明，则表示 Consul 安装成功，此时页面上的“Services”（服务）列表中已经默认创建好一个名为“consul”

的微服务实例。

```
管理员: 命令提示符 - consul.exe  agent -dev
Microsoft Windows [版本 10.0.19042.746]
(c) 2020 Microsoft Corporation. 保留所有权利。

C:\Windows\system32>E:

E:\>cd E:\Go\Consul

E:\Go\Consul>consul.exe agent -dev
==> Starting Consul agent...
              Version: '1.15.3'
           Build Date: '2023-06-01 20:40:32 +0000 UTC'
              Node ID: '1e503218-0640-213e-a1be-2c0190e49eac'
            Node name: 'DESKTOP-2022VCB'
           Datacenter: 'dc1' (Segment: '<all>')
               Server: true (Bootstrap: false)
          Client Addr: [127.0.0.1] (HTTP: 8500, HTTPS: -1, gRPC: 8502, gRPC-TLS: 8503, DNS: 8600)
         Cluster Addr: 127.0.0.1 (LAN: 8301, WAN: 8302)
    Gossip Encryption: false
     Auto-Encrypt-TLS: false
            HTTPS TLS: Verify Incoming: false, Verify Outgoing: false, Min Version: TLSv1_2
             gRPC TLS: Verify Incoming: false, Min Version: TLSv1_2
     Internal RPC TLS: Verify Incoming: false, Verify Outgoing: false (Verify Hostname: false), Min Version: TLSv1_2

==> Log data will now stream in as it occurs:

2023-06-08T17:05:27.206+0800 [DEBUG] agent.grpc.balancer: switching server: target=consul://dc1.1e503218-0640-213e-a1be
-2c0190e49eac/server.dc1 from=<none> to=<none>
2023-06-08T17:05:27.321+0800 [INFO]  agent.server.raft: initial configuration: index=1 servers="[{Suffrage:Voter ID:1e5
03218-0640-213e-a1be-2c0190e49eac Address:127.0.0.1:8300}]"
2023-06-08T17:05:27.321+0800 [INFO]  agent.server.raft: entering follower state: follower="Node at 127.0.0.1:8300 [Foll
```

图 8.5　命令行窗口显示结果

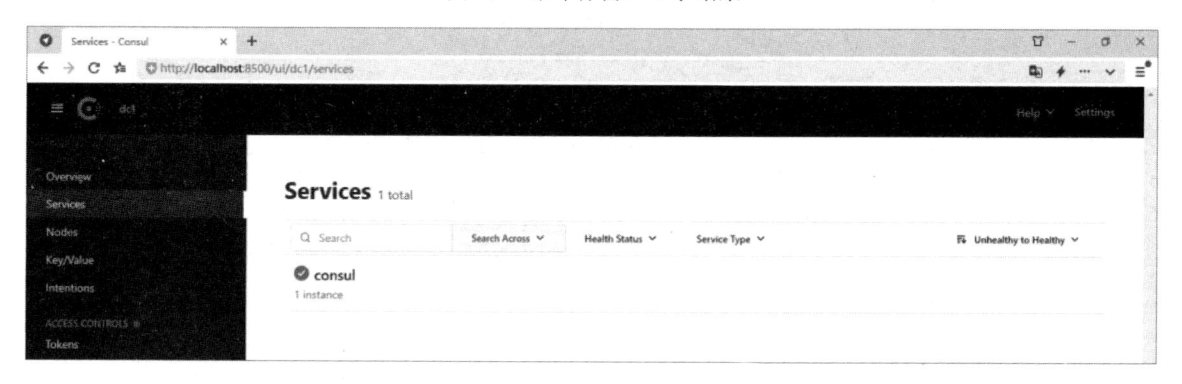

图 8.6　Consul 安装成功

8.2.2　安装 gRPC

在微服务系统中，不同微服务实例之间需要进行频繁的交互来共同完成一个完整的业务功能，它们是通过 RPC（Remote Procedure Call，远程过程调用）方式来实现通信的。RPC 是一套通用的协议，基于这套协议规范，前端程序或者一个微服务可以通过网络向远程计算机上的其他微服务发出服务请求，而并不需要了解下层所采用的网络技术、运行时平台，以及对方微服务所使用的编程语言。

目前已经有多款实现了 RPC 机制（协议）的框架，如 gRPC、Dubbo、Thrift 等，其中，gRPC 最受欢迎。gRPC 是谷歌公司推出的一款高性能、开源、通用的 RPC 框架，它提供了一种简单的方法来精确地定义服务，既能用于服务器端也能用于客户端，并且可以为客户端和服务器端程序自动生成可靠的代码框架，从而以“透明方式”实现双方的通信。此外，gRPC 基于 HTTP/2 标准设计开发，具有双向流、头部压缩、请求多路复用等强大的功能，可大大节省移动客户端的带宽成本、降低连接失败率、提高 CPU 利用率，还能极大地提升云服务和 Web 应用的整体性能。

1．安装前准备

在安装 gRPC 之前，需要先配置计算机的 Go 语言环境变量，以管理员身份打开 Windows 命令行，输入如下代码：

```
go env -w GOSUMDB=off
go env -w GOPROXY=https://gopr***.cn,direct
```

使用 go env 命令查看安装 gRPC 之前计算机的 Go 语言环境变量：

```
GOPATH=C:\Users\Administrator\go
GOPROXY=https://gopr***.cn,direct
GOROOT=C:\Program Files\Go
GOSUMDB=off
```

命令行窗口显示结果如图 8.7 所示，请读者看清图中框出的几个环境变量值，要确保配置正确。

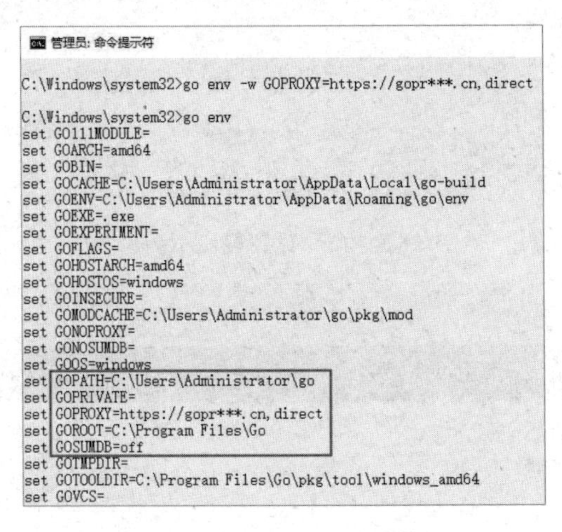

图 8.7　命令行窗口显示结果

2．安装 protoc

gRPC 框架默认采用的是 ProtoBuf（数据序列化协议），其类似于 XML、JSON，使用该协议来定义服务、接口和数据类型。Go 语言依靠插件（protobuf 包）支持这个协议，而要安装这个插件，必须先安装其编译工具 protoc，安装步骤如下。

1）下载 protoc

访问 protoc 下载页面，从页面的下载列表中单击链接“protoc-3.19.5-win64.zip”，下载后解压缩压缩包。

2）配置 bin 目录

从解压缩后的目录中找到 bin 子目录下的可执行程序文件 protoc.exe。首先，将其放到本地计算机 Go 语言环境的$GOPATH\bin（笔者的计算机是 C:\Users\Administrator\go\bin）目录下。然后，在系统环境变量 Path 中添加 C:\Users\Administrator\go\bin。

3）安装 protoc

以管理员身份打开 Windows 命令行，执行如下命令：

```
protoc.exe
```

若出现图 8.8 所示的信息，则表示安装完成。

4）测试安装

在命令行下继续输入如下命令：

```
protoc --version
```

若出现图 8.9 所示的 protoc 版本，则说明安装成功。

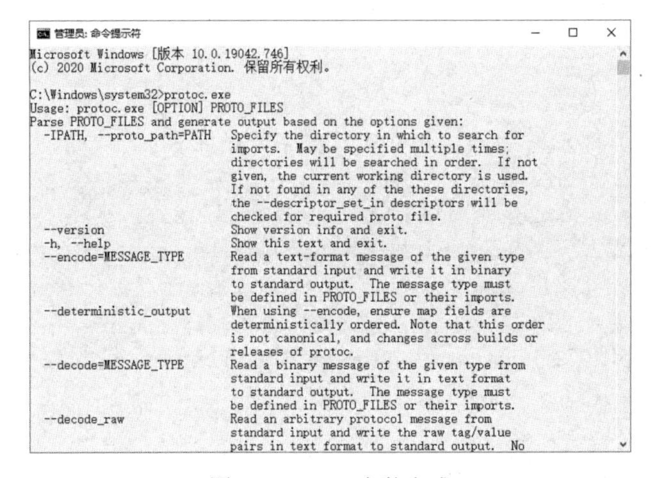

图 8.8　protoc 安装完成

```
C:\Windows\system32>protoc --version
libprotoc 3.19.5
```

图 8.9　protoc 安装成功

需要特别注意的是，要在 Go 语言环境中使用 gRPC，所安装的 protoc 工具只能选择 3 系列的版本，其他系列的则不行。

3．安装 protoc-gen-go

protoc-gen-go 是 Go 语言的 protobuf 包，是一个插件，需要借助 protoc 工具来编译安装。从 Windows 命令行进入$GOPATH\bin 目录，依次执行如下命令：

```
go install git***.com/golang/protobuf/proto@latest
go install git***.com/golang/protobuf/protoc-gen-go@latest
```

命令行窗口显示结果如图 8.10 所示。

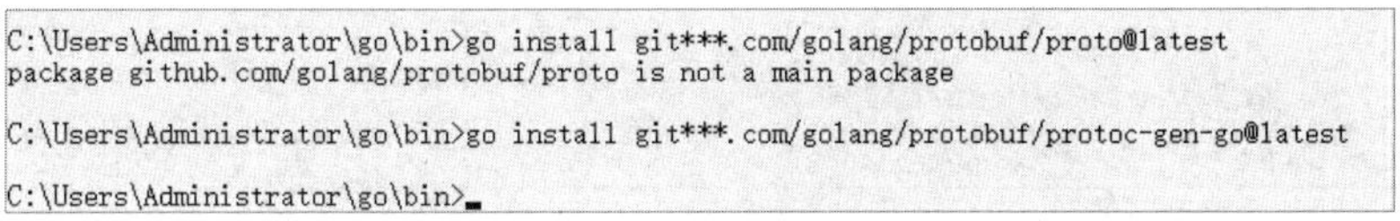

```
C:\Users\Administrator\go\bin>go install git***.com/golang/protobuf/proto@latest
package github.com/golang/protobuf/proto is not a main package

C:\Users\Administrator\go\bin>go install git***.com/golang/protobuf/protoc-gen-go@latest

C:\Users\Administrator\go\bin>
```

图 8.10　命令行窗口显示结果

安装完成后，进入本地计算机 Go 语言环境的$GOPATH\bin 目录，若其下生成了 protoc-gen-go.exe 可执行程序文件，则表示 protoc-gen-go 安装成功，如图 8.11 所示。

› 此电脑 › 本地磁盘 (C:) › 用户 › Administrator › go › bin

名称	修改日期	类型	大小
protoc.exe	2022/9/13 15:35	应用程序	3,768 KB
protoc-gen-go.exe	2023/6/15 9:41	应用程序	8,925 KB

图 8.11　protoc-gen-go 安装成功

4．安装 Git 工具

因为 gRPC 框架由多个不同的组件构成，需要分别安装，而这些组件又都没有现成的可安装版本，只能通过 Git 工具对它们的源代码进行编译安装，所以必须先安装 Git 工具。

Git 工具的安装和使用在 5.2.1 节中已经介绍过，这里不再重复。

5．安装 gRPC 的各个组件

1）分立安装组件

启动 Git Bash，在其控制台窗口“$”提示符后面输入并执行如下 4 条命令：

```
git clone https://git***.com/golang/net.git $GOPATH/src/golang.org/x/net
git clone https://git***.com/golang/text.git $GOPATH/src/golang.org/x/text
git clone https://git***.com/grpc/grpc-go.git $GOPATH/src/google.golang.org/grpc
git clone https://git***.com/google/go-genproto.git $GOPATH/src/
google.golang.org/genproto
```

这 4 条命令其实就是分别下载构成 gRPC 的 net、text、grpc-go 和 go-genproto 包的源代码，执行成功后的输出如图 8.12 所示。

```
Administrator@DESKTOP-2022VCB MINGW64 ~
$ git clone https://git***.com/grpc/grpc-go.git $GOPATH/src/google.golang.org/gr
pc
Cloning into 'C:\Users\Administrator\go/src/google.golang.org/grpc'...
remote: Enumerating objects: 36401, done.
remote: Counting objects: 100% (7720/7720), done.
remote: Compressing objects: 100% (1135/1135), done.
remote: Total 36401 (delta 7035), reused 6670 (delta 6578), pack-reused 28681
Receiving objects: 100% (36401/36401), 19.69 MiB | 250.00 KiB/s, done.
Resolving deltas: 100% (23782/23782), done.
Updating files: 100% (1017/1017), done.

Administrator@DESKTOP-2022VCB MINGW64 ~
$
```

图 8.12　命令执行成功后的输出

上面的任何一条命令都有可能一次执行不成功，遇此情形请读者千万不要慌！可多次重启 Git Bash 反复执行几次，终究是会成功的，并且前面执行失败对再次执行并无影响。可使用下面的命令重置代理及连接状态，增加再次执行成功的概率：

```
git config --global --unset http.pr***
git clone git://git***.com/...
```

待 4 条命令都被成功执行后，进入本地计算机 Go 语言环境的$GOPATH\src 目录，可看到存放各个组件源代码的目录，如图 8.13 所示。

图 8.13　存放各个组件源代码的目录

2）集成安装

在安装好各个组件后，通过 Git Bash 控制台窗口的命令进入$GOPATH\src 目录，将所有组件集成安装为一个完整的 gRPC 框架，命令如下：

```
go install google.golang.org/grpc@latest
```

控制台窗口显示结果如图 8.14 所示。

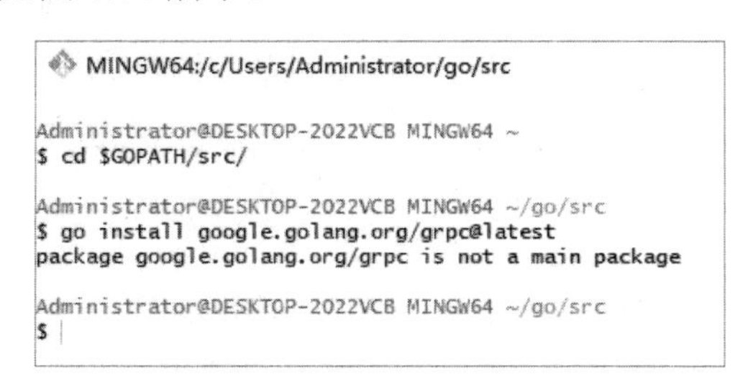

图 8.14　控制台窗口显示结果

6．测试安装

gRPC 框架的源代码中自带 helloworld 测试样例工程，位于 src\google.golang.org\grpc\examples 目录下，读者可通过编译运行该工程来测试 gRPC 框架是否安装成功及能否正常工作。

1）编译测试样例工程

以管理员身份打开 Windows 命令行，进入测试样例工程所在的目录，使用 protoc 工具编译该工程，命令如下：

```
cd C:\Users\Administrator\go\src\google.golang.org\grpc\examples\helloworld
protoc --go_out=plugins=grpc:. helloworld.proto
```

执行上述命令后会在测试样例工程所在的 helloworld 目录下生成一个 helloworld.pb.go 文件。

测试样例工程所在的 helloworld 目录下已有现成的供测试用的服务器端（greeter_server）和客户端（greeter_client）程序，直接通过 Windows 命令行执行该程序就能进行测试。

2）启动服务器

从 Windows 命令行进入测试样例工程所在的目录：

```
cd C:\Users\Administrator\go\src\google.golang.org\grpc\examples\helloworld
```

在该目录下编译和运行服务器端程序：

```
go run greeter_server/main.go
```

服务器被启动，默认在本地计算机 50051 端口上监听，如图 8.15 所示。

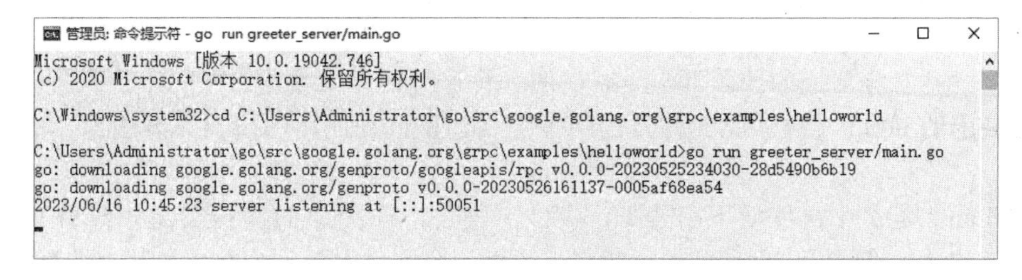

图 8.15　服务器被启动

3）运行客户端

另外打开一个命令行窗口，进入测试样例工程所在的目录，编译和运行客户端程序：

```
go run greeter_client/main.go
```

此时，从两个命令行窗口中可看到服务器与客户端的通信，服务器向客户端发出“Hello world”问候，客户端则回应“world”，运行过程如图 8.16 所示。

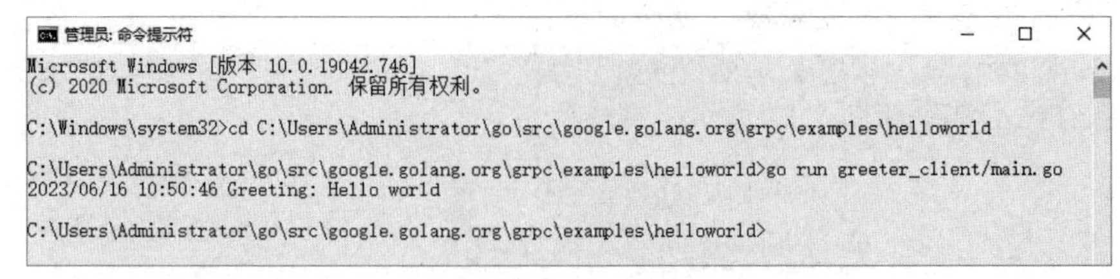

客户端收到服务器的问候

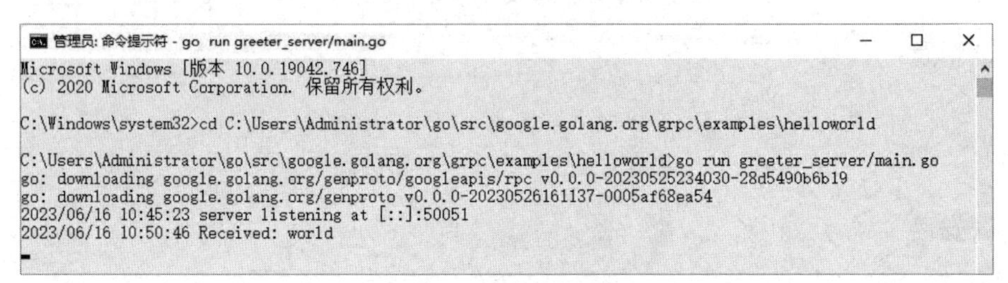

服务器收到客户端的回应

图 8.16　运行过程

只要服务器与客户端能正常通信，就说明 gRPC 框架安装成功了。

8.3　在 GoLand 集成开发环境下开发微服务

【实例 8.1】在 GoLand 集成开发环境下制作一个简单的微服务程序，它接收客户端提交的编程语言名称，用字符串拼接生成对该编程语言的问候并返回客户端输出显示。

实现方式：Go 语言原生的微服务框架 Go-kit 与 8.2.2 节安装的 gRPC 框架结合使用来实现微服务的远程过程调用。

在 GoLand 集成开发环境下，选择“New”→“Project”命令，创建一个 Go 项目工程，将项目命名为 MyKitGrpc，开发步骤如下。

8.3.1　新建 proto 文件

客户端对微服务功能的使用通过 gRPC 的远程过程调用来实现，在 gRPC 中这一机制需要依赖双方共用的 proto 文件，此文件专门用于定义远程过程调用的接口、方法名、参数和返回值等。

在 GoLand 集成开发环境下右击 Go 项目工程名，在弹出的快捷菜单中选择“New”→“Directory”命令，创建一个 pb 目录，在其下新建一个文件 string.proto，在其中编写如下内容：

```
syntax = "proto3";

option go_package = "pb/";                    //设置 proto 文件所在的目录

package pb;
```

```
service HelloService{
  rpc Sayhello(StringRequest) returns (StringResponse) {}
}

message StringRequest {
  string A = 1;
  string B = 2;
}

message StringResponse {
  string Ret = 1;
  string Err = 2;
}
```

说明：

（1）在 string.proto 文件中定义了一个服务接口 HelloService，其中有一个 Sayhello 方法，它就是客户端要调用远程服务器上微服务的方法名。在该文件中还定义了双方交互的请求参数（StringRequest）及响应返回值（StringResponse）的构成。

（2）文件开头必须设置其所在的目录"option go_package = "pb/";"，只有这样编译工具 protoc 才能正确找到这个 proto 文件，并在与之相同的目录下生成 RPC 框架代码。

8.3.2　生成 RPC 框架代码

在 GoLand 集成开发环境底部的"Terminal"子窗口中执行如下命令：

```
protoc --go_out=plugins=grpc:. pb/string.proto
```

命令执行后会在 pb 目录下自动生成 RPC 框架代码源文件 string.pb.go，如图 8.17 所示。

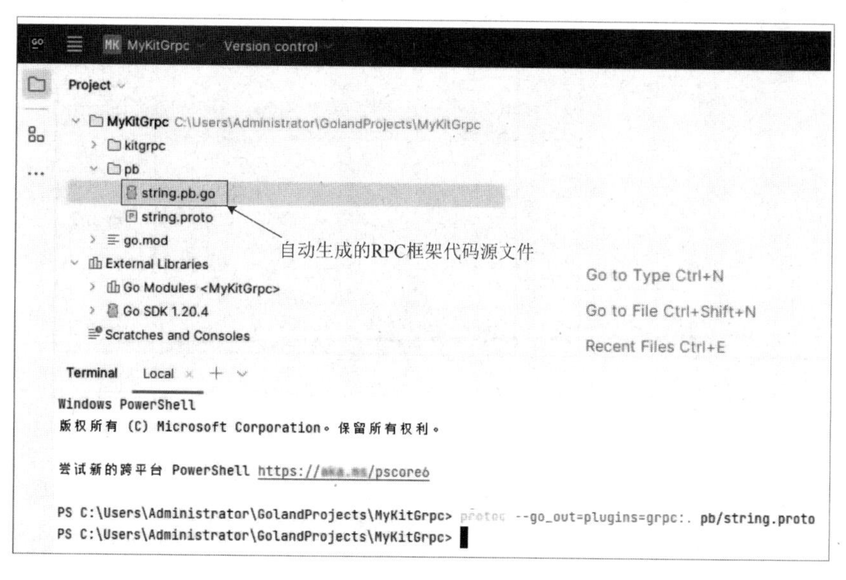

图 8.17　自动生成的 RPC 框架代码源文件

有了 string.pb.go 文件，客户端程序就可以借助它向微服务发出 RPC 请求。同样地，微服务也依靠它来建立简单的 RPC 服务器，处理客户端的请求并返回结果。需要注意的是，这个文件中的代码都是由 Go 语言环境的 protoc 工具生成的，读者不要对其做任何改动。

8.3.3 开发微服务

1. Go-kit 框架原理

Go-kit 框架是一个 Go 语言工具包的集合，开发者可以很方便地使用它来开发健壮、可靠、易维护的微服务，目前该框架已在多数大型互联网企业乃至初创的小微企业中得到广泛应用。用 Go-kit 框架开发的程序采用分层架构，自上而下分为业务（Service）层、端点（Endpoint）层和传输（Transport）层，各层在微服务架构中的地位和作用如下。

（1）业务层：专注于业务逻辑，实现微服务功能，向客户端（或其他微服务）提供可调用的远程方法。

（2）端点层：它是 Go-kit 框架的核心，主要负责对请求/响应格式进行转换，在某些应用场合下还起到与拦截器类似的作用。另外，该层很好地弥补了 gRPC 服务治理能力的不足，提供对日志、限流、熔断、链路追踪和服务监控等微服务诸多方面的扩展支持。

（3）传输层：其位于底层，主要负责网络传输，接收客户端（或其他微服务）的请求并将其转化为端点可以处理的对象，交给上面的端点层去执行，同时把上层端点传下来的处理结果转化为响应对象返回客户端（或发起请求的微服务）。

Go-kit 框架抽象的端点设计让开发者可以很容易地整合微服务环境的各种组件。本例把 Go-kit 框架与 gRPC 框架结合在一起使用，程序在运行时，微服务接收的客户端请求先交由 gRPC 框架处理，它会调用解码器进行解码，即把请求内容转换为对象形式交给上层相应的“端点”，再传送至最上面的业务层；而业务层的处理结果也是通过“端点”下传，经由传输层的编码器编码后才返回客户端的，整个过程如图 8.18 所示。

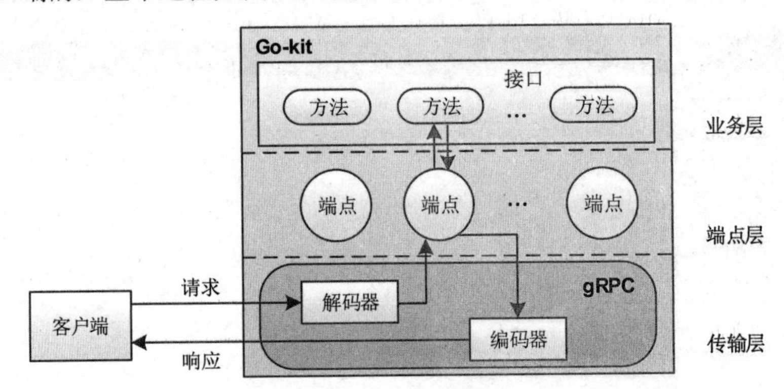

图 8.18　Go-kit 框架与 gRPC 框架结合使用开发微服务系统的工作过程

先在项目目录下创建一个 kitgrpc 子目录，用于存放本例程序的所有源代码（除了前面 protoc 工具自动生成的 string.pb.go 文件），再在 kitgrpc 目录下创建一个 kit 包，在其中新建 3 个.go 源文件，即 endpoint.go、service.go 和 transport.go，分别编写实现端点层、业务层和传输层的代码，如图 8.19 所示。

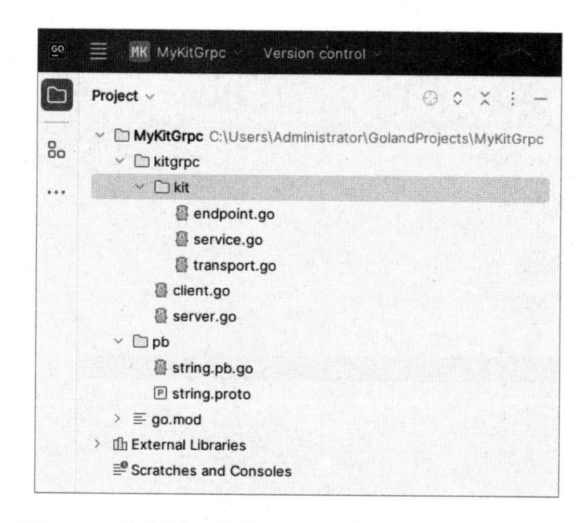

图 8.19　端点层、业务层和传输层代码的.go 源文件

接下来进行分层开发。

2. 开发业务层

业务层定义了一个 Service 接口，里面有一个 Sayhello 方法；又定义了一个 HelloService 服务（结构体），它实现了接口中的 Sayhello 方法，打印输出客户端提交的编程语言名称，并将两个字符串拼接成问候语返回客户端（return a + b, nil）。

程序代码如下（service.go）：

```
package kit
import (
    "context"
    "fmt"
)
// 定义接口
type Service interface {
    Sayhello(ctx context.Context, a, b string) (string, error)
}
// 定义 HelloService 服务
type HelloService struct{}
func (s HelloService) Sayhello(ctx context.Context, a, b string) (string, 
error) {
    fmt.Println("用户提交的是", b)
    return a + b, nil                          //返回客户端
}
```

3. 开发端点层

端点层定义了一个名为“HelloEndpoint”的端点，实际应用中的微服务程序往往不止一个端点，为方便管理，通常将所有端点置于一个端点集（本例为 Endpoints 结构体）中；另外，还需要定义创建端点的函数，本例定义了 MakeHelloEndpoint 函数用于生成 HelloEndpoint 端点的实例。

程序代码如下（endpoint.go）：

```
package kit
import (
```

```
    "MyKitGrpc/pb"
    "context"
    "git***.com/go-kit/kit/endpoint"        //Go-kit 框架的端点包
    "strings"
)
// 定义端点
type Endpoints struct {
    HelloEndpoint endpoint.Endpoint
}
func (ue Endpoints) Sayhello(ctx context.Context, a string, b string)
(string, error) {
    rsp, err := ue.HelloEndpoint(ctx, &pb.StringRequest{
        A: a,
        B: b,
    })
    return rsp.(*pb.StringResponse).Ret, err
}

// 定义请求结构体
type StringRequest struct {
    RequestType string `json:"request_type"`
    A           string `json:"a"`
    B           string `json:"b"`
}
// 定义响应结构体
type StringResponse struct {
    Result string `json:"result"`
    Error  error  `json:"error"`
}

// 创建端点的函数
func MakeHelloEndpoint(srv Service) endpoint.Endpoint {
    return func(ctx context.Context, request interface{}) (response
interface{}, err error) {
        req := request.(StringRequest)
        var (
            rs, a, b string
            operr    error
        )
        a = req.A
        b = req.B
        if strings.EqualFold(req.RequestType, "Sayhello") {
            rs, _ = srv.Sayhello(ctx, a, b)
        }
        return StringResponse{Result: rs, Error: operr}, nil
    }
}
```

说明：在创建端点的 MakeHelloEndpoint 函数中用“if strings.EqualFold(req.RequestType,

"Sayhello") {...}”语句根据请求的类型（RequestType）来调用业务层接口中的具体方法（这里是Sayhello 方法）。

4．开发传输层

传输层将 HTTP 请求中的参数封装为对应的请求对象（解码）传递给端点执行，并将端点返回的响应结构体编码为对应的 HTTP 响应返回客户端，因此这一层的关键就是实现编/解码函数。

程序代码如下（transport.go）：

```
    package kit
    import (
        "MyKitGrpc/pb"
        "context"
        "git***.com/go-kit/kit/transport/grpc" //Go-kit 框架支持 gRPC 框架的包
    )
    // 定义 RPC 服务器结构体
    type grpcServer struct {
        sayhello grpc.Handler
    }
    func (s *grpcServer) Sayhello(ctx context.Context, req *pb.StringRequest)
(*pb.StringResponse, error) {
        _, rsp, _ := s.sayhello.ServeGRPC(ctx, req)
        return rsp.(*pb.StringResponse), nil
    }
    // 创建 RPC 服务器
    func NewHelloServer(_ context.Context, eps Endpoints) pb.HelloServiceServer {
        return &grpcServer{
            sayhello: grpc.NewServer(
                eps.HelloEndpoint,
                DecodeStringRequest,
                EncodeStringResponse,
            ),
        }
    }
    // 解码函数
    func DecodeStringRequest(_ context.Context, i interface{}) (interface{},
error) {
        req := i.(*pb.StringRequest)
        return StringRequest{
            RequestType: "Sayhello",
            A:           req.A,
            B:           req.B,
        }, nil
    }
    // 编码函数
    func EncodeStringResponse(_ context.Context, i interface{}) (interface{},
error) {
        rsp := i.(StringResponse)
```

```
    if rsp.Error != nil {
        return &pb.StringResponse{
            Ret: rsp.Result,
            Err: rsp.Error.Error(),
        }, nil
    }
    return &pb.StringResponse{
        Ret: rsp.Result,
        Err: "",
    }, nil
}
```

5．开发服务器

在分别开发好业务层、端点层和传输层这 3 层的程序后，通过写在 main 函数中的服务器端程序将各层代码统一组织起来，最终实现完整的微服务功能。

服务器端程序的源文件位于 kitgrpc 目录（kit 包外部），代码如下（server.go）：

```
package main
import (
    service "MyKitGrpc/kitgrpc/kit"
    "MyKitGrpc/pb"
    "context"
    "flag"
    "google.golang.org/grpc"
    "net"
)

func main() {
    flag.Parse()
    ctx := context.Background()
    helloEp := service.MakeHelloEndpoint(service.HelloService{})
    //本例应用仅开发了一个端点，如果应用有多个端点，则将其一并封装至 Endpoints 中
    eps := service.Endpoints{
        HelloEndpoint: helloEp,
    }
    server := service.NewHelloServer(ctx, eps)
    listener, _ := net.Listen("tcp", "127.0.0.1:8080")
    gRPCServer := grpc.NewServer()
    pb.RegisterHelloServiceServer(gRPCServer, server)
    gRPCServer.Serve(listener)
}
```

说明：上面的程序首先用端点层的 MakeHelloEndpoint 函数创建端点；然后调用传输层的 NewHelloServer 方法，传入该端点作为参数，建立 RPC 服务器；最后调用 gRPC 的 NewServer 方法，并对 RPC 服务器进行注册，就可以启动微服务了。

8.3.4　开发客户端

客户端程序的源文件也位于 kitgrpc 目录（与服务器端程序的源文件放在同一个目录下），代码如下（client.go）：

```
    package main
    import (
        service "MyKitGrpc/kitgrpc/kit"
        "MyKitGrpc/pb"
        "context"
        "flag"
        "fmt"
        grpctransport "git***.com/go-kit/kit/transport/grpc"
        "google.golang.org/grpc"
        "time"
    )

    func main() {
        var language string
        fmt.Print("请输入编程语言：")
        fmt.Scanln(&language)
        flag.Parse()
        ctx := context.Background()
        conn, _ := grpc.Dial("127.0.0.1:8080", grpc.WithInsecure(),
grpc.WithTimeout(1*time.Second))                //建立 gRPC 的 ClientConn 连接
        defer conn.Close()
        client := NewHelloClient(conn)
        rs, _ := client.Sayhello(ctx, "Hello,我爱", language+"语言！")
        fmt.Println(rs)
    }

    func NewHelloClient(conn *grpc.ClientConn) service.Service {
        var ep = grpctransport.NewClient(conn, //生成客户端实例
            "pb.HelloService",
            "Sayhello",
            DecodeStringRequest,
            EncodeStringResponse,
            pb.StringResponse{},
        ).Endpoint()                               //获取端点实例
        userEp := service.Endpoints{
            HelloEndpoint: ep,
        }
        return userEp
    }

    func DecodeStringRequest(_ context.Context, i interface{}) (interface{},
error) {
        return i, nil
```

```
    }

    func EncodeStringResponse(_ context.Context, i interface{}) (interface{}, error) {
        return i, nil
    }
```

说明：客户端首先使用 grpc.Dial 方法建立 gRPC 的 ClientConn 连接；然后通过 grpctransport.NewClient 方法生成对应的客户端实例，该方法需要传入要访问的微服务的名称（pb.HelloService）、远程方法名（Sayhello）、请求解码器（DecodeStringRequest）、响应编码器（EncodeStringResponse）及返回值的类型（定义在 proto 文件中的 StringResponse）；最后由客户端实例的 Endpoint 方法获取对应的端点实例。这样客户端程序就能使用该端点了，可以直接调用远程微服务的 Sayhello 方法来实现功能。

8.3.5 运行测试

在 GoLand 集成开发环境中右击服务器源文件，在弹出的快捷菜单中选择“Run 'go build server.go'”命令，运行并启动服务器监听，用同样的方法启动客户端运行，即可与服务器进行 RPC 交互。GoLand 集成开发环境底部会自动打开两个命令行子窗口，从客户端子窗口中输入编程语言名称，按回车键后可看到微服务发来的对该编程语言的问候，同时服务器端子窗口也会显示客户端提交的编程语言名称，运行过程如图 8.20 所示。

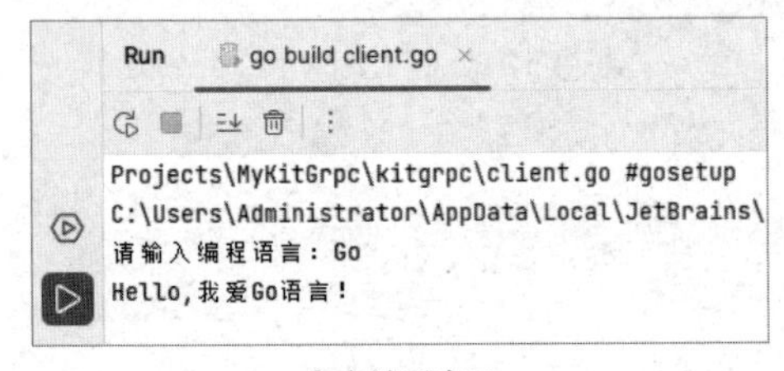

客户端子窗口

服务器端子窗口

图 8.20　运行过程

采用 Go-kit 框架与 gRPC 框架相结合的方式开发微服务，既能获得 gRPC 框架在编/解码上的高性能，又能充分发挥 Go-kit 框架强大的服务治理能力，这是目前十分流行的微服务开发模式。

第 9 章

Go 语言基础实训：日期-星期计算器

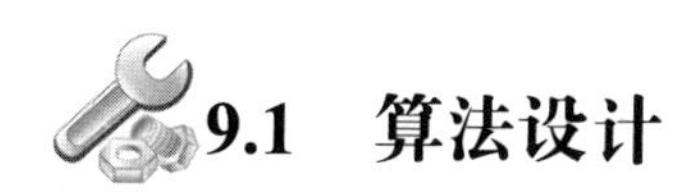

9.1 算法设计

9.1.1 算法思路与执行步骤

本章综合运用第 2 章所学的 Go 语言基础语法知识，设计实现一个“日期-星期计算器”，它能够接收用户指定的任意日期、验证输入合法性，以及自动换算出该日期是当年中的第几天和星期几。为简单起见，本实训以 1980 年 1 月 1 日（星期二）作为起始日期，用户只能指定起始日期之后的某个日期让程序来换算。

1．算法思路

一周是 7 天，起始日期的前一日（1979 年 12 月 31 日）为星期一，将总天数加 1 再对 7 取余，就可以得到所求日期是星期几，计算公式如下：

星期几 ＝ (1+总天数) ％ 7

式中，

总天数 ＝ [平年累计天数] ＋ [闰年累计天数] ＋ 当年前几个月累计天数 ＋ 本月天数

说明： 如果用户指定的日期正好是 1980 年当年的某日，则上式前两项（平年累计天数、闰年累计天数）的值均为 0（可省略），只需计算后两项的和。

又注意到：平年有 365 天，而 365%7=1，为简化计算，每年的天数只需累计 1，若遇闰年（366 天）则多加 1 天即可。这样一来，上面计算总天数的公式就可以写为：

总天数 ＝ [相距年数] ＋ [闰年数] ＋ 当年前几个月累计天数 ＋ 本月天数

2．执行步骤

按照上述算法思路，设计出程序执行的步骤，如下所示。

（1）显示程序版本信息及版权声明、变量声明。

（2）接收用户输入年份并验证输入合法性（如年份不能为负值、必须大于 1980 等）。

（3）接收用户输入月份并验证输入合法性（如月份值必须是 1～12 的整数）。

（4）接收用户输入日期并验证输入合法性（如小月日期值不能大于 30、大月日期值不能大于 31，而对于二月则要视平/闰年情况确定是否允许为 29）。

（5）计算该日期当年前几个月累计天数与本月天数（总天数公式中的后两项）之和。

（6）计算总天数。

（7）换算出是星期几。

（8）输出结果。

整个程序的运行流程如图 9.1 所示。

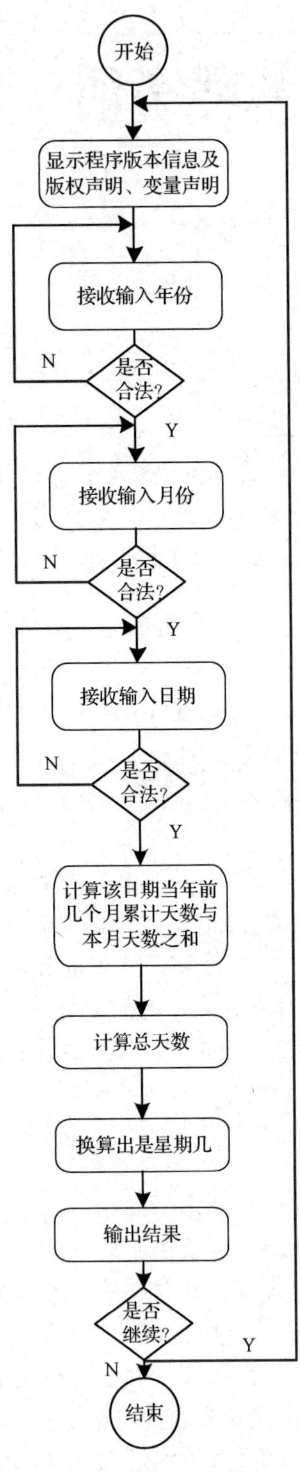

图 9.1　程序的运行流程

9.1.2　基础语法的应用

下面介绍 Go 语言的基础语法在本实训程序设计中的具体应用。

1. 程序运行流程设计：for 循环、goto 语句

本程序的运行流程采用 for 循环与 goto 语句相结合的方式加以控制，整个程序的运行流程位于一个大的 for 循环中，为保持程序的持续工作，设置循环条件恒为真（true），程序在运行时由用户根据需要按键盘上的特定键来决定是否继续运行。而对于用户不合法的输入，则通过 goto 语句跳转到指定位置来重新接收用户输入和进行验证。

程序主函数的总体框架代码如下：

```
func main() {
    for true {
        //输出程序版本信息及版权声明、变量声明
        ...
    YearInputLabel:
        //接收输入年份
        ...
        if !verify(year) {                  //验证输入合法性
            fmt.Println("年份值不合法！")
            goto YearInputLabel             //当输入不合法时跳转到指定标签重新输入
        }
    MonthInputLabel:
        //接收输入月份
        ...
        if !verify(month) {
            fmt.Println("月份值不合法！")
            goto MonthInputLabel
        }
    DayInputLabel:
        //接收输入日期
        if !verifyDay(year, month, day) {
            fmt.Println("日期值不合法！")
            goto DayInputLabel
        }
        //后续计算与换算、输出结果的代码
        ...
        fmt.Print("按 Q(q) 键退出，按其他任意键继续")
        var key string
        fmt.Scanln(&key)
        if key == "Q" || key == "q" {
            break
        }
    }
}
```

2. 验证函数设计：用签名定义函数类型

本程序用于验证输入年份合法性（verifyYear）与月份合法性（verifyMonth）的两个函数如下：

```
func verifyYear(y int) bool {             //验证年份合法性的函数
    if y < 1980 {
        return false
    } else {
        return true
    }
}
func verifyMonth(m int) bool {            //验证月份合法性的函数
    if m < 1 || m > 12 {
        return false
    } else {
        return true
    }
}
```

它们都接收一个整型的值作为参数，返回一个布尔型的结果（表示是否合法），因此这两个函数的签名是一样的，可定义成一个类型：

```
type verifyYM func(int) bool
```

这样定义之后，就可以在程序中将函数名作为值赋给 verifyYM 类型的变量，通过该变量来调用相应的函数，代码如下：

```
YearInputLabel:
    fmt.Print("请输入年份（>1980）：")
    fmt.Scanln(&year)
    verify = verifyYear                   //赋 verifyYear 函数，验证年份合法性
    if !verify(year) {
        fmt.Println("年份值不合法！")
        goto YearInputLabel
    }
MonthInputLabel:
    fmt.Print("请输入月份（1~12）：")
    fmt.Scanln(&month)
    verify = verifyMonth                  //赋 verifyMonth 函数，验证月份合法性
    if !verify(month) {
        fmt.Println("月份值不合法！")
        goto MonthInputLabel
    }
```

由于日期的取值范围与其所在月份、年份有关，因此验证日期合法性的函数 verifyDay 需要传入年、月、日 3 个参数，函数原型如下：

```
func verifyDay(y, m, d int) bool
```

这导致它的签名不同于验证年份和月份合法性的函数，因此不能定义成与这两者一样的函数类型。

3．累计函数设计：switch 语句

本程序专门设计了一个累计函数 accumulateYearDays 用于计算日期是当年中的第几天，因为有些月份的天数不一样，所以在累加时需要根据具体的月份来决定要加的天数。这种情况最适合采用 Go 语言的 switch 语句，而且 Go 语言的 switch 语句还有一个优点：其每一个 case 都是独立的代码块，程序每次仅执行满足条件的 case 后面的语句（而大多数语言是一次性执行到底），各分支之间不会产生干扰，而对功能相同的分支（如天数相同的月份 1、3、5、7、8、10、12 都要加 31 天）则可使用 fallthrough 语句来达到逻辑上的“合并”效果。

accumulateYearDays 函数代码如下：

```
func accumulateYearDays(y, m, d int) int {
    var days = 0
    for i := 1; i <= m-1; i++ {
        switch i {
        case 1:
            fallthrough
        case 3:
            fallthrough
        case 5:
            fallthrough
        case 7:
            fallthrough
        case 8:
            fallthrough
        case 10:
            fallthrough
        case 12:
            days += 31                          //大月全都加 31 天
        case 4:
            fallthrough
        case 6:
            fallthrough
        case 9:
            fallthrough
        case 11:
            days += 30                          //小月全都加 30 天
        case 2:
            if isLeap(y) {
                days += 29
            } else {
                days += 28
            }                                   //2 月则根据平/闰年情况单独处理
        }
    }
    days += d
    return days
}
```

除了这个累计函数，本程序验证日期合法性的 verifyDay 函数、输出星期几的 printWeekDay 函数也都充分应用了 switch 语句来实现特定功能，详见 9.2 节给出的完整程序代码。

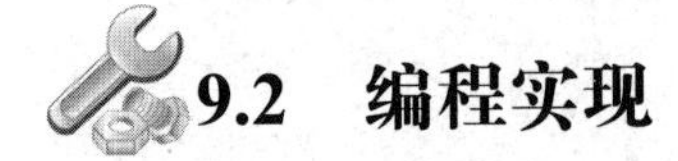

9.2 编程实现

9.2.1 编写程序

在 GoLand 集成开发环境下，选择“New”→“Project”命令，创建一个 Go 项目工程，将项目命名为 WeekCalculator，右击项目名，在弹出的快捷菜单中选择“New”→“Go File”命令，在弹出的“New Go File”提示框中输入程序源文件名 calweekday，在该文件中编写如下代码：

```
package main
import (
    "fmt"
    "time"
)
func isLeap(year int) bool {                    //判断闰年的函数
    if year%400 == 0 {
        return true
    } else if year%100 != 0 {
        if year%4 == 0 {
            return true
        } else {
            return false
        }
    } else {
        return false
    }
}

func verifyYear(y int) bool {                   //验证年份合法性的函数
    if y < 1980 {
        return false
    } else {
        return true
    }
}
func verifyMonth(m int) bool {                  //验证月份合法性的函数
    if m < 1 || m > 12 {
        return false
    } else {
        return true
    }
}

type verifyYM func(int) bool                    //为上面两个函数定义统一的函数类型
```

```
func verifyDay(y, m, d int) bool {      //验证日期合法性的函数
    if d < 1 {
        return false
    } else {
        switch m {
        case 1:
            fallthrough
        case 3:
            fallthrough
        case 5:
            fallthrough
        case 7:
            fallthrough
        case 8:
            fallthrough
        case 10:
            fallthrough
        case 12:
            if d > 31 {                  //大月不能超过 31 天
                return false
            }
        case 4:
            fallthrough
        case 6:
            fallthrough
        case 9:
            fallthrough
        case 11:
            if d > 30 {                  //小月不能超过 30 天
                return false
            }
        case 2:
            if isLeap(y) {
                if d > 29 {
                    return false
                }
            } else {
                if d > 28 {
                    return false
                }
            }                            //2 月则根据平/闰年情况单独处理
        }
        return true
    }
}

/** 累计函数：计算日期是当年中的第几天 */
```

```
func accumulateYearDays(y, m, d int) int {
    var days = 0
    for i := 1; i <= m-1; i++ {
        switch i {
        case 1:
            fallthrough
        case 3:
            fallthrough
        case 5:
            fallthrough
        case 7:
            fallthrough
        case 8:
            fallthrough
        case 10:
            fallthrough
        case 12:
            days += 31
        case 4:
            fallthrough
        case 6:
            fallthrough
        case 9:
            fallthrough
        case 11:
            days += 30
        case 2:
            if isLeap(y) {
                days += 29
            } else {
                days += 28
            }
        }
    }
    days += d
    return days
}

/** 输出函数：显示日期是星期几 */
func printWeekDay(week int) string {
    switch week {
    case 0:
        return "星期日（Sunday）"
    case 1:
        return "星期一（Monday）"
    case 2:
        return "星期二（Tuesday）"
    case 3:
```

```
            return "星期三（Wednesday）"
        case 4:
            return "星期四（Thursday）"
        case 5:
            return "星期五（Friday）"
        case 6:
            return "星期六（Saturday）"
        default:
            return ""
        }
}

func main() {
        for true {
            //输出程序版本信息及版权声明
            fmt.Println("==========================================")
            fmt.Println("           日期-星期计算器 V1.0")
            fmt.Println(" Copyright©2010～2024 easybooks 版权所有")
            fmt.Println("==========================================")
            //变量声明
            var year, month, day int
            var verify verifyYM
        //接收输入年份
        YearInputLabel:
            fmt.Print("请输入年份（>1980）：")
            fmt.Scanln(&year)
            verify = verifyYear
            if !verify(year) {
                fmt.Println("年份值不合法！")
                goto YearInputLabel
            }
        //接收输入月份
        MonthInputLabel:
            fmt.Print("请输入月份（1～12）：")
            fmt.Scanln(&month)
            verify = verifyMonth
            if !verify(month) {
                fmt.Println("月份值不合法！")
                goto MonthInputLabel
            }
        //接收输入日期
        DayInputLabel:
            fmt.Print("请输入日期（1～31）：")
            fmt.Scanln(&day)
            if !verifyDay(year, month, day) {
                fmt.Println("日期值不合法！")
                goto DayInputLabel
            }
```

```
            //合成完整日期
            date := time.Date(year, time.Month(month), day, 0, 0, 0, 0, time.Local)
            //累计当年天数
            var days = accumulateYearDays(year, month, day)
            //计算总天数
            var total = year - 1980 + (year-1980+3)/4 + days
            //换算出是星期几
            var week = (1 + total) % 7
            //输出结果
            fmt.Println("您输入的", date.Format("2006-01-02"), "是", year, "年的第",
days, "天，是", printWeekDay(week), "。")
            fmt.Print("按 Q(q) 键退出，按其他任意键继续")
            var key string
            fmt.Scanln(&key)
            if key == "Q" || key == "q" {
                break
            }
        }
    }
```

说明：上面代码中计算总天数使用语句“var total = year - 1980 + (year-1980+3)/4 + days”，其中，year - 1980 是指定日期的年与 1980 相距的年数，(year-1980+3)/4 则是该日期与 1980 年间的闰年数。特殊情况：当 year=1980 年为闰年时，因为当年的闰年值不计入，所以(year-1980+3)/4=0；而当 year 为 1981—1983 年时，则应计入 1980 年的闰年值，即(year-1980+3)/4=1。

9.2.2 运行测试

在 GoLand 集成开发环境下启动程序，输入一个合法日期的运行结果如图 9.2 所示。

若输入的年份、月份、日期中有任何一部分是不合法的，则会提示用户重新输入，直到输入的值正确为止，如图 9.3 所示。

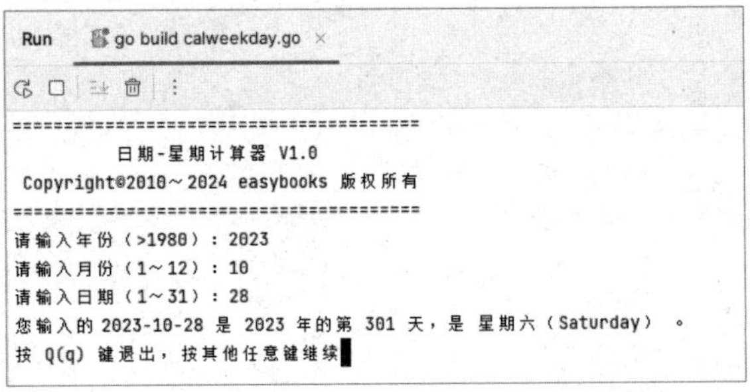

```
Run   go build calweekday.go ×
========================================
         日期-星期计算器 V1.0
 Copyright©2010～2024 easybooks 版权所有
========================================
请输入年份（>1980）：2023
请输入月份（1～12）：10
请输入日期（1～31）：28
您输入的 2023-10-28 是 2023 年的第 301 天，是 星期六（Saturday） 。
按 Q(q) 键退出，按其他任意键继续
```

图 9.2　输入合法日期的运行结果

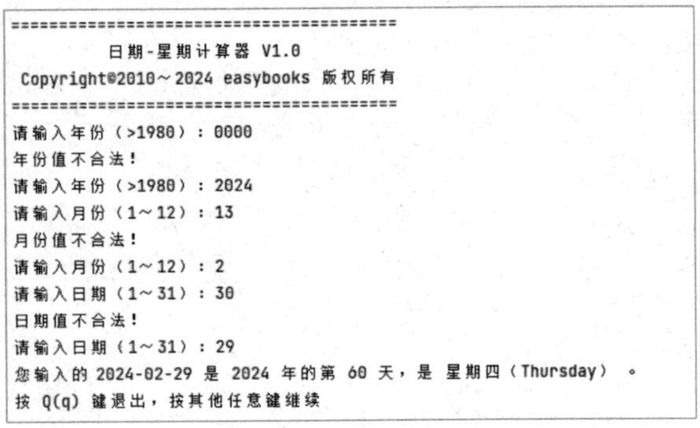

```
========================================
         日期-星期计算器 V1.0
 Copyright©2010～2024 easybooks 版权所有
========================================
请输入年份（>1980）：0000
年份值不合法！
请输入年份（>1980）：2024
请输入月份（1～12）：13
月份值不合法！
请输入月份（1～12）：2
请输入日期（1～31）：30
日期值不合法！
请输入日期（1～31）：29
您输入的 2024-02-29 是 2024 年的第 60 天，是 星期四（Thursday） 。
按 Q(q) 键退出，按其他任意键继续
```

图 9.3　输入的值不合法时提示用户重新输入

第 10 章

Go 语言面向对象和并发实训：高铁订票系统

10.1　系统设计

本章综合运用第 3、4 章所学的 Go 语言面向对象及并发编程知识，以及第 6、7 章所学的数据库和网络编程技术，设计实现一个“高铁订票系统”。它由服务器和客户端组成，用户通过终端（客户端）以 TCP 连接服务器（票务服务器），服务器针对每个终端都创建一个单独的协程与之交互，用户在终端上可查询指定出发地和目的地之间尚有余票的所有车次信息，以及订票。乘客的身份信息、列车车次信息及预订车票的记录被保存在 SQL Server 中，服务器借助 Gorm 框架，以面向对象的方式操作后台数据库来存取票务数据。“高铁订票系统”架构如图 10.1 所示。

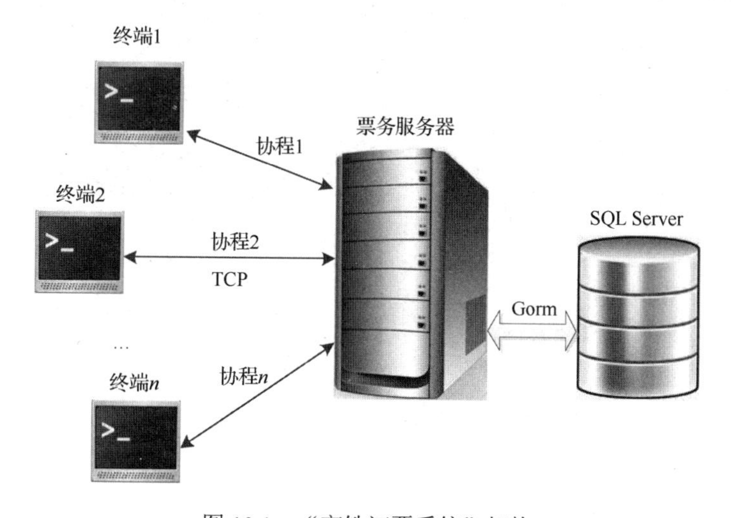

图 10.1　“高铁订票系统”架构

10.1.1　背景知识

1．高铁车票

高铁车票是乘坐高速铁路列车的票务凭证。有别于普通的火车票，高铁车票的颜色一般为蓝色，车次编号一般是以“G”开头的一串数字，车票上以箭头醒目标注了出发地和目的地，出发地下方印有具体的发车时间，目的地下方则是此张车票所对应的车厢、座排和位置等信息，如图 10.2 所示。

图 10.2　高铁车票

本实训系统是命令行程序，用户订票后，车票信息以文字形式返回终端，如图 10.3 所示。

```
您已预订 G6331次（潮汕→深圳北） 05车12F号 二等座，2024-07-29 20:57 开。
```

图 10.3　用户订票后返回终端的车票信息

2．车厢布局

高铁车厢按规格档次的不同分为一等座、二等座和商务座，而不同规格车厢的座位布局也不一样，一个班次列车通常有 8 节或 16 节车厢。

最普遍的二等座车厢采用的是“3+2”布局模式，每节车厢内都有 20 排座位，每排都有 3+2 个（一共 5 个）座位，分别以 A、B、C、D、F 字母命名，座位 C 和座位 D 之间是过道，座位 A 和座位 F 在靠窗的位置，座位 A、座位 B、座位 C 挨在一起，座位 D 和座位 F 挨在一起。二等座车厢布局如图 10.4 所示。

图 10.4　二等座车厢布局

本实训以二等座车厢为参照来设计程序订票时分配座位的逻辑。为简单起见，我们假定每个车次都是固定的 8 节车厢，每节车厢内都有 20 排座位，每排都有 5 个座位，实际情况肯定比这个要复杂得多。

3．购票规则

购买高铁车票一般需要使用实名信息，刷二代身份证，铁路票务系统通过有关部门授权可以查询到用户的实名信息，同时进行身份确认和征信记录的审查。用户使用一张身份证不能购买同一车次的两张高铁车票，但是可以根据行程需要使用一张身份证购买多张不同车次的高铁车票。

为简化系统开发流程，本实训将乘客的身份信息、列车车次信息及预订车票的记录全都存储在同一个数据库中（这样就可不涉及跨系统的数据库访问），并且省去了对用户征信记录的审查，但程序逻辑仍要确保使用一张身份证只能预订同一车次的唯一车票，若用户在某个车次上反复进行订票操作，则系统能检测出来并返回该用户已定的车票信息，而不会重复订票或另订新票。

10.1.2　数据库设计

本系统后台使用的数据库为 SQL Server，数据库名称为 TicketReserve，其中创建了 3 张表：passengers（乘客）表、trains（列车）表和 tickets（车票）表。

1．passengers 表

passengers 表用来存储乘客的身份信息，在实际的订票系统中，该表的数据通过有关部门授权获得。passengers 表结构如表 10.1 所示。

表 10.1　passengers 表结构

项 目 名	字 段 名	数 据 类 型	长 度	说 明
身份证号	id	char	18	主键
姓名	name	varchar	8	
性别	sex	bit	1	

创建 passengers 表后，往其中录入几条测试用的乘客身份信息记录，如图 10.5 所示。

id	name	sex
320102196****2321X	easy	1
320623198****5001X	周何骏	1
500231197****2203X	孙瑞涵	0

图 10.5　passengers 表记录

2．trains 表

trains 表用来存储列车车次信息，包括车次、出发地、目的地、发车时间、余票。trains 表结构如表 10.2 所示。

表 10.2　trains 表结构

项 目 名	字 段 名	数 据 类 型	长 度	说 明
车次	num	char	5	主键
出发地	start	varchar	8	
目的地	dest	varchar	8	
发车时间	departure	datetime	默认	
余票	remain	int	默认	

创建 trains 表后，往其中录入一些测试用的列车车次信息记录，如图 10.6 所示。

num	start	dest	departure	remain
G105	南京南	上海虹桥	2024-04-22 11:47:00.000	120
G107	南京南	上海虹桥	2024-04-22 11:57:00.000	200
G1911	南京南	上海虹桥	2024-04-22 11:51:00.000	100
G6331	潮汕	深圳北	2024-07-29 20:57:00.000	158
G7011	南京	上海	2024-05-08 12:00:00.000	9

图 10.6　trains 表记录

3. tickets 表

tickets 表用来存储乘客预订车票的记录，车次、车厢、座排和位置唯一地确定了一张高铁车票。tickets 表结构如表 10.3 所示。

表 10.3 tickets 表结构

项 目 名	字 段 名	数 据 类 型	长 度	说 明
车次	num	char	5	主键
车厢	coach	int	默认	主键
座排	row	int	默认	主键
位置	pos	char	1	主键
身份证号	id	char	18	预订这张车票的乘客的身份证号

tickets 表的记录在用户订票时由票务服务器端程序生成和写入。

10.1.3 类（结构）设计

本系统采用面向对象方式构建，依据订票过程中所涉及的对象实体及应用需求，设计如下几个类（结构）。

1. 乘客类 Passenger

乘客作为订票的主体，肯定是一个类，该类的属性对应 passengers 表中的字段，这样设计出的乘客类既可以在程序中作为对象实体使用，也便于将乘客的实名信息持久化到数据库中。

乘客类 Passenger 的定义如下（Passenger.go）：

```
package util
type Passenger struct {
    Id   string `json:"id"`              //身份证号
    Name string `json:"name"`            //姓名
    Sex  bool   `json:"sex"`             //性别
}
```

2. 列车类 Train

必须定义一个类用来存储列车车次信息。同样地，它的属性对应 trains 表中的字段，另外，该类有一个 PrintSelf 方法用于打印输出本车次信息。

列车类 Train 及其 PrintSelf 方法的定义如下（Train.go）：

```
package util
import (
    "fmt"
    "time"
)
type Train struct {
    Num       string    `json:"num"`            //车次
    Start     string    `json:"start"`          //出发地
    Dest      string    `json:"dest"`           //目的地
    Departure time.Time `json:"departure"` //发车时间
```

```
    Remain    int       `json:"remain"`        //余票
}

func (pt *Train) PrintSelf() {                  //打印输出本车次信息的方法
    fmt.Print(pt.Num, "\t", pt.Start, "\t")
    if len(pt.Dest) == 12 {
        fmt.Print(pt.Dest, "\t")
    } else {
        fmt.Print(pt.Dest, "\t\t")
    }
    fmt.Println(pt.Departure.Format("2006-01-02 15:04"), "\t", pt.Remain)
}
```

3．车票类 Ticket

车票是乘客所订的对象，当然也是一个类，它的属性对应 tickets 表中的字段。

车票类 Ticket 的定义如下（Ticket.go）：

```
package util
type Ticket struct {
    Num   string `json:"num"`             //车次
    Coach int    `json:"coach"`           //车厢
    Row   int    `json:"row"`             //座排
    Pos   string `json:"pos"`             //位置
    Id    string `json:"id"`              //身份证号
}
```

4．列车时刻表类 TrainList

当用户通过终端查询车次信息时，系统要能检索出所有符合要求（出发地及目的地匹配且有余票）的车次信息记录并以整齐的列表显示出来，因此需要通过定义一个专门的类来实现该功能。为此，定义一个列车时刻表类 TrainList，它的 PrintList 方法负责打印输出车次列表。

列车时刻表类 TrainList 及其 PrintList 方法的定义如下（TrainList.go）：

```
package util
import "fmt"
type TrainList struct {
    Route  string  `json:"route"`         //路径（出发地—目的地）
    Trains []Train `json:"trains"`        //符合要求的车次信息记录
}

func (ptl *TrainList) PrintList() {     //打印输出车次列表的方法
    fmt.Println("                    " + ptl.Route + "列车时刻表")
    fmt.Println("车次\t 始发站\t 终点站\t\t 发车时间\t\t 余票")
    fmt.Println("------------------------------------------------------------")
    for _, t := range ptl.Trains {
        t.PrintSelf()
    }
    fmt.Println("------------------------------------------------------------")
}
```

TrainList 类将符合要求的列车类 Train 对象的数组作为其成员 Trains 属性，且 PrintList 方法在通过 for 语句遍历该对象数组的过程中，直接调用其中每一个对象元素的 PrintSelf 方法打印自身车次信息，这样 PrintList 方法代码就只需关注列表的整体样式而不用管每一个具体车次信息的格式化打印细节，从中可见面向对象的“封装”特征带来的好处。

5. 已被预订车票集合类 TicketSet

当用户想订某个车次的车票时，系统必须清楚地“知道”该车次有哪些车票已被预订了，据此才能准确地选取出余票分配给用户，为此需要设计一个用于存储已被预订车票的集合类 TicketSet。

已被预订车票集合类 TicketSet 的定义如下（TicketSet.go）：

```
package util
type TicketSet struct {
    Num     string   `json:"num"`          //车次
    Tickets []Ticket `json:"tickets"`  //已被预订车票的集合
}

func (pts *TicketSet) GetSeatArray() [8][20][5]bool {
    var seats [8][20][5]bool
    for _, t := range pts.Tickets {
        var c, r, p int
        c = t.Coach - 1
        r = t.Row - 1
        switch t.Pos {
        case "A":
            p = 0
        case "B":
            p = 1
        case "C":
            p = 2
        case "D":
            p = 3
        case "F":
            p = 4
        }
        seats[c][r][p] = true
    }
    return seats
}
```

TicketSet 类的 GetSeatArray 方法返回一个 8×20×5（二等座车厢）的多维布尔数组 seats，其中的数组元素标记了该车次上每个座位的分配情况，true 表示已被预订；false 表示空闲。主程序代码通过调用 GetSeatArray 方法来了解本次列车所有车票的预订状态，从而执行订票逻辑。

6. 预订记录类 Reservation

用户每一次成功的订票操作都会产生一条预订记录，它由两部分构成：一是车票座位信息；二是所在列车的车次信息（出发地、目的地、发车时间）。这两部分信息要合并在一起形成完整的车票信息并以文字形式返回终端显示给用户，所以要专门定义一个类来实现此功能，该类中的 PrintSelf 方法用来整合输出完整车票信息。

预订记录类 Reservation 及其 PrintSelf 方法的定义如下（Reservation.go）：

```
package util
import (
    "fmt"
)
type Reservation struct {
    Ticket Ticket                              //含车票座位信息
    Train  Train                               //含所在列车的车次信息
}

func (pr *Reservation) PrintSelf() {       //整合输出完整车票信息的方法
    fmt.Print("您已预订 ", pr.Ticket.Num, "次（", pr.Train.Start, "→",
pr.Train.Dest, "）")
    fmt.Printf(" %02d 车%02d%s 号二等座，", pr.Ticket.Coach, pr.Ticket.Row,
pr.Ticket.Pos)
    fmt.Println(pr.Train.Departure.Format("2006-01-02 15:04"), "开。")
}
```

7. 类在 Go 项目工程中的组织

由于本系统的主程序无论是服务器还是终端都要使用上面定义的这些类，因此将它们作为工具类统一置于项目的一个公共包中。

在 GoLand 集成开发环境下，选择“New”→“Project”命令，创建本实训的 Go 项目工程，将项目命名为 BookingSystem，右击项目名，在弹出的快捷菜单中选择“New” → “Directory” 命令，在弹出的 “New Directory” 提示框中输入目录名（包名）util，将以上定义的所有类的源文件都置于 util 包下，如图 10.7 所示。

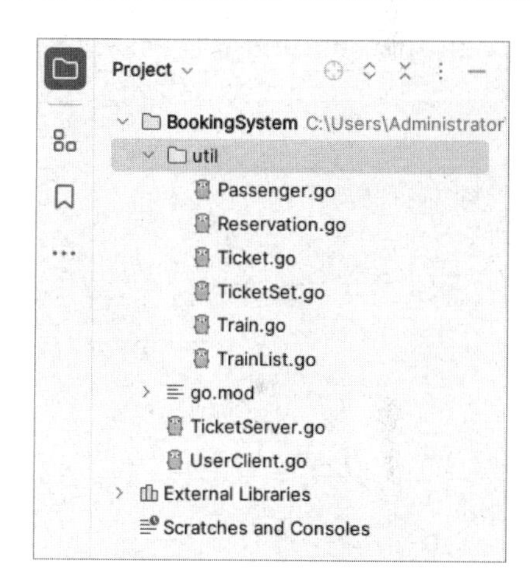

图 10.7　util 包下所有类的源文件

10.1.4　多协程并发设计

订票系统属于高并发的互联网应用系统，需要采用多协程并发工作的模式来提高系统性能。本系统的票务服务器 TicketServer 针对每一个终端 UserClient 都创建了一个单独的协程与之交互，并且在互动过程中当前协程还会针对不同的任务创建出多个独立的子协程，这样可避免无谓的等待，提高多任务执行的并发度。

下面先给出服务器端多协程启动配合的程序框架，让读者对本系统工作的并发原理有一个整体了解（TicketServer.go）：

```
package main
import (
    ...
)
//定义 SQL Server 的连接字符串
```

```
    var connstr = "server=localhost;user
id=sa;password=123456;port=1433;database=TicketReserve;"

    func handleLogin(conn net.TCPConn) {    //处理用户登录的协程函数
        //先接收身份证号
        ...
        //用身份证号检索乘客的实名信息
        ...
        //向终端发出问候
        conn.Write([]byte(name + sex + ", 您好! "))
        go handleQuery(conn)                    //启动查询协程
        go handleReserve(conn, id)              //启动订票协程
        go handleLogout(conn, id)               //启动退出协程
    }

    func handleQuery(conn net.TCPConn) {    //处理车次查询的协程函数
        //执行查询逻辑的代码
        ...
    }

    func handleReserve(conn net.TCPConn, id string) {
                                                //处理车票预订的协程函数
        //执行订票逻辑的代码
        ...
    }

    func handleLogout(conn net.TCPConn, id string) {
                                                //处理用户退出的协程函数
        defer conn.Close()
        //执行退出处理的代码
    }

    func main() {
        addr, _ := net.ResolveTCPAddr("tcp", "127.0.0.1:12306")
        listener, _ := net.ListenTCP("tcp", addr)
        defer listener.Close()
        for {
            conn, _ := listener.AcceptTCP() //接收连接请求
            go handleLogin(*conn)           //启动登录协程
        }
    }
```

可见，终端以 TCP 连接上服务器，服务器首先启动 handleLogin（登录协程）向终端发出问候。登录协程在问候过后就退出了，将接下来的任务分别交给 3 个独立的协程，即 handleQuery（查询协程）、handleReserve（订票协程）和 handleLogout（退出协程）。handleQuery 协程负责查询车次信息并以列表形式返回终端显示给用户；handleReserve 协程负责接收用户的订票请求并为其分配车票；handleLogout 协程则负责接收用户的退出命令，处理 TCP 连接关闭等任务。

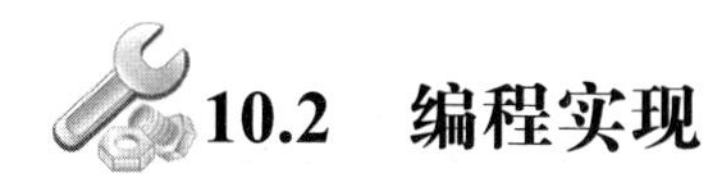

10.2　编程实现

10.2.1　编写程序

本实训系统的主程序包括票务服务器和终端两部分。

1. 票务服务器

在 BookingSystem 项目工程中创建源文件 TicketServer.go，在其中编写票务服务器的代码：

```
package main
import (
    "BookingSystem/util"
    "encoding/json"
    "fmt"
    "git***.com/jinzhu/gorm"
    _ "git***.com/jinzhu/gorm/dialects/mssql"
                                        //使用 Gorm 框架兼容的 SQL Server 驱动程序
    "net"
    "strings"
    "time"
)
//定义 SQL Server 的连接字符串
var connstr = "server=localhost;user
id=sa;password=123456;port=1433;database=TicketReserve;"

func handleLogin(conn net.TCPConn) {      //处理用户登录的协程函数
    //先接收身份证号
    identity := make([]byte, 18)          //身份证号的固定长度是 18 位
    len, _ := conn.Read(identity)
    id := strings.Trim(string(identity[:len]), "\r\n")
    fmt.Println(time.Now().Format("2006-01-02 15:04:05"), "身份证号", id, "用
户登录。")
    //用身份证号检索乘客的实名信息
    mydb, _ := gorm.Open("mssql", connstr)
    defer mydb.Close()
    rs := []util.Passenger{}
    mydb.Find(&rs)
    var name, sex string
    for _, p := range rs {
        if p.Id == id {
            name = p.Name
            if p.Sex {
                sex = "先生"
            } else {
                sex = "女士"
            }
            break
```

```
        }
    }
    //向终端发出问候
    conn.Write([]byte(name + sex + ", 您好! "))
    go handleQuery(conn)                //启动查询协程
    go handleReserve(conn, id)          //启动订票协程
    go handleLogout(conn, id)           //启动退出协程
}

func handleQuery(conn net.TCPConn) {    //处理车次查询的协程函数
    for true {
        route := make([]byte, 20)
        len, _ := conn.Read(route)
        message := strings.Trim(string(route[:len]), "\r\n")
        if strings.ContainsRune(message, '-') {
            mydb, _ := gorm.Open("mssql", connstr)
            defer mydb.Close()
            rs := []util.Train{}
            start := strings.Split(message, "-")[0]
            dest := strings.Split(message, "-")[1]
            mydb.Where("start LIKE ?", start+"%").Where("dest LIKE ?",
dest+"%").Where("remain > 0").Find(&rs)
            list := util.TrainList{
                Route:  message,
                Trains: rs,
            }
            bytes, _ := json.Marshal(list)          //序列化
            conn.Write(bytes)
            break
        }
    }
}

func handleReserve(conn net.TCPConn, id string) {  //处理车票预订的协程函数
    for true {
        number := make([]byte, 5)
        len, _ := conn.Read(number)
        message := strings.Trim(string(number[:len]), "\r\n")
        if strings.ContainsRune(message, 'G') {
            mydb, _ := gorm.Open("mssql", connstr)
            defer mydb.Close()
            ticket := util.Ticket{}
            mydb.Where("num = ?", message).Where("id = ?", id).Find(&ticket)
            //该用户已预订此车次的车票
            if ticket.Num != "" {
                train := util.Train{}
                mydb.Where("num = ?", message).Find(&train)
                reservation := util.Reservation{
```

```
                Ticket: ticket,
                Train:  train,
            }
            bytes, _ := json.Marshal(reservation)
            conn.Write(bytes)
            break
        }
        //该用户之前未预订过此车次的车票
        rs := []util.Ticket{}
        mydb.Where("num = ?", message).Find(&rs)
        set := util.TicketSet{
            Num:     message,
            Tickets: rs,
        }
        seats := set.GetSeatArray()//获取本次列车所有车票的预订状态
    FoundLabel:
        for c := 0; c < 8; c++ {
            for r := 0; r < 20; r++ {
                for p := 0; p < 5; p++ {
                    if !seats[c][r][p] {    //遍历找到第一个未被分配的车票
                        ticket := util.Ticket{}
                        ticket.Num = message
                        ticket.Coach = c + 1
                        ticket.Row = r + 1
                        switch p {
                        case 0:
                            ticket.Pos = "A"
                        case 1:
                            ticket.Pos = "B"
                        case 2:
                            ticket.Pos = "C"
                        case 3:
                            ticket.Pos = "D"
                        case 4:
                            ticket.Pos = "F"
                        }
                        ticket.Id = id
                        tx := mydb.Begin()       //开始一个事务
                        err := tx.Save(&ticket).Error
                                                 //保存预订记录（tickets 表）
                        if err != nil {
                            tx.Rollback()
                        }
                        train := util.Train{}
                        err = tx.Where("num = ?", message).Find(&train).Error
                                                 //获取对应的车次
                        if err != nil {
                            tx.Rollback()
```

```
                                }
                                err = tx.Model(train).Where("num = ?",
message).Update("remain", gorm.Expr("remain - ?", 1)).Error //余票数减 1（trains 表）
                                if err != nil {
                                    tx.Rollback()
                                }
                                tx.Commit()              //提交事务
                                reservation := util.Reservation{
                                    Ticket: ticket,
                                    Train:  train,
                                }
                                bytes, _ := json.Marshal(reservation)
                                conn.Write(bytes)
                                break FoundLabel
                            }
                        }
                    }
                }
                break
            }
        }
    }

    func handleLogout(conn net.TCPConn, id string) {    //处理用户退出的协程函数
        defer conn.Close()
        for true {
            key := make([]byte, 15)
            len, _ := conn.Read(key)
            message := strings.Trim(string(key[:len]), "\r\n")
            if message == "Q" || message == "q" {
                fmt.Println(time.Now().Format("2006-01-02 15:04:05"), "身份证号",
id, "用户退出。")
                conn.Write([]byte("你已经退出了。"))
                break
            }
        }
    }

    func main() {
        addr, _ := net.ResolveTCPAddr("tcp", "127.0.0.1:12306")
        listener, _ := net.ListenTCP("tcp", addr)
        defer listener.Close()
        for {
            conn, _ := listener.AcceptTCP()                  //接收连接请求
            go handleLogin(*conn)                           //启动登录协程
        }
    }
```

说明：

（1）本程序首先将保存车次列表的 TrainList 对象以及保存预订记录的 Reservation 对象以 JSON 格式序列化（用 json.Marshal 函数）后发给终端，再由终端程序解析显示其中的信息内容。

（2）订票过程中保存预订记录和余票数减 1 的操作是不可分割的，必须放在一个事务中完成。

2．终端

在 BookingSystem 项目工程中创建源文件 UserClient.go，在其中编写终端的代码：

```
package main
import (
    "BookingSystem/util"
    "bufio"
    "encoding/json"
    "fmt"
    "net"
    "os"
)

func main() {
    fmt.Println("==========================================")
    fmt.Println("          中国高铁订票系统 V1.0")
    fmt.Println(" Copyright©2010～2024 easybooks 版权所有")
    fmt.Println("==========================================")
    addr, _ := net.ResolveTCPAddr("tcp", "127.0.0.1:12306")
    conn, _ := net.DialTCP("tcp", nil, addr)
    fmt.Print("请扫描二代身份证：")
    rd := bufio.NewReader(os.Stdin)
    identity, _ := rd.ReadString('\n')
    conn.Write([]byte(identity))                //向服务器上传（发送）身份证号
    notice := make([]byte, 30)
    len, _ := conn.Read(notice)
    fmt.Println(string(notice[:len]))
    for true {
        var start, dest, num string
        fmt.Print("出发地：")
        fmt.Scanln(&start)
        fmt.Print("目的地：")
        fmt.Scanln(&dest)
        conn.Write([]byte(start + "-" + dest)) //请求服务器查询车次信息
        listdata := make([]byte, 64*1024*1024)
        len, _ = conn.Read(listdata)
        var list util.TrainList
        json.Unmarshal(listdata[:len], &list)  //反序列化解析车次列表信息
        list.PrintList()//调用 TrainList 类的 PrintList 方法打印输出车次列表信息
        fmt.Print("预定车次：")
        fmt.Scanln(&num)
        conn.Write([]byte(num))                //向服务器请求预订该车次的车票
        reservedata := make([]byte, 1024)
        len, _ = conn.Read(reservedata)
        var reserve util.Reservation
```

```
        json.Unmarshal(reservedata[:len], &reserve)
                                                //反序列化解析车票预订记录
        reserve.PrintSelf()//调用 Reservation 类的 PrintSelf 方法整合输出完整车票信息
        fmt.Print("按 Q(q) 键退出")
        var key string
        fmt.Scanln(&key)
        if key== "Q" || key == "q" {
            conn.Write([]byte(key))             //向服务器发送退出命令
            len, _ = conn.Read(notice)
            fmt.Println(string(notice[:len]))   //显示服务器的应答
            break
        }
    }
}
```

可见，经过面向对象的设计和封装，终端只需调用相应类的方法就能轻松显示和解析所需的信息内容，这不仅简化了代码，也让程序更易于理解和维护。

10.2.2 运行测试

在 GoLand 集成开发环境下先启动票务服务器端程序，再启动终端程序，系统发出欢迎问候语并根据登录用户实名信息的“sex”（性别）字段区分问候语中的“先生”“女士”称谓；等待用户输入要查询的出发地和目的地，显示符合要求（尚有余票）的车次信息列表；当用户输入确定要预订的车次后，系统执行订票逻辑，成功后返回终端用户相应的车票信息。此外，从票务服务器上还可查看到不同身份用户登录和退出系统的记录。运行过程如图 10.8 所示。

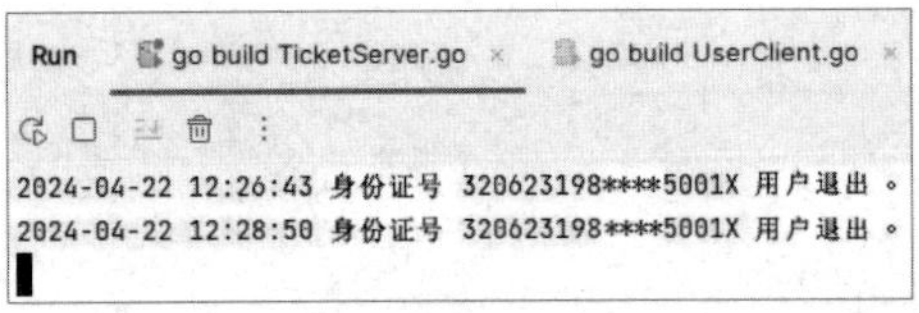

```
Run   go build TicketServer.go ×   go build UserClient.go ×
2024-04-22 12:26:43 身份证号 320623198****5001X 用户退出 。
2024-04-22 12:28:50 身份证号 320623198****5001X 用户退出 。
```

票务服务器输出

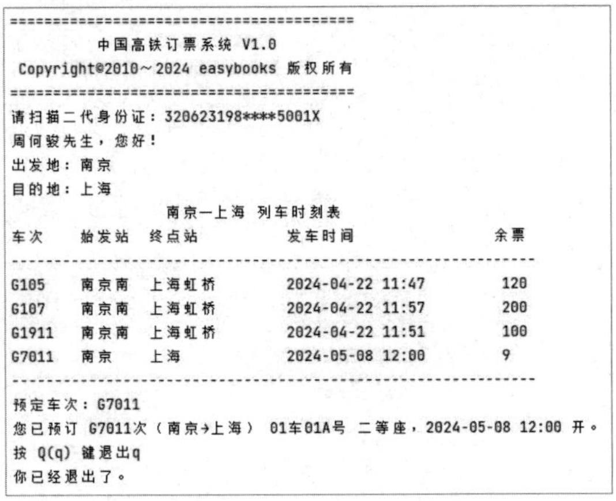

```
========================================
          中国高铁订票系统 V1.0
 Copyright©2010～2024 easybooks 版权所有
========================================
请扫描二代身份证：320623198****5001X
周何骏先生，您好！
出发地：南京
目的地：上海
                南京—上海 列车时刻表
车次    始发站  终点站          发车时间              余票
------------------------------------------------------------
G105    南京南  上海虹桥        2024-04-22 11:47        120
G107    南京南  上海虹桥        2024-04-22 11:57        200
G1911   南京南  上海虹桥        2024-04-22 11:51        100
G7011   南京    上海            2024-05-08 12:00        9
------------------------------------------------------------
预定车次：G7011
您已预订 G7011次（南京→上海） 01车01A号 二等座，2024-05-08 12:00 开。
按 Q(q) 键退出q
你已经退出了。
```

终端输出

图 10.8 运行过程

按图 10.8 所示运行程序后，从后台数据库的 tickets 表中就可以看到所预订的车票记录，如图 10.9 所示。

对象 | tickets @TicketReserve.dbo (sqlsrv) ...
开始事务 文本 筛选 排序 导入 导出

num	coach	row	pos	id
G7011	1	1	A	320623198****5001X

图 10.9 数据库中的预订车票记录

第 11 章

与 Go 语言微服务交互文件实训：Python 网上商店

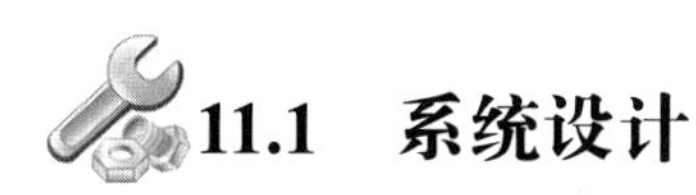11.1　系统设计

Go 和 Python 是当下非常流行的两种编程语言，本章将它们结合应用，开发一个“网上商店”，其中主要用到第 6 章文件（CSV、Excel）操作及第 8 章微服务开发的相关知识。本系统由服务器和客户端组成，客户端用 Python 开发，为简单起见，本实训基于 Python 原生的 Tkinter 库制作前端界面，在服务器上运行 3 个用 Go 语言开发的微服务，客户端通过 RPC 机制调用不同的微服务分别执行登录、商品选购及下单结算等操作。系统的用户注册信息、商品信息及订单信息皆被存储在服务器端的文件中，由微服务根据需要来对它们进行读/写和处理操作。“网上商店”系统架构如图 11.1 所示。

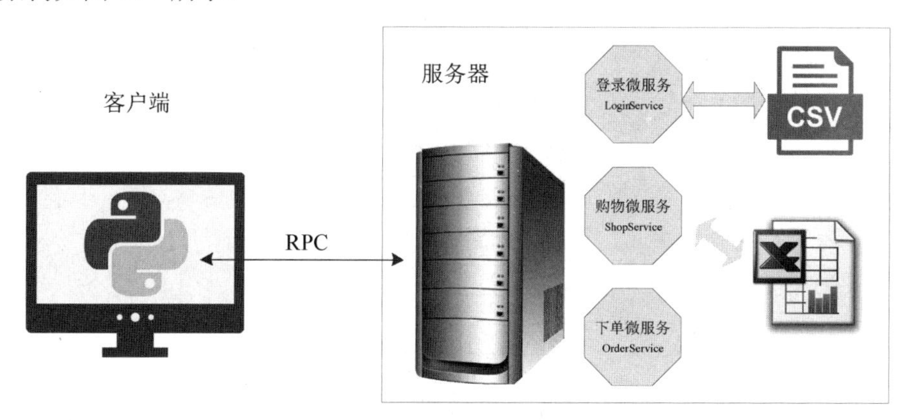

图 11.1　“网上商店”系统架构

11.1.1　开发环境

本系统的开发要求用户在计算机上分别安装并配置好 Python 与 Go 语言两套环境。

1. Python 环境

本实训使用的是 Python 3.9 及 PyCharm Community 集成开发环境，具体安装与配置过程请读者参考 Python 相关书籍、官方文档或网络资料，此处不展开介绍。

2．Go 语言环境

本实训使用的是 Go 语言及其 GoLand 集成开发环境，安装与配置过程参见第 1 章。为了能开发微服务，还需要安装 gRPC 框架，具体安装步骤参见第 8 章。

11.1.2 数据准备

本系统后台以 CSV 文件保存用户账号，以 Excel 文件存储商品及订单数据，具体如下。

1．user.csv（用户账号文件）

系统所有注册的用户账号信息都被存储在一个 user.csv 文件中，初始内容如图 11.2 所示。其中，每行记录为一个用户的账号信息，账号与密码间以英文逗号分隔。

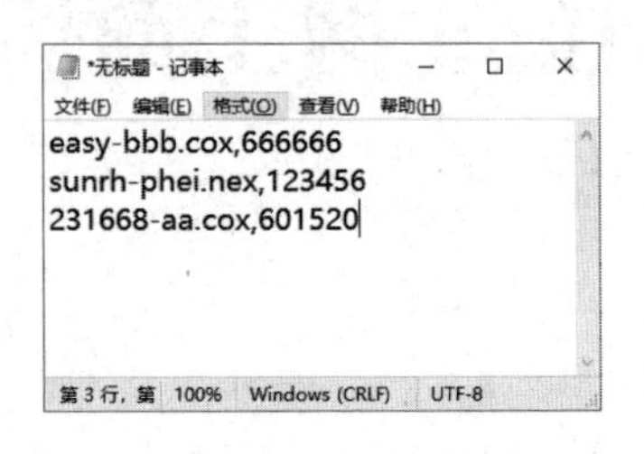

图 11.2 user.csv 文件的初始内容

2．netshop.xlsx（购物文件）

网上商店中的所有商品信息及订单数据都被存储在一个 netshop.xlsx 文件中，包括商品分类表、商品表、订单表和订单项表 4 张工作表，其中的初始数据分别如下。

（1）商品分类表初始数据如图 11.3 所示。

	A	B
1	类别编号	类别名称
2	1	水果
3	1A	苹果
4	1B	梨
5	1C	橙子
6	1D	柠檬
7	1E	香蕉
8	1F	杧果
9	1G	车厘子
10	1H	草莓
11	2	肉禽
12	2A	猪肉
13	2B	鸡鸭鹅肉
14	2C	牛肉
15	2D	羊肉
16	3	海鲜水产
17	3A	鱼
18	3B	虾
19	3C	海参
20	4	粮油蛋等
21	4A	鸡蛋
22	4B	调味料
23	4C	啤酒
24	4D	滋补保健

图 11.3 商品分类表初始数据

（2）商品表初始数据如图 11.4 所示。

	A	B	C	D	E
1	商品号	类别编号	商品名称	价格	库存量
2	1	1A	洛川红富士苹果冰糖心10斤箱装	44.8	3600
3	2	1A	烟台红富士苹果10斤箱装	29.8	5698
4	4	1A	阿克苏苹果冰糖心5斤箱装	29.8	12680
5	6	1B	库尔勒香梨10斤箱装	69.8	8902
6	1001	1B	砀山梨10斤箱装大果	19.9	14532
7	1002	1B	砀山梨5斤箱装特大果	16.9	6834
8	1901	1G	智利车厘子2斤整箱顺丰包邮	59.8	5420
9	2001	2A	[王明公]农家散养猪冷冻五花肉3斤装	118	375
10	2002	2B	Tyson/泰森鸡胸肉454g×5袋去皮冷冻包邮	139	1682
11	2003	2B	[周黑鸭]卤鸭脖15g×50袋	99	5963
12	3001	3B	波士顿龙虾特大鲜活1斤	149	2798
13	3101	3C	[参王朝]大连6~7年深海野生干海参	1188	1203
14	4001	4A	农家散养草鸡蛋40枚包邮	33.9	690
15	4101	4C	青岛啤酒500ml×24听整箱	112	23427

图 11.4　商品表初始数据

（3）订单表初始数据如图 11.5 所示。

	A	B	C	D
1	订单号	用户账号	支付金额	下单时间
2	1	easy-bbb.cox	129.4	2023.10.01 16:04:49
3	2	sunrh-phei.nex	495	2023.10.03 09:20:24
4	3	sunrh-phei.nex	171.8	2023.12.18 09:23:03
5	4	231668-aa.cox	29.8	2024.01.12 10:56:09
6	5	easy-bbb.cox	119.6	2024.01.06 11:49:03
7	6	sunrh-phei.nex	33.8	2024.03.10 14:28:10
8	8	easy-bbb.cox	358.8	2024.05.25 15:50:01
9	9	231668-aa.cox	149	2024.11.11 22:30:18
10	10	sunrh-phei.nex	1418.6	2024.06.03 08:15:23

图 11.5　订单表初始数据

（4）订单项表初始数据如图 11.6 所示。

	A	B	C	D
1	订单号	商品号	订货数量	状态
2	1	2	2	结算
3	1	6	1	结算
4	2	2003	5	结算
5	4	2	1	结算
6	3	1901	1	结算
7	3	4101	1	结算
8	5	1901	2	结算
9	6	1002	2	结算
10	8	1901	6	结算
11	10	2001	10	结算
12	10	6	2	结算
13	10	2003	1	结算
14	9	2	5	结算

图 11.6　订单项表初始数据

11.1.3 项目结构

为使读者对整个系统的构成有一个总体的了解，以及在 11.2 节中展开介绍开发过程的时候方便读者照书试做，下面分别给出服务器端和客户端最终开发好的完整项目结构。

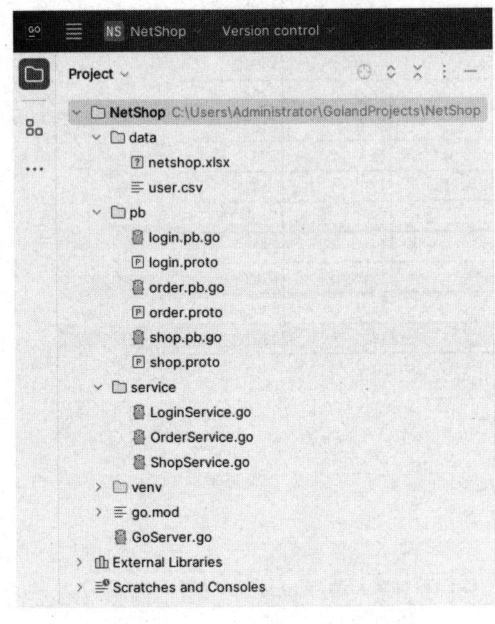

图 11.7　服务器端的项目结构

1. 服务器端

服务器端的项目名为 NetShop，项目结构如图 11.7 所示。

项目中包含 3 个目录（包），用途如下。

1）data 目录

data 目录用于存储系统后台的数据文件，也就是 11.1.2 节中所准备的 user.csv 和 netshop.xlsx，其中的数据要事先手动录入并保存。

2）pb 包

pb 包用于存储各微服务远程过程调用的接口文件（proto 文件，其作用参见第 8 章）。开发者需要针对每个微服务的功能定义接口文件，并用 protoc 工具将其编译为相应的 RPC 框架代码（后缀为.pb.go 的源文件）。

本系统所设计的 3 个微服务分别对应接口文件 login.proto（登录微服务接口）、shop.proto（购物微服务接口）和 order.proto（下单微服务接口），在 GoLand 集成开发环境底部的“Terminal”子窗口中依次执行下面 3 条命令生成它们各自的 RPC 框架代码：

```
protoc --go_out=plugins=grpc:. pb/login.proto
protoc --go_out=plugins=grpc:. pb/shop.proto
protoc --go_out=plugins=grpc:. pb/order.proto
```

3）service 包

service 包用于存储项目开发的微服务源文件，有 LoginService.go（登录微服务）、ShopService.go（购物微服务）和 OrderService.go（下单微服务）。

位于项目根目录下的 GoServer.go 是服务器启动的程序源文件，其代码如下：

```
package main
import (
    "NetShop/pb"
    "NetShop/service"
    "google.***.org/grpc"
    "log"
    "net"
)
func main() {
    listener, _ := net.Listen("tcp", "127.0.0.1:8080")
    goServer := grpc.NewServer()                          //初始化 RPC 服务器
    pb.RegisterLoginInterfaceServer(goServer, &service.LoginService{})
```

```
                                                    //注册登录微服务
    pb.RegisterShopInterfaceServer(goServer, &service.ShopService{})
                                                    //注册购物微服务
    pb.RegisterOrderInterfaceServer(goServer, &service.OrderService{})
                                                    //注册下单微服务
    log.Println("网上商店运营中...")
    err := goServer.Serve(listener)
    if err != nil {
        log.Println("服务器启动失败：", err)
        return
    }
}
```

程序首先创建并初始化了一个 RPC 服务器，然后将系统中的各个微服务注册上去，这样这些微服务就“上线”运行了，可随时接受远程其他程序的调用。

2. 客户端

客户端的项目名为 PythonClient，项目结构如图 11.8 所示。

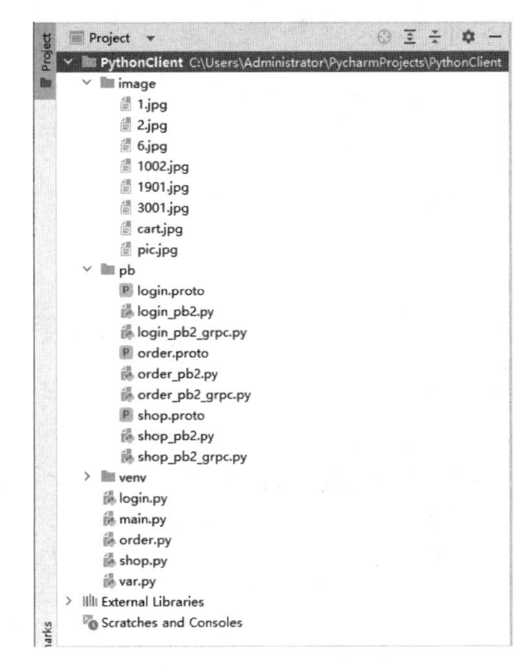

图 11.8　客户端的项目结构

本系统的客户端是采用 Tkinter 库开发的多窗体应用程序，包含一些资源并涉及多个模块（.py 源文件），具体如下所示。

1）image 目录

image 是项目的图片资源目录，用于存储商品图片（为简单起见，一律以“商品号.jpg”命名）、窗体界面上的“选购”按钮图标（cart.jpg）及默认显示图片（pic.jpg）。

2）pb 包

pb 包用于存储各微服务远程过程调用的接口文件（proto 文件）及其 RPC 框架源文件，但与服务器端略有不同的是，这里的每一个接口文件要对应两个源文件，名称分别形如 xxx_pb2.py 和 xxx_pb2_grpc.py（其中 xxx 与 proto 文件同名）。同样地，这些源文件也都是用 protoc 工具编译的，在 PyCharm 环境底部的“Terminal”子窗口中先进入项目的 pb 包，然后执行命令即可自动生成：

```
cd pb
python -m grpc_tools.protoc -I. --python_out=. --grpc_python_out=. login.proto
python -m grpc_tools.protoc -I. --python_out=. --grpc_python_out=. shop.proto
python -m grpc_tools.protoc -I. --python_out=. --grpc_python_out=. order.proto
```

3）Python 模块源文件

各个 Python 模块的源文件（.py）都位于项目根目录下，如下所示。

（1）login.py：入口文件，也就是系统的登录模块，实现“用户登录”窗体，程序启动时首先显示该窗体，用于完成登录和注册功能，用户登录成功后自动关闭。

（2）main.py：主控文件，实现“网上商店导航”窗体，负责系统的导航功能，用户登录成功后显示该窗体，在系统运行期间始终可见、可操作。

（3）order.py：功能模块文件，实现“下单结算”窗体，用于完成商品订购、取消订购、调整订货数量及结算功能。

（4）shop.py：功能模块文件，实现“商品选购”窗体，用于完成商品信息的查询及选购商品功能。

（5）var.py：全局文件，用于集中定义系统中各模块都要使用的公共全局变量。

至此，整个“网上商店”系统的架构设计、数据准备及项目结构规划就操作完成了，下面进入详细的开发过程阶段。

11.2 开发过程

11.2.1 用户登录

1. 登录微服务开发

1）定义接口

为使 Python 代码能够与使用 Go 语言编写的微服务交互，在服务器端与客户端要定义一致的接口。

（1）服务器端。

在服务器端项目的 pb 包中创建接口文件 login.proto，在其中定义 LoginInterface 接口，代码如下：

```
syntax = "proto3";
option go_package = "pb/";
package pb;
service LoginInterface {
  rpc CheckUser (CheckRequest) returns (LoginResponse) {}
  rpc AddUser (AddRequest) returns (LoginResponse) {}
}

message CheckRequest {
  string username = 1;
}

message AddRequest {
  string username = 1;
  string password = 2;
}

message LoginResponse {
  string username = 1;
  string password = 2;
}
```

说明：在 LoginInterface 接口中设计了两个方法，分别为 CheckUser 和 AddUser。CheckUser

方法用于在执行登录或注册操作前对用户进行验证；AddUser 方法则用于在注册时往系统后台数据文件（user.csv）中添加新用户账号。

（2）客户端。

在客户端项目的 pb 包中创建与服务器端同名的接口文件 login.proto，在其中也定义 LoginInterface 接口，代码如下：

```
syntax = "proto3";
package pb;
service LoginInterface {
  rpc CheckUser (CheckRequest) returns (LoginResponse) {}
  rpc AddUser (AddRequest) returns (LoginResponse) {}
}

message CheckRequest {
  string username = 1;
}

message AddRequest {
  string username = 1;
  string password = 2;
}

message LoginResponse {
  string username = 1;
  string password = 2;
}
```

说明：从 11.1.3 节的介绍可知，客户端是在进入项目的 pb 包后才执行命令生成 RPC 框架源文件的，默认就生成在 pb 包下，所以不需要在程序开头用“option go_package = "pb/";”显式指明生成源文件所在的包，这是 Python 客户端与服务器端接口文件中唯一的不同之处，其余内容则完全一样。后面为了节省篇幅，在开发其他微服务时只给出服务器端接口文件的完整内容，而不再重复罗列客户端接口文件的内容。

定义好接口后，分别在服务器端和客户端开发环境的“Terminal”子窗口中执行命令，生成各自对应的 RPC 框架源文件就可以了。

2）微服务实现

登录微服务需要实现以上 login.proto 接口文件中所声明的两个方法。

在服务器端项目的 service 包下创建 LoginService.go 文件，编写登录微服务的实现代码：

```
package service
import (
    "NetShop/pb"
    "context"
    "encoding/csv"
    "os"
)

type LoginService struct{}
```

```
    func (pl *LoginService) CheckUser(ctx context.Context, req *pb.CheckRequest)
(*pb.LoginResponse, error) {
        var usr, pwd string
        fu, _ := os.Open("data/user.csv")
        defer fu.Close()
        reader := csv.NewReader(fu)
        users, _ := reader.ReadAll()
        for _, user := range users {
            usr, pwd = user[0], user[1]
            if usr == req.Username {
                break
            }
            usr = ""
            pwd = ""
        }
        return &pb.LoginResponse{
            Username: usr,
            Password: pwd,
        }, nil
    }

    func (pl *LoginService) AddUser(ctx context.Context, req *pb.AddRequest)
(*pb.LoginResponse, error) {
        var usr, pwd string
        usr = req.Username
        pwd = req.Password
        fu, _ := os.OpenFile("data/user.csv", os.O_APPEND, 0777)
        defer fu.Close()
        writer := csv.NewWriter(fu)
        user := []string{usr, pwd}
        writer.Write(user)
        writer.Flush()
        return &pb.LoginResponse{
            Username: usr,
            Password: pwd,
        }, nil
    }
```

说明：

（1）CheckUser 方法用于验证用户。

程序打开 user.csv 文件后，先将其中的记录一次性地读入一个字符串切片数组中，然后用 for-range 语句遍历这个数组，逐行将账号和密码分别读入变量 usr 和 pwd 中，与客户端请求中提交的账号（req.Username）进行比对，一旦匹配，就说明该账号已注册，立即跳出循环，此时变量 usr 和 pwd 就保存了匹配的账号，被包装在响应（LoginResponse）中返回客户端。

（2）AddUser 方法用于添加新用户账号，在打开 CSV 文件时采用 os.O_APPEND（追加）方式添加，这样新注册的用户账号就被写在文件末尾而不会影响原有记录。

2. 客户端登录模块

客户端登录模块对应图 11.9 所示的“用户登录”窗体，它是程序启动后首先出现的窗体，在用户登录成功之后自动关闭。

图 11.9　“用户登录”窗体

“用户登录”窗体由入口文件 login.py 实现，其代码如下：

```
import pb.login_pb2
import pb.login_pb2_grpc
from main import *                              # 导入“网上商店导航”模块（main.py）
# 全局变量
usr = ''                                        # 账号
pwd = ''                                        # 密码
exist = False                                   # 该账号是否已存在（已注册）

def form_login():                               # “用户登录”窗体
    # 功能函数定义                              # (a)
    def check():                                # (b) 验证函数
        global usr, pwd, exist
        usr = ''
        pwd = ''
        exist = False
        channel = grpc.insecure_channel('127.0.0.1:8080')
                                                # 连接服务器
        # 通过接口调用 LoginService（登录微服务）的 CheckUser 方法来验证用户
        stub = pb.login_pb2_grpc.LoginInterfaceStub(channel)
        response =
stub.CheckUser(pb.login_pb2.CheckRequest(username=entry_usr.get()))
        usr = response.username
        pwd = response.password
        if usr == entry_usr.get():
            exist = True

    def login():                                # 登录函数
        check()                                 # (b)
        if exist == False:
            messagebox.showwarning('提示', '用户不存在！')
        else:
            if pwd != entry_pwd.get():
                messagebox.showwarning('提示', '密码错误！')
```

```
            else:
                master.destroy()                        # 关闭“用户登录”窗体
                var.setID(usr)                          # (c) 保存当前登录用户的账号
                form_main()                             # 进入“网上商店导航”窗体

    def register():                                     # 注册函数
        check()                                         # (b)
        if exist == True:
            messagebox.showwarning('提示', '账号已注册！')
        else:
            channel = grpc.insecure_channel('127.0.0.1:8080')
            # 通过接口调用 LoginService（登录微服务）的 AddUser 方法添加新用户账号
            stub = pb.login_pb2_grpc.LoginInterfaceStub(channel)
            stub.AddUser(pb.login_pb2.AddRequest(username=entry_usr.get(),
password=entry_pwd.get()))
            messagebox.showinfo('提示', '注册成功！')
    # 以下是窗体创建及布局代码                            # (d)
    master = Tk()
    master.geometry('280x230')
    master.title('请登录')
    master.resizable(0, 0)
    Label(master, text='用 户 登 录', justify=CENTER, font=(myFType,
18)).grid(row=0, column=0, columnspan=2, pady=20)
    Label(master, text='账  号', font=myFSize).grid(row=1, column=0, padx=30)
    Label(master, text='密  码', font=myFSize).grid(row=2, column=0, padx=30)
    # 输入框用于接收用户输入的账号、密码
    entry_usr = Entry(master, font=myFSize, width=15)
    entry_usr.grid(row=1, column=1, padx=12, pady=15)
    entry_usr.insert(0,'easy-bbb.cox')
    entry_pwd = Entry(master, font=myFSize, width=15, show='·')
    entry_pwd.grid(row=2, column=1, padx=12, pady=15)
    Button(master, text=' 确定 ', font=myFSize, command=login).grid(row=3,
column=0, sticky=E)
    Button(master, text=' 注册 ', font=myFSize, command=register).grid(row=3,
column=1)
    master.mainloop()    # 一直在等待接收“用户登录”窗体事件，不会进入其他窗体

form_login()             # 系统启动后首先显示“用户登录”窗体
```

说明：

(a) 为使程序代码结构清晰，先统一将所有功能函数集中定义在前面，再编写窗体创建及布局代码，后续每个模块的开发都按这个模式来编写程序。

(b) 不管是登录系统还是注册新用户，在业务逻辑的一开始都要先判断用户输入的账号是否已存在，所以本程序将这个公共的操作抽取出来，独立封装成一个验证函数（check），分别供登录函数、注册函数在开头调用。验证函数与服务器上的登录微服务交互，调用其 CheckUser 方法来验证用户，从微服务返回的响应中获取账号信息，一旦执行过验证函数，在全局变量 usr、pwd、exist 中就保存了已有匹配账号的信息，这样一来，登录函数和注册函数无须再访问微服

务，可以直接根据变量 usr、pwd、exist 中的内容进行判断。

（c）由于当前登录用户的账号还要供其他模块窗体使用，所以要将其作为一个全局数据进行保存。在 Python 中，通常将需要修改内容的全局数据定义成一个类的属性，并提供 get/set 方法用于其他模块的代码存取，在全局文件 var.py 中定义：

```
class myUSR:                # 当前登录用户的账号
    userID = ''
def setID(uid):
    myUSR.userID = uid
def getID():
    return myUSR.userID
```

这样定义之后，在程序中用“var.setID(usr)”就可以将当前登录用户的账号保存为全局数据，在后面的商品选购和下单结算模块中就可以引用该账号来完成相应的业务功能。

（d）为保持窗体界面风格一致，需要将客户端所有窗体界面上的文字设置为统一的字号，将所有窗体标题设置为统一的字体，为此要在全局文件 var.py 中设置如下内容：

```
myFSize = 14                # 窗体界面文字统一字号
myFType = '微软雅黑'        # 窗体标题统一字体
```

这样在布局窗体界面时，直接引用全局变量赋值“font=myFSize”“font=(myFType, 18)”就可以了。

至此，用户登录功能就开发好了。在运行程序时，读者可以先使用 user.csv 文件中已有的账号、密码登录系统，然后尝试往系统中注册一个新的用户，并查看结果。

11.2.2　网上商店导航

用户登录成功后进入图 11.10 所示的“网上商店导航”窗体，这是系统客户端的主控窗体，系统运行期间要全程显示，通过它可进入其他窗体。

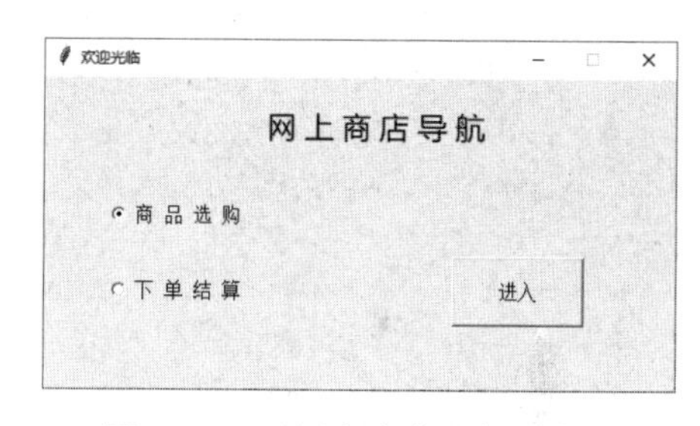

图 11.10　“网上商店导航”窗体

“网上商店导航”窗体由客户端的主控文件 main.py 实现，代码如下：

```
from shop import *                          # 导入“商品选购”模块(shop.py)
from order import *                         # 导入“下单结算”模块(order.py)

def form_main():                            # “网上商店导航”窗体
    def navigate():                         # 导航函数
        if val.get() == 0:
            form_shop()                     # 进入“商品选购”窗体
        elif val.get() == 1:
            form_order()                    # 进入“下单结算”窗体

    master = Tk()
    master.geometry('520x250')
    master.title('欢迎光临')
    master.resizable(0, 0)
    Label(master, text='网 上 商 店 导 航', justify=CENTER, font=(myFType,
18)).grid(row=0, column=0, columnspan=2, sticky=W, padx=180, pady=20)
```

```
    val = IntVar()
    Radiobutton(master, text='商 品 选 购', font=myFSize, variable=val, 
value=0).grid(row=1, column=0, sticky=W, padx=50, pady=20)
    Radiobutton(master, text='下 单 结 算', font=myFSize, variable=val, 
value=1).grid(row=2, column=0, sticky=W, padx=50, pady=15)
    Button(master, text=" 进入 ", width=10, font=myFSize, 
command=navigate).grid(row=2, column=1, sticky=NSEW, padx=100)
    master.mainloop()
```

说明：如果“商品选购”和“下单结算”两个模块尚未开发，则读者可先在导航函数的“if-elif”各分支中用 pass 语句占位，以便能阶段性地测试系统，待后面开发好相应模块的窗体后，再恢复实际的语句来启动它们。

11.2.3 商品选购

1. 购物微服务开发

1）定义接口

在服务器项目的 pb 包中创建接口文件 shop.proto，并在其中定义 ShopInterface 接口，代码如下：

```
syntax = "proto3";
option go_package = "pb/";
package pb;
service ShopInterface {
  rpc QueryGood (QueryRequest) returns (QueryResponse) {}
  rpc ChooseGood (ChooseRequest) returns (ChooseResponse) {}
}

message QueryRequest {
  string gid = 1;
}

message QueryResponse {
  string tcode = 1;
  string gname = 2;
  float price = 3;
  int32 stock = 4;
}

message ChooseRequest {
  string gid = 1;
  string username = 2;
}

message ChooseResponse {
  bool done = 1;
}
```

在 ShopInterface 接口中设计了两个方法，说明如下。

（1）QueryGood 方法。

QueryGood 方法用于查询商品信息，它从客户端的请求（QueryRequest）中获取要查询的商品号（gid），并将查询到的商品各项信息[包括类别编号（tcode）、商品名称（gname）、价格（price）和库存量（stock）]包装在响应（QueryResponse）中返回客户端。

（2）ChooseGood 方法。

ChooseGood 方法用于选购商品，它需要客户端在请求（ChooseRequest）中提供两个参数：一个是所选商品的商品号（gid）；另一个是执行选购操作的用户账号（username）。在返回的响应（ChooseResponse）中以布尔值（done）标示选购操作是否成功。

定义好接口后，分别在服务器和客户端开发环境的"Terminal"子窗口中执行命令，生成各自的 RPC 框架源文件。

2）微服务实现

（1）代码框架。

购物微服务需要实现以上 shop.proto 文件接口中所声明的两个方法。

在服务器项目的 service 包下创建 ShopService.go 文件，编写购物微服务的代码。考虑到购物功能的业务逻辑较为复杂，为便于读者理解，这里先给出购物微服务的代码框架（方法中具体的实现内容稍后给出）：

```
    package service
    import (
        "NetShop/pb"
        "context"
        "git***.com/360EntSecGroup-Skylar/excelize"        //处理 Excel 文件的库
        "strconv"
    )

    type ShopService struct{}

    func (ps *ShopService) QueryGood(ctx context.Context, req *pb.QueryRequest)
(*pb.QueryResponse, error) {
        //实现查询商品信息
        ...
    }

    func (ps *ShopService) ChooseGood(ctx context.Context, req
*pb.ChooseRequest) (*pb.ChooseResponse, error) {
        //实现选购商品
        ...
    }
```

接下来介绍 QueryGood 方法和 Choose_Good 方法的具体实现。

（2）查询商品信息。

查询逻辑比较简单，只需打开 Excel 文件，将客户端请求的商品号（req.Gid）与商品表中的每一行记录逐一进行比对，一旦有匹配的记录，就返回；若没有匹配的记录，则将返回响应中的各项皆置为空值或零值。代码如下：

```
func (ps *ShopService) QueryGood(ctx context.Context, req *pb.QueryRequest)
(*pb.QueryResponse, error) {
    var tcode, gname string
    var price float64
    var stock int
    exist := false
    fn, _ := excelize.OpenFile("data/netshop.xlsx")
    rows := fn.GetRows("商品表")
    for _, row := range rows {
        if row[0] == req.Gid {
            tcode = row[1]
            gname = row[2]
            price, _ = strconv.ParseFloat(row[3], 64)
            stock, _ = strconv.Atoi(row[4])
            exist = true
            break
        }
    }
    if !exist {
        tcode = ""
        gname = ""
        price = 0.00
        stock = 0
    }
    return &pb.QueryResponse{
        Tcode: tcode,
        Gname: gname,
        Price: float32(price),
        Stock: int32(stock),
    }, nil
}
```

（3）选购商品。

选购商品的业务逻辑分析如下。

① 若用户为初次选购。

对于从未购买过商品或已购买的商品皆已结算的情形要进行如下两步操作。

- 往订单项表中写入预备订单项（状态为“选购”）。
- 往订单表中写入预备订单（只有订单号和用户账号，支付金额和下单时间空缺）。

② 若用户此前已选购（或订购）过商品。

在此种情形下，预备订单已经有了，只需往订单项表中添加此次选购所对应的订单项即可。

按照上述分析思路编写程序，实现选购商品的 ChooseGood 方法，代码如下：

```
func (ps *ShopService) ChooseGood(ctx context.Context, req
*pb.ChooseRequest) (*pb.ChooseResponse, error) {
    fn, _ := excelize.OpenFile("data/netshop.xlsx")
    //读取订单项表和订单表中的记录
    orderitems := fn.GetRows("订单项表")
    orders := fn.GetRows("订单表")
```

```
style, _ := fn.NewStyle(`{
  "alignment":{
     "horizontal":"center"
  }
}`)
//将订单项表中状态不为“结算”的记录的订单号与订单表中所有记录的订单号进行比对，若与当
//前用户账号匹配，则说明该用户此前选购（或订购）过商品
exist := false
oid := 0
for _, orderitem := range orderitems {
     if orderitem[3] != "结算" {
          for _, order := range orders {
               if (order[0] == orderitem[0]) && (order[1] == req.Username) {
                    exist = true
                    oid, _ = strconv.Atoi(order[0])
                    break
               }
          }
     }
}
if !exist {                                           //该用户为初次选购
     //为其生成预备订单号（当前已有订单号的最大值+1）
     for _, orderitem := range orderitems {
          id, _ := strconv.Atoi(orderitem[0])
          if id > oid {
               oid = id
          }
     }
     oid += 1
     //写入预备订单项
     s1r := strconv.Itoa(len(orderitems) + 1)    //确定插入记录的行号
     fn.SetCellStyle("订单项表", "A"+s1r, "A"+s1r, style)
     fn.SetCellValue("订单项表", "A"+s1r, oid)
     fn.SetCellStyle("订单项表", "B"+s1r, "B"+s1r, style)
     fn.SetCellValue("订单项表", "B"+s1r, req.Gid)
     fn.SetCellStyle("订单项表", "C"+s1r, "C"+s1r, style)
     fn.SetCellValue("订单项表", "C"+s1r, 1)
     fn.SetCellValue("订单项表", "D"+s1r, "选购")
     //写入预备订单
     s2r := strconv.Itoa(len(orders) + 1)
     fn.SetCellStyle("订单表", "A"+s2r, "A"+s2r, style)
     fn.SetCellValue("订单表", "A"+s2r, oid)
     fn.SetCellValue("订单表", "B"+s2r, req.Username)
} else {                                      //该用户此前选购（或订购）过商品
     //只需用原来的订单号往订单项表中添加一个新的预备订单项即可
     s1r := strconv.Itoa(len(orderitems) + 1)    //确定插入记录的行号
     fn.SetCellStyle("订单项表", "A"+s1r, "A"+s1r, style)
     fn.SetCellValue("订单项表", "A"+s1r, oid)
```

```
        fn.SetCellStyle("订单项表", "B"+s1r, "B"+s1r, style)
        fn.SetCellValue("订单项表", "B"+s1r, req.Gid)
        fn.SetCellStyle("订单项表", "C"+s1r, "C"+s1r, style)
        fn.SetCellValue("订单项表", "C"+s1r, 1)
        fn.SetCellValue("订单项表", "D"+s1r, "选购")
    }
    done := false
    if err := fn.Save(); err == nil {
        done = true
    }
    return &pb.ChooseResponse{
        Done: done,
    }, nil
}
```

2．商品选购模块

从客户端的“网上商店导航”窗体进入“商品选购”窗体，如图 11.11 所示，用户可输入商品号，单击“查询”按钮（或直接按回车键）查看对应的商品信息（含图片），单击窗体底部右下角的“选购”按钮预选该商品。

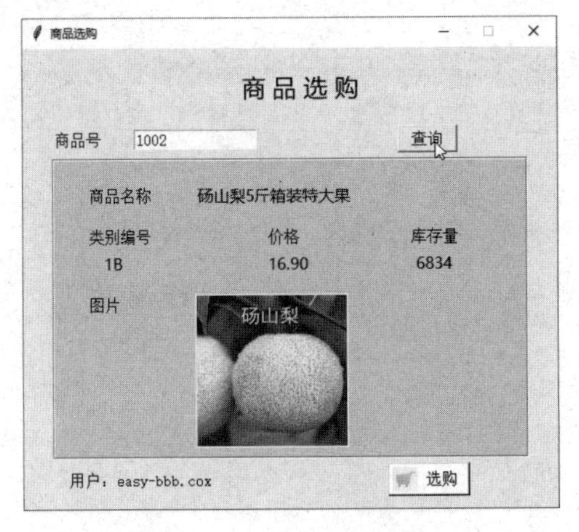

图 11.11 “商品选购”窗体

“商品选购”窗体由功能模块文件 shop.py 实现，代码如下：

```
import var                                        # 引用系统全局变量（var.py）
from var import myFSize, myFType, myGC            # (a)
from tkinter import *
from tkinter import messagebox
from PIL import Image, ImageTk                    # (b)
import grpc
import pb.shop_pb2
import pb.shop_pb2_grpc

def form_shop():                                  # “商品选购”窗体
    def query(event):                             # 查询函数
        channel = grpc.insecure_channel('127.0.0.1:8080')     #连接服务器
```

```
        # 通过接口调用 ShopService（购物微服务）的 QueryGood 方法查询商品
        stub = pb.shop_pb2_grpc.ShopInterfaceStub(channel)
        response = stub.QueryGood(pb.shop_pb2.QueryRequest(gid=entry_gid.get()))
        if response.gname == '':
            messagebox.showwarning('提示', '未检索到匹配的商品！')
        else:                                    # 检索到了
            # 显示查询到的商品信息（含图片）
            label_gname.configure(text=response.gname)            # 商品名称
            label_tcode.configure(text=response.tcode)            # 类别编号
            label_price.configure(text='%.2f' % response.price)  # 价格
            label_stock.configure(text=str(response.stock))       # 库存量
            try:                                 # 图片存在
                image = Image.open(r'image/' + entry_gid.get() + '.jpg')
            except:                              # 不存在（用默认图片）
                image = Image.open(r'image/pic.jpg')
            mypic = ImageTk.PhotoImage(image.resize((150,150), Image.LANCZOS))
            label_image.config(image=mypic)
            label_image.image = mypic            # 显示图片

    def choose():                                # 选购函数
        channel = grpc.insecure_channel('127.0.0.1:8080')
                                                 # 连接服务器
        # 通过接口调用 ShopService（购物微服务）的 ChooseGood 方法选购商品
        stub = pb.shop_pb2_grpc.ShopInterfaceStub(channel)
        response = stub.ChooseGood(pb.shop_pb2.ChooseRequest(gid=entry_gid.get(),
username=var.getID()))
        if response:
            messagebox.showinfo('提示', '已选购。')
    # 以下是窗体创建及布局代码
    master = Toplevel()                          # (c)
    master.geometry('540x460')
    master.title('商品选购')
    master.resizable(0, 0)
    Label(master, text='商 品 选 购', justify=CENTER, font=(myFType,
18)).grid(row=0, column=0, columnspan=3, sticky=W, padx=220, pady=20)
    Label(master, text='商品号', font=myFSize).grid(row=1, column=0, padx=30)
    entry_gid = Entry(master, font=myFSize, width=15)
    entry_gid.grid(row=1, column=1)
    entry_gid.insert(0, '1002')
    entry_gid.bind('<Return>', query)        # 绑定<Return>事件，接收按回车键的操作
    Button(master, text=' 查询 ', font=myFSize, command=lambda
:query(None)).grid(row=1, column=2, padx=140)
    # 商品信息显示区（容器）                     # (d)
    labelframe_main = LabelFrame(master, bg=myGC, width=480, height=300)
    labelframe_main.grid(row=2, column=0, columnspan=3, sticky=W, padx=30,
pady=5)
    # 商品名称
```

```
        Label(labelframe_main, text='商品名称', font=myFSize, bg=myGC).place(relx=0.07,
rely=0.08)
        label_gname = Label(labelframe_main, font=(myFType, myFSize-2), bg=myGC)
        label_gname.place(relx=0.3, rely=0.07)
        # 类别编号
        Label(labelframe_main, text='类别编号', font=myFSize, bg=myGC).place(relx=0.07,
rely=0.22)
        label_tcode = Label(labelframe_main, font=(myFType, myFSize-2), bg=myGC)
        label_tcode.place(relx=0.10, rely=0.3)
        # 价格
        Label(labelframe_main, text='价格', font=myFSize, bg=myGC).place(relx=0.45,
rely=0.22)
        label_price = Label(labelframe_main, font=(myFType, myFSize-2), bg=myGC)
        label_price.place(relx=0.45, rely=0.3)
        # 库存量
        Label(labelframe_main, text='库存量', font=myFSize,
bg=myGC).place(relx=0.75, rely=0.22)
        label_stock = Label(labelframe_main, font=(myFType, myFSize-2), bg=myGC)
        label_stock.place(relx=0.76, rely=0.3)
        # 图片
        Label(labelframe_main, text='图片', font=myFSize, bg=myGC).place(relx=0.07,
rely=0.45)
        image = Image.open(r'image/pic.jpg')    # 初始显示的默认图片
        mypic = ImageTk.PhotoImage(image.resize((150,150), Image.LANCZOS))
                                                # (b)
        label_image = Label(labelframe_main, image=mypic, width=150, height=150)
        label_image.place(relx=0.3, rely=0.45)
        # 显示当前登录的用户账号
        Label(master, text='用户：'+var.getID(), font=myFSize).grid(row=3,
column=0, columnspan=2)
        # “选购”按钮
        icon = Image.open(r'image/cart.jpg')    # 按钮带购物车图标
        myicon = ImageTk.PhotoImage(icon.resize((25, 25), Image.LANCZOS))
                                                # (b)
        Button(master, text=' 选购 ', font=myFSize, bg='white', image=myicon,
compound=LEFT, command=choose).grid(row=3, column=2, sticky=W, padx=130)
        master.mainloop()
```

说明：

（a）“商品选购”窗体界面上不仅要将文字字号、字体设置为统一的，还要将所有窗体界面标签的背景色与中央商品信息显示区的底色设置为一致的，为此要在全局文件 var.py 中设置如下内容：

```
myFSize = 14              # 窗体界面文字统一字号
myFType = '微软雅黑'      # 窗口标题统一字体
myGC = 'lightgray'        # 窗体界面标签统一背景色
```

在程序开头用“from var import myFSize, myFType, myGC”语句导入这 3 个全局变量，在布局窗体时就可以直接引用它们来达到想要的效果。

（b）Tkinter 库原生的 PhotoImage 方法只能实例化 GIF 格式的图片对象，而在实际应用中其他格式（如 JPG、PNG 等）则更常用，所以本程序改用 Python 图片库 PIL 的图像处理类，其可以正常处理和显示各种格式的图片对象。

（c）Tkinter 多窗体程序要求同时处于运行状态的有且只有一个根窗体（用 Tk()创建），因为“网上商店导航”窗体已经作为根窗体了，所以系统中其他模块的窗体只能用 Toplevel()创建。只有这样，才能在各功能模块窗体中正常显示各种类型的控件，如图片标签等。

（d）为了将当前查询到的商品信息集中显示在中央商品信息显示区，在程序中定义了一个容器类 LabelFrame 控件对象，每一项商品信息的显示控件都用 place 方法布局在其中，在布局时用参数 relx 和 rely 分别设定子控件位置坐标相对于容器控件宽和高所占的比例（取值范围为 0～1）。

最后，还要提醒读者特别注意一点：在显示查询到的商品信息时，需要对窗体界面上的相应控件执行操作（如调用 configure 方法修改文本、调用 config、image 设置图片等），凡是需要在程序中引用操作的控件，在前面设计窗体布局时，都必须为其生成对象引用，语句形式如下，其中“..”代表参数取值：

```
label_xxx = Label(labelframe_main, font=(myFType, myFSize-2), bg=myGC)
label_xxx.place(relx=.., rely=..)
```

而对于那些不需要引用的控件（如固定的文本标签），在布局时只用一条语句就可以了，形式如下：

```
Label(labelframe_main, text='..', font=myFSize, bg=myGC).place(relx=.., rely=..)
```

3. 运行数据演示

接下来运行网上商店系统，从客户端登录后模拟选购商品的操作，并观察服务器上 Excel 中数据的变化。

（1）首先在服务器端（GoLand 集成开发环境）运行 GoServer.go，然后在客户端（PyCharm 集成开发环境）启动 login.py，出现“用户登录”窗体。

（2）使用用户账号 easy-bbb.cox 登录，经由“网上商店导航”窗体进入“商品选购”窗体，依次选购 1002、1、3001 号商品。

（3）使用用户账号 sunrh-phei.nex 登录，选购 1002 号商品。

操作完成后打开 netshop.xlsx 文件，其中订单项表和订单表的数据如图 11.12 所示。

	A	B	C	D
1	订单号	商品号	订货数量	状态
2	1	2	2	结算
3	1	6	1	结算
4	2	2003	5	结算
5	4	2	1	结算
6	3	1901	1	结算
7	3	4101	1	结算
8	5	1901	2	结算
9	6	1002	2	结算
10	8	1901	6	结算
11	10	2001	10	结算
12	10	6	2	结算
13	10	2003	1	结算
14	9	2	5	结算
15	11	1002	1	选购
16	11	1	1	选购
17	11	3001	1	选购
18	12	1002	1	选购

订单项表

	A	B	C	D
1	订单号	用户账号	支付金额	下单时间
2	1	easy-bbb.cox	129.4	2023.10.01 16:04:49
3	2	sunrh-phei.nex	495	2023.10.03 09:20:24
4	3	sunrh-phei.nex	171.8	2023.12.18 09:23:03
5	4	231668-aa.cox	29.8	2024.01.12 10:56:09
6	5	easy-bbb.cox	119.6	2024.01.06 11:49:03
7	6	sunrh-phei.nex	33.8	2024.03.10 14:28:10
8	8	easy-bbb.cox	358.8	2024.05.25 15:50:01
9	9	231668-aa.cox	149	2024.11.11 22:30:18
10	10	sunrh-phei.nex	1418.6	2024.06.03 08:15:23
11	11	easy-bbb.cox		
12	12	sunrh-phei.nex		

订单表

图 11.12　选购商品后 netshop.xlsx 文件中订单项表和订单表的数据

11.2.4 下单结算

1. 运行效果

“下单结算”窗体（见图 11.13）也是经由“网上商店导航”窗体进入的，其上显示了当前用户已经选购和订购的商品，可单击窗体底部左下角的指示按钮前后翻页查看商品信息；选购的商品可单击“订购”按钮进行订购，已订购商品信息显示区右下角会出现“已订购”字样，单击“取消”按钮可退订；对于已订购的商品，用户可单击“数量”数值调节框的上下箭头调整订货数量，底部“金额”输入框中也会随之更新；确认购买后单击“结算”按钮，可对当前所有订购的商品进行下单。

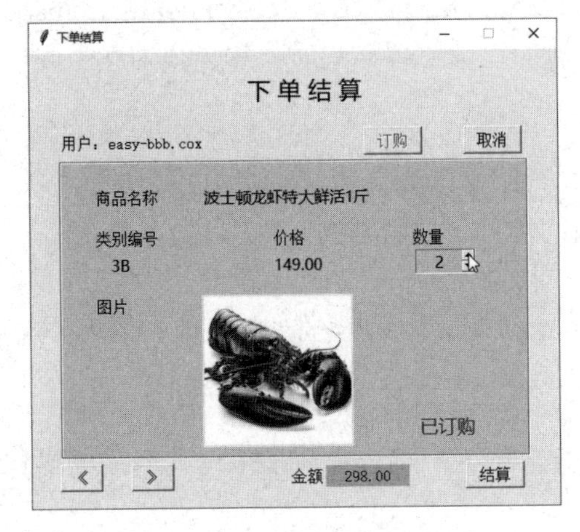

图 11.13 “下单结算”窗体

2. 实现思路

1）客户端

从图 11.13 可见，“下单结算”模块的客户端窗体布局方式与“商品选购”模块的类似，也使用了容器 LabelFrame 集中显示商品信息。

2）服务器端

通过开发下单微服务（OrderService.go）来实现“下单结算”模块的后台功能，主要包括如下几项。

（1）加载已选购/订购的商品。

该模块在初始启动时首先要加载当前用户已经选购和订购的所有商品数据，可采用下面的步骤实现。

① 到订单表中找到“用户账号”为当前用户登录账号且“下单时间”为空的记录的订单号。

② 用第①步得到的订单号到订单项表中查询当前用户已选购/订购商品的所有记录。

③ 根据每个订单项记录的“商品号”到商品表中进一步获取对应商品的其他信息。

（2）订购商品。

订购商品实质上就是确定购买数量，并将需要支付的金额写入订单，包含以下一系列操作。

① 根据数量和价格算出金额。

② 填写订单项的订货数量，修改订单项的状态为“订购”。

③ 更新订单的支付金额。

（3）取消订购。

取消业务逻辑的操作步骤与订购业务逻辑的操作步骤完全一样，只需要将订单项的订货数量改回默认值 1、状态改回“选购”，另外，更新订单的支付金额是减少而非增加。

（4）调整订货数量。

对于已订购的商品，用户可通过窗体调整数量，订单金额会同步更新显示，但订单项的状态保持不变（仍为“订购”状态）。需要注意的是，调整数量只针对已订购的商品，而对于尚未订购（选购）的商品，调整其数量是没有意义的，程序也不会“记住”这个数量值和执行任何动作。

该功能业务逻辑的操作步骤同上面的订购和取消的操作步骤。

（5）结算下单。

结算只针对“订购”状态的商品，而当前用户除了订购商品，可能还有一些选购商品，其并不参与本次结算，而一旦执行结算操作，原订单表里的预备订单就变成了实际订单，所以必须再为该用户生成一个新的预备订单，将其剩余的选购商品与这个新订单的订单号关联。按照这个思路设计结算下单的业务逻辑，步骤如下。

① 将“订购”的订单项状态改为“结算”，同时更新商品表（对应商品库存量减去订货数量）。

② 填写下单时间。

③ 确定新的预备订单号。

④ 将该用户尚未结算（“选购”状态）的商品订单项关联新订单号。

⑤ 生成新的预备订单。

在开发时，读者可先针对上述每个功能设计出各自对应的方法，定义在微服务接口（order.proto）中，然后按各功能的业务逻辑步骤编写代码，并在微服务程序（OrderService.go）中逐一实现这些方法。

限于篇幅，本实训系统的“下单结算”模块请读者按照上面所讲的实现思路自行完成。

第 12 章

与 Go 语言混合编程实训：Qt 简版微信

12.1　系统设计与开发准备

Go 语言虽然强大，但更适用于开发高并发、微服务等服务器端程序，而在最终用户界面的制作上却并不擅长（缺少功能丰富的界面库支持）；而时下十分热门的另一种语言——Qt 则具备完善的艺术级用户界面（UI）开发能力，因此在一些场合中将 Qt 语言与 Go 语言混合编程，各取所长，则可制作出具有高性能且界面友好的互联网应用系统。

本章基于 Qt 语言与 Go 语言开发一个简版微信，主要用到第 6 章数据库操作的相关知识，以及第 7 章 Go 语言的 Socket 编程。简版微信是由客户端和服务器组成的即时通信系统，其客户端界面模仿真实的微信电脑版客户端界面，运行于桌面上，如图 12.1 所示。

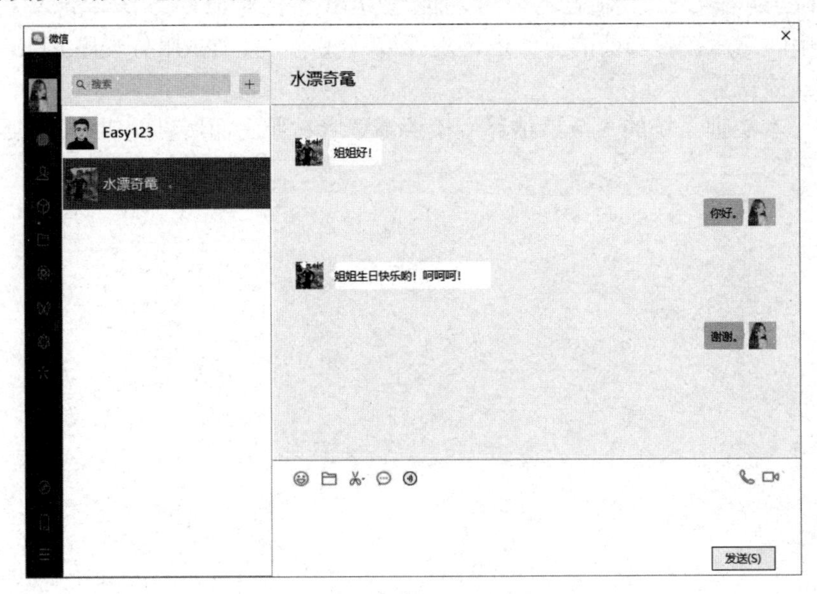

图 12.1　简版微信客户端界面

界面上显示聊天内容的区域用 Qt 语言的 GraphicsView 图元系统实现，其可以实现双方所发消息显示不同的底纹、消息旁带用户头像、显示收发的图片等功能。

12.1.1　系统架构

系统的用户信息存储在服务器的 MongoDB 中，用户上线时由服务器发送给其客户端用来加载微信好友列表；用户之间聊天的文字消息以 UDP 经服务器中转收发；而聊天时发送的文件、图片、语音等则先统一以文件形式上传至服务器上，再由服务器传送给对方，文件传输使用 TCP；聊天消息即时写进客户端本地计算机的 SQLite 中形成历史记录，但若对方不在线，则消息会暂存到服务器的 MongoDB 中，待该用户上线时再转发给他。“简版微信”系统架构如图 12.2 所示。

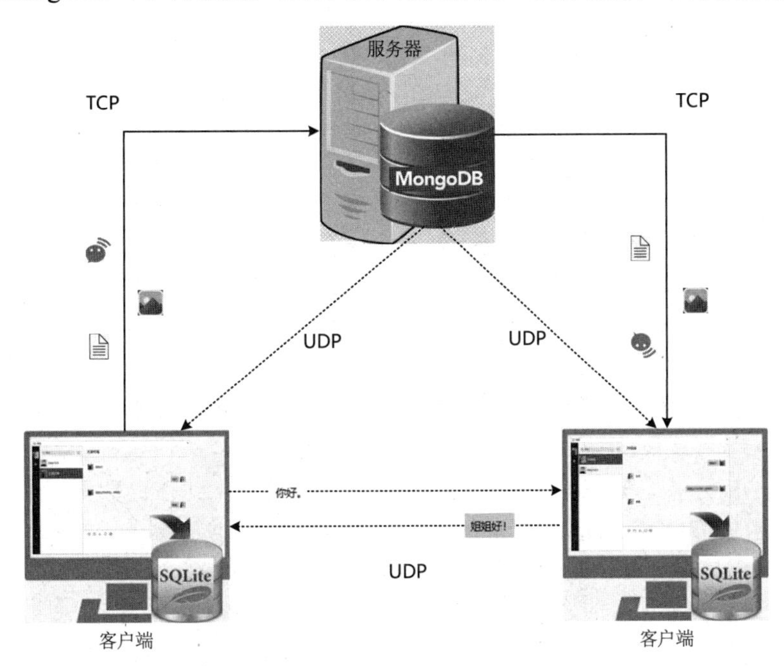

图 12.2　“简版微信”系统架构

12.1.2　开发环境

需要在开发机器上分别安装好 Qt 语言和 Go 语言环境，另外还需要安装 Go 语言的 Qt 支持库。

1．Qt 语言环境及界面设计器

本实训笔者使用的是 Qt 5.15 及其 Qt Designer 界面设计器，具体安装与配置过程请读者参考 Qt 语言相关的书籍、官方文档或网络资料，此处不展开介绍。

2．Go 语言环境

本实训使用 Go 语言及其 GoLand 集成开发环境，安装与配置过程参见第 1 章。

3．Go 语言的 Qt 支持库

目前主流的 Go 语言的 Qt 支持库是 therecipe/qt，安装方法如下。

首先确保计算机处于联网状态，然后以管理员身份打开 Windows 命令行，输入如下命令：

```
go install git***.com/stephenlyu/goqtuic@latest
```

安装过程如图 12.3 所示。

图 12.3　安装过程

12.1.3　数据库

实际的微信用户数极为庞大，所以其平台必须使用高性能的数据库才能满足日常服务需求。本系统采用 MongoDB 作为服务器端数据库，它主要有两个作用：一是保存所有用户的注册信息；二是暂存离线用户收到的消息。

1．安装 MongoDB

安装过程详见第 6 章。

2．创建数据库 MyWeDb

用可视化工具（如 Navicat Premium）连接到 MongoDB，默认连接端口为 27017，如图 12.4 所示。

打开 MongoDB 连接，在其中创建一个数据库 MyWeDb，并在该数据库中分别创建两个集合（相当于关系数据库的表）chatinfotemp 和 user，如图 12.5 所示。

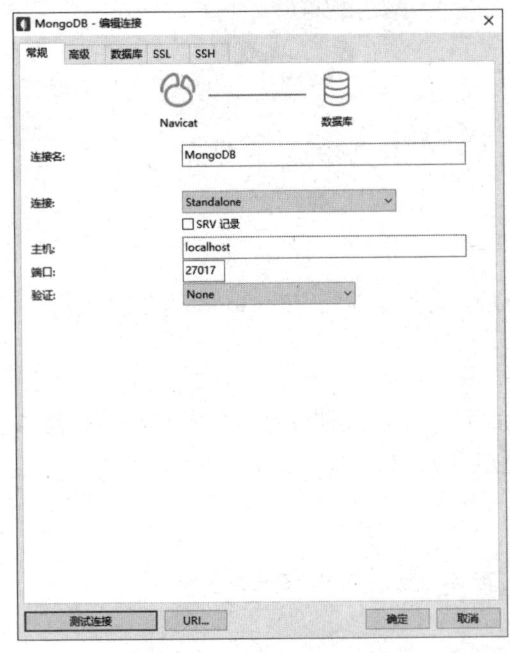

图 12.4　连接 MongoDB

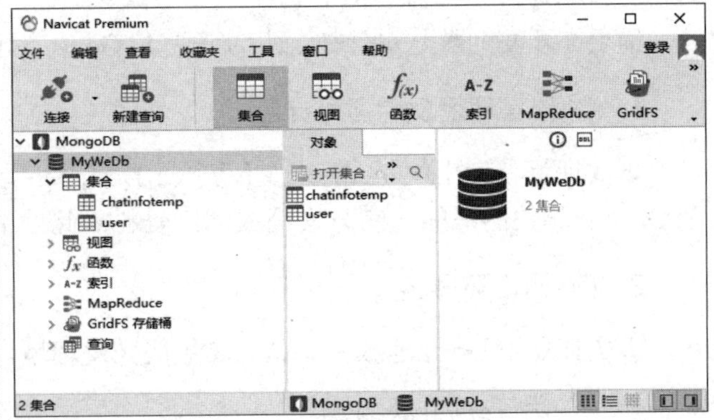

图 12.5　创建数据库和集合

其中，集合 user 用于保存所有用户的注册信息，集合 chatinfotemp 则用于暂存离线用户收到的消息。

往数据库 user 集合中录入几条用户信息用于后面开发好项目后测试系统功能，如图 12.6 所示。

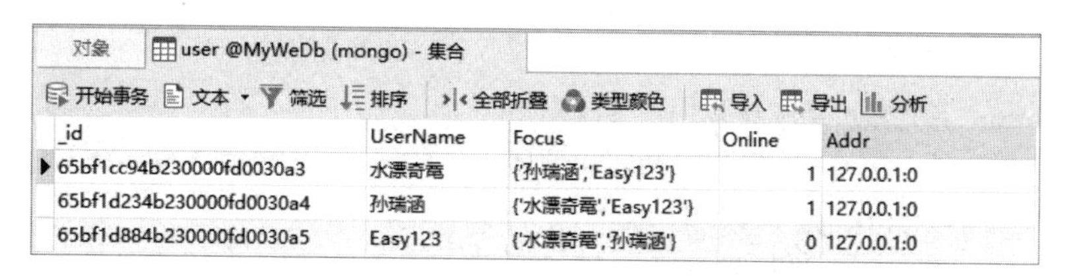

图 12.6　录入到 user 集合中的用户信息

这里每条用户信息（文档）的数据结构都是相同的，包含_id（用户 ID，录入时由系统自动生成）、UserName（用户名）、Focus（关注用户集，即该用户的微信好友列表）、Online（是否在线）、Addr（网络地址，系统运行时由服务器端程序获取并写入）5 个键。

12.1.4　消息结构

作为一个典型的网络应用系统，简版微信必须明确定义传输数据的消息结构，只有这样才能保证系统中各个客户端与服务器端程序正确、协调地工作，共同完成所需的功能。

本系统的消息统一以 JSON 格式被封装在网络数据报中进行收发，结构如下：

```
{
    "Type": ...,
    "UserName": ...,
    "PeerName": ...,
    "Body": ...,
    "DateTime": ...
}
```

对应程序代码中的结构体为：

```
type Datagram struct {
    Type     string `json:"type"`
    UserName string `json:"userName"`
    PeerName string `json:"peerName"`
    Body     string `json:"body"`
    DateTime string `json:"dateTime"`
}
```

说明：

（1）Type：消息类型，表示消息的用途。简版微信系统内部定义的各种消息类型及其用途如表 12.1 所示。

表 12.1　简版微信系统内部定义的各种消息类型及其用途

类　型	用　途
Online	表示有用户上线
Offline	表示有用户下线
Message	表示发送的是文字消息
File	表示发送的是文件
Notif	通知消息，用于系统内各成员之间的协调。例如，客户端向服务器发出通知，“告知”其要上传文件
ReqFile	用于客户端向服务器请求下载文件

（2）UserName：发送方（己方）用户名。

（3）PeerName：接收方（对方）用户名。

（4）Body：消息体，其中携带有用数据。例如，Message 类型消息的 Body 就是聊天的文字内容，而 File 类型消息的 Body 则是要传输的文件名。

（5）DateTime：消息发出的时间。

12.2 界面开发

本系统服务器端程序没有界面，仅通过命令行窗口输出用户上下线信息；而客户端则具有较为丰富且复杂的用户界面，需要用 Qt Designer 事先设计好，得到.ui 界面文件，然后通过 therecipe/qt 库提供的 goqtuic 工具将界面文件转换为.go 源文件，从而在 Go 项目中使用。

12.2.1 用 Qt Designer 设计界面

启动 Qt Designer，新建界面文件 WeChat.ui，以可视化方式拖曳设计出简版微信客户端界面框架，如图 12.7 所示。

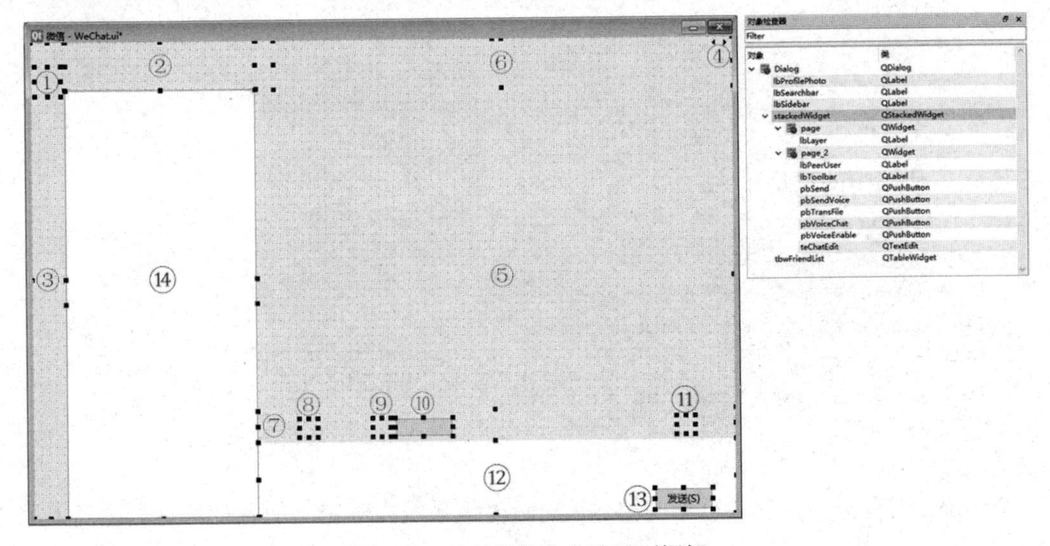

图 12.7　简版微信客户端界面框架

根据表 12.2 在属性编辑器中分别设置各控件的属性。

表 12.2　各控件的属性

编　　号	控件类别	对象名称	属性说明
	Dialog	默认	geometry: [(0, 0), 918x613] windowTitle:微信
①	Label	lbProfilePhoto	geometry: [(5, 31), 34x39] frameShadow: Sunken text:空 scaledContents: 勾选

续表

编　号	控件类别	对象名称	属性说明
②	Label	lbSearchbar	geometry: [(45, 0), 250x63] frameShadow: Sunken text:空 scaledContents: 勾选
③	Label	lbSidebar	geometry: [(0, 0), 44x613] frameShadow: Sunken text:空 scaledContents: 勾选
④	StackedWidget	stackedWidget	geometry: [(296, 0), 622x613]
⑤	Label	lbLayer	geometry: [(0, 0), 622x614] frameShadow: Sunken text:空
⑥	Label	lbPeerUser	geometry: [(23, 0), 600x63] font: [Microsoft YaHei UI, 14] text:空
⑦	Label	lbToolbar	geometry: [(-1, 477), 624x40] frameShadow: Sunken text:空 scaledContents: 勾选
⑧	PushButton	pbTransFile	geometry: [(54, 487), 24x24] toolTip: 发送文件 text:空 flat: 勾选
⑨	PushButton	pbVoiceEnable	geometry: [(150, 487), 24x24] text:空 flat: 勾选
⑩	PushButton	pbSendVoice	geometry: [(180, 487), 75x24] text:空
⑪	PushButton	pbVoiceChat	geometry: [(546, 487), 24x24] toolTip: 语音聊天 text:空 flat: 勾选
⑫	TextEdit	teChatEdit	geometry: [(-1, 517), 624x96] font: [Microsoft YaHei UI, 10] frameShape: NoFrame
⑬	PushButton	pbSend	geometry: [(517, 580), 75x28] font: [Microsoft YaHei UI, 10] text:发送(S)

续表

编　号	控件类别	对象名称	属性说明
⑭	TableWidget	tbwFriendList	geometry: [(44, 62), 252x552] font: [Microsoft YaHei UI, 12] frameShape: Box alternatingRowColors: 勾选 selectionMode: SingleSelection selectionBehavior: SelectRows showGrid: 取消勾选 horizontalHeaderVisible: 取消勾选 verticalHeaderVisible: 取消勾选

12.2.2 用 goqtuic 转换文件格式

进入$GOPATH/pkg 目录下的 goqtuic 项目目录，在其中创建 ui 子目录，将在 12.2.1 节中设计好的 WeChat.ui 界面文件预先放置到 ui 子目录中，如图 12.8 所示。

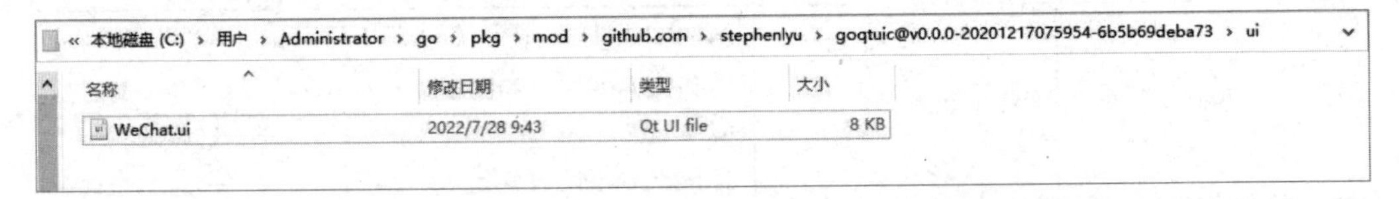

图 12.8　将 WeChat.ui 界面文件放置到 goqtuic 工具的转换目录中

用 GoLand 打开 goqtuic 项目，在集成开发环境底部的命令行窗口中执行如下命令：

```
goqtuic.exe ..\ui\WeChat.ui
```

稍等片刻，会看到在 goqtuic 项目中生成了一个 uigen 目录，其中的 WeChat_ui.go（图 12.9 的矩形框中）就是转换得到的.go 源文件。

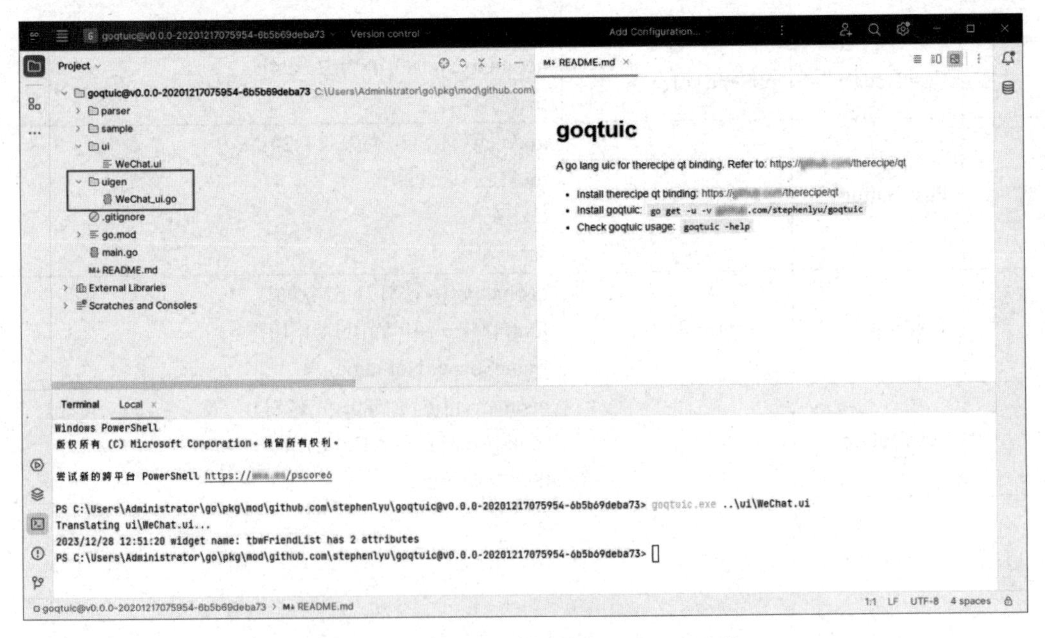

图 12.9　由界面文件转换得到的.go 源文件

12.2.3　在 Go 项目中使用

用 GoLand 创建简版微信客户端项目，将项目命名为 MyWeChat，在其中也创建一个 uigen 目录，将 12.2.2 节转换得到的 WeChat_ui.go 文件放入其中，这样使用 Qt Designer 设计的界面就可以在 Go 项目中使用了。

在项目中首先创建 data/photo 目录，在其下存放该用户与其所有微信好友的头像图片，为便于后面的编程，这里的几个图片文件名均与对应的用户名相同；再创建 image 目录，用于存放界面效果用到的图片资源。完整的客户端项目结构如图 12.10 所示。

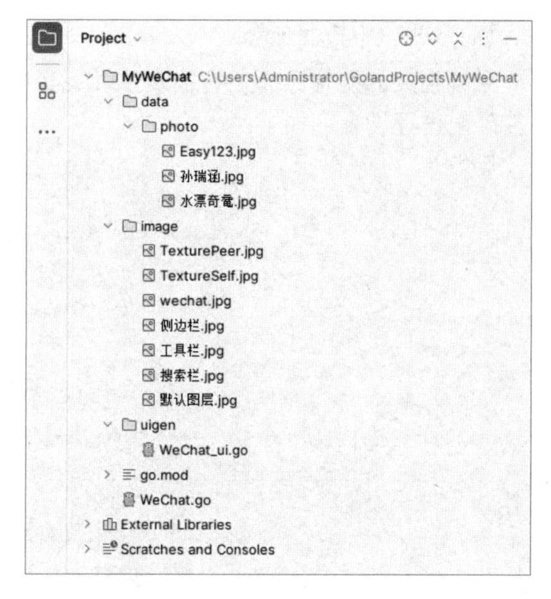

图 12.10　完整的客户端项目结构

12.2.4　界面功能开发

在客户端项目中创建 WeChat.go 作为客户端主程序文件，其代码框架如下：

```
package main
import (
    "MyWeChat/uigen"                                  //使用 Qt Designer 设计的界面
    "fmt"
    "git***.com/therecipe/qt/core"                    //Qt 语言的核心类库
    "git***.com/therecipe/qt/gui"                     //Qt 语言的 GUI 库
    "git***.com/therecipe/qt/widgets"                 //Qt 语言的组件库
    ...
)

var dialog = uigen.UIWeChatDialog{}                   //客户端界面窗体
var currentUser = "水漂奇鼋"                           //当前（己方）用户名
var peerUser = ""                                     //聊天（对方）用户名

func initUi() {                                       //初始化函数
    ...
}

func main() {
    widgets.NewQApplication(len(os.Args), os.Args)
    initUi()                                          //执行初始化函数
    widgets.QApplication_Exec()
}
```

可见，客户端程序在启动时执行了一个初始化函数，在这个函数中实现与界面显示效果相关的功能。

1. 界面初始化与加载

系统生成的初始界面上的很多控件元素都不可见，用户需要在 initUi 函数中编写代码来对控件外观进行设置，如下：

```
    func initUi() {
        window := widgets.NewQDialog(nil, core.Qt__Window) //创建窗体
        window.SetWindowIcon(gui.NewQIcon5("image/wechat.jpg"))
                                                        //设置程序界面图标
        window.SetWindowFlag(core.Qt__MSWindowsFixedSizeDialogHint, true)
                                                        //设置界面为固定大小
        dialog.SetupUI(window)                          //用户界面初始化
        //设置界面各区域标签的图片
        dialog.LbSidebar.SetPixmap(gui.NewQPixmap3("image/侧边栏.jpg", "", 0))
        dialog.LbProfilePhoto.SetPixmap(gui.NewQPixmap3("data/photo/"+currentUser+
".jpg", "", 0))
        dialog.LbSearchbar.SetPixmap(gui.NewQPixmap3("image/搜索栏.jpg", "", 0))
        dialog.LbLayer.SetPixmap(gui.NewQPixmap3("image/默认图层.jpg", "", 0))
        dialog.LbToolbar.SetPixmap(gui.NewQPixmap3("image/工具栏.jpg", "", 0))
        ...
        window.Show()                                   //显示窗体
    }
```

说明：这段代码主要用来设置界面的基本外观，我们模仿微信电脑版客户端界面，把其分为几大区域，每个区域用标签（QLabel）控件的图片来填充，SetPixmap 方法用于设置标签上显示的图片，使用的所有图片都要预先存放在项目的 image 目录下。

经过以上设置后，简版微信的客户端界面就初具雏形了，显示效果如图 12.11 所示。

图 12.11　初具雏形的简版微信客户端界面

2. 创建聊天内容区

聊天内容区因为要显示加底纹的文字、用户头像、图片等丰富多样的元素并且要能响应用

户操作（下载文件、打开图片等），所以考虑用 Qt 语言的图元系统 GraphicsView 来实现想要的效果。

首先，打开项目 uigen 目录下的 WeChat_ui.go 文件，在客户端界面窗体所对应的 UIWeChatDialog 结构体中添加如下定义：

```
type UIWeChatDialog struct {
    ...
    GvWeChatView *widgets.QgraphicsView                    //图形视图
    Scene        *widgets.QgraphicsScene                   //场景
}
```

然后，在 SetupUI 函数中编写代码，创建界面上的聊天内容区：

```
func (this *UIWeChatDialog) SetupUI(Dialog *widgets.QDialog) {
    Dialog.SetObjectName("Dialog")
    Dialog.SetGeometry(core.NewQRect4(0, 0, 918, 613))
    Dialog.SetWindowOpacity(1.000000)
    ...
    this.StackedWidget.AddWidget(this.Page)
    this.Page2 = widgets.NewQWidget(this.StackedWidget, core.Qt__Widget)
    this.Page2.SetObjectName("Page2")
    this.TeChatEdit = widgets.NewQTextEdit(this.Page2)
    this.TeChatEdit.SetObjectName("TeChatEdit")
    this.TeChatEdit.SetGeometry(core.NewQRect4(-1, 517, 624, 96))
    font = gui.NewQFont()
    font.SetPointSize(10)
    this.TeChatEdit.SetFont(font)
    this.TeChatEdit.SetFrameShape(widgets.QFrame__NoFrame)
    //---自定义聊天内容区（图形视图与场景）---
    this.GvWeChatView = widgets.NewQGraphicsView(this.Page2)
                                                   //位于第 2 个堆栈页
    this.GvWeChatView.SetObjectName("GvWeChatView")
    this.GvWeChatView.SetGeometry(core.NewQRect4(-1, 62, 625, 417))
    this.GvWeChatView.SetFrameShape(widgets.QFrame__Box)
    w := this.GvWeChatView.Width() - 4
    h := this.GvWeChatView.Height() - 4
    this.Scene = widgets.NewQGraphicsScene3(float64(-(w / 2)), float64(-(h /
2)), float64(w), float64(h), nil)                  //创建场景
    this.Scene.SetBackgroundBrush(gui.NewQBrush3(gui.NewQColor3(248, 248,
248, 1), core.Qt__NoBrush))
    this.GvWeChatView.SetScene(this.Scene)         //将场景关联到图形视图中
    ...

    this.RetranslateUi(Dialog)

}
```

最后，在客户端主程序文件 WeChat.go 的 initUi 函数中添加如下代码：

```
dialog.GvWeChatView.ConnectMouseDoubleClickEvent(func(event
*gui.QMouseEvent) {
    if event.Button() == core.Qt__LeftButton {
```

```
        fmt.Println("双击了聊天内容区(", event.Pos().Rx(), ",",
event.Pos().Ry(), ")")
    }
})
```

这样聊天内容区就能响应用户的双击操作了。

3. 聊天界面切换

就像真实的微信一样，用户刚登录上线时由于尚未选择与之聊天的好友，因此在客户端界面上是看不到聊天内容区、工具栏和“发送”按钮这些元素的，只能看到图 12.11 所示的一个带浅色微信图标的默认图层（显示在标签 lbLayer 上），要看到聊天内容区必须通过界面切换实现。简版微信运用了 Qt 语言的特色控件——堆栈窗体 StackedWidget 来实现界面切换效果，开发步骤如下。

（1）设计堆栈页。

12.2.1 节在设计客户端界面时，就在其上拖曳放置了一个堆栈窗体 stackedWidget，它默认有两个堆栈页（page 和 page_2），可视化设计阶段将工具栏、“发送”按钮等与聊天相关的操作控件全都布置在第 2 个堆栈页（page_2）中，而创建聊天内容区用语句“this.GvWeChatView = widgets.NewQGraphicsView(this.Page2)”指明了其也是建在第 2 个堆栈页中的。

（2）切换堆栈页。

堆栈窗体 StackedWidget 多与列表类的控件（如 ListWidget、TableWidget、ComboBox 等）配合使用。本程序将它与显示微信好友列表的 TableWidget 控件（TbwFriendList）配合使用，客户端启动时默认显示第 1 个堆栈页，只有当用户单击好友列表中的某个项后才会切换至第 2 个堆栈页。

在客户端主程序文件 WeChat.go 的 initUi 函数中添加 TableWidget 控件及与切换堆栈页功能相关的代码：

```
dialog.TbwFriendList.SetColumnCount(1)                    //设定为 1 列
dialog.TbwFriendList.SetColumnWidth(0, dialog.TbwFriendList.Width())
                                                           //列宽占满整个控件
dialog.TbwFriendList.SetIconSize(core.NewQSize2(39, 39))
                                                           //设置列表项图标尺寸
dialog.TbwFriendList.ConnectItemSelectionChanged(func() {
    dialog.StackedWidget.SetCurrentIndex(1)
    peerUser = dialog.TbwFriendList.CurrentItem().Text()
    dialog.LbPeerUser.SetText(peerUser)
})
```

（3）测试效果。

编写语句往好友列表中添加一项：

```
dialog.TbwFriendList.InsertRow(0)
dialog.TbwFriendList.SetItem(0, 0, widgets.NewQTableWidgetItem2("好友 1", 0))
```

运行客户端，列表中就有了一个“好友 1”项，单击该项后就切换到与其聊天的界面，如图 12.12 所示。

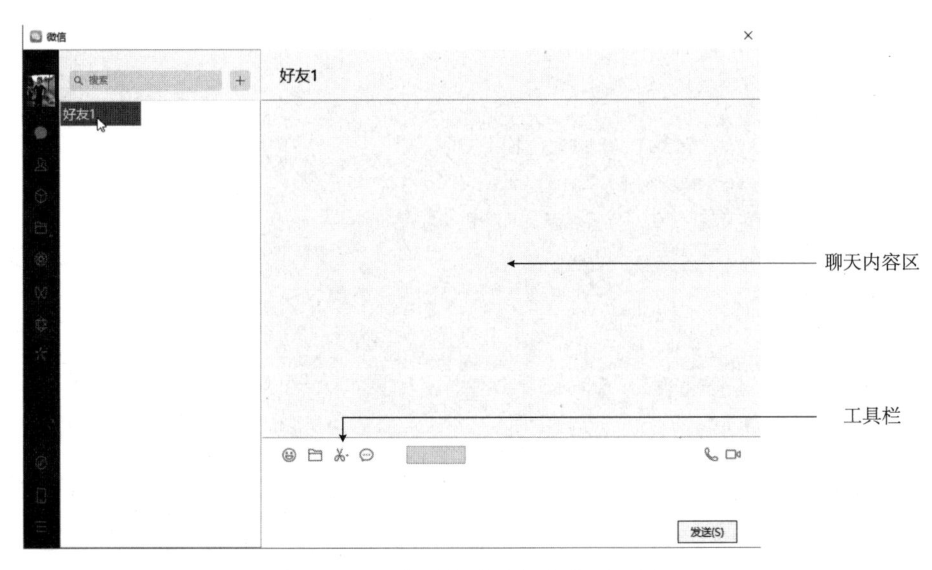

图 12.12　切换到与选定好友聊天的界面

12.3　微信基本功能开发

12.3.1　用户上线

当一个用户通过客户端登录简版微信系统时，在界面左侧会显示带用户头像的好友列表，这个好友列表存储在服务器的 MongoDB 中，也就是集合 user 中该用户文档的“Focus”键的值，如图 12.13 所示。

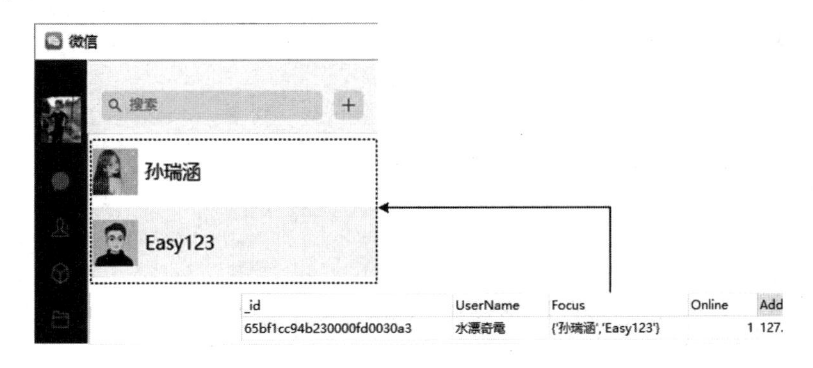

图 12.13　好友列表的来源

1. 服务器运行

系统运行时首先启动服务器，再由服务器开启一个监听协程，在 for 循环中随时接收客户端发来的消息。

将服务器的 GoLand 项目命名为 MyWeServer，其中主程序文件 WeServer.go 的代码框架如下：

```
package main
import (
```

```
    "context"
    "encoding/json"
    "fmt"
    "go.mongo**.org/mongo-driver/bson"
    "go.mongo**.org/mongo-driver/mongo"
    "go.mongo**.org/mongo-driver/mongo/options"
    "net"
    "time"
)

var mongocnt *mongo.Client                          //操作 MongoDB 的客户端
var usertb *mongo.Collection                        //对应要操作的 user 集合

type Datagram struct {                              //系统消息对应的结构体
    ...
}

type User struct {                                  //用户信息对应的结构体
    UserName string
    Focus    string
    Online   int
    Addr     string
}

func recvData() {                                   //接收消息的协程函数
    addr, _ := net.ResolveUDPAddr("udp", "127.0.0.1:23232")
    listener, _ := net.ListenUDP("udp", addr)
    defer listener.Close()
    for {
        data := make([]byte, 1024)
        num, peer, _ := listener.ReadFromUDP(data)
        if num != 0 {
            datagram := Datagram{}
            json.Unmarshal(data[:num], &datagram)
            if datagram.Type == "Online" && datagram.UserName != "" &&
datagram.PeerName == "" {
                //处理用户上线的代码块
            } else if datagram.Type == "Message" {
                //处理文字聊天的代码块
            }
            //处理其他功能的代码
        }
    }
}

func main() {
    option := options.Client().ApplyURI("mongodb://localhost:27017")
    mongocnt, _ = mongo.Connect(context.TODO(), option)
```

```
    usertb = mongocnt.Database("MyWeDb").Collection("user")
    defer mongocnt.Disconnect(context.TODO())
    go recvData()                                              //开启监听协程
    fmt.Printf("服务器正在运行……按Q(q)键关闭")
    for true {
        var key string
        fmt.Scanln(&key)
        if key == "Q" || key == "q" {
            break
        } else {
            fmt.Printf("服务器正在运行……按Q(q)键关闭")
        }
    }
}
```

2. 客户端上线

客户端启动时在initUi函数中调用onlineWe函数：

```
addr, _ := net.ResolveUDPAddr("udp", "127.0.0.1:23232")
conn, _ := net.DialUDP("udp", nil, addr)
go onlineWe(conn)
```

该函数通过UDP向服务器发出类型为Online的消息，通知服务器自己上线了，同时启动一个协程以便随时接收服务器的应答消息，代码如下：

```
func onlineWe(conn *net.UDPConn) {
    go recvData(conn)                                    //启动接收服务器消息的协程
    datagram := Datagram{Type: "Online", UserName: currentUser, PeerName:
"", Body: "", DateTime: time.Now().Format("2006-01-02 15:04:05")}
    jsongram, _ := json.Marshal(datagram)
    conn.Write(jsongram)                                 //向服务器发送消息通知自己上线了
}
```

3. 服务器处理

服务器收到客户端的上线通知后，在处理用户上线的代码块中进行如下操作。

（1）返回该客户端的好友列表。

服务器在收到类型为Online的消息后，根据其中的用户名UserName到MongoDB中检索出该用户文档的“Focus”键的值（该客户端的好友列表），并通过UDP返回客户端。

代码如下：

```
peername := datagram.UserName
var user User
usertb.FindOne(context.TODO(), bson.D{{"UserName", peername}}).Decode(&user)
                                                         //检索“Focus”键的值
datagram := Datagram{Type: "Online", UserName: "", PeerName: peername, Body:
user.Focus, DateTime: time.Now().Format("2006-01-02 15:04:05")}
jsongram, _ := json.Marshal(datagram)
listener.WriteToUDP(jsongram, peer)
```

（2）记录用户上线。

首先根据Online消息中的用户名UserName到MongoDB中将该用户的在线状态“Online”

键的值置为 1，并将其客户端的网络地址写入该用户文档的“Addr”键，然后在命令行窗口中输出该用户上线的信息。

代码如下：

```
    usertb.UpdateOne(context.TODO(), bson.D{{"UserName", peername}},
bson.D{{"$set", bson.D{{"Online", 1}, {"Addr", peer.String()}}}})
    fmt.Println()
    fmt.Println(datagram.DateTime + " 【" + peername + "】上线")
    fmt.Printf("服务器正在运行……按 Q(q)键关闭")
```

4. 显示好友列表

客户端在收到服务器返回的 UDP 报文后，首先将其消息体 Body 解析出来存放到一个字符串数组（切片）friendSet 中，然后用 for-range 语句遍历这个数组得到好友列表项并显示出来。

在客户端 recvData 函数中编写以下代码：

```
    func recvData(conn *net.UDPConn) {
        for {
            data := make([]byte, 1024)
            num, _, _ := conn.ReadFromUDP(data)
            if num != 0 {
                datagram := Datagram{}
                json.Unmarshal(data[:num], &datagram)
                if datagram.Type == "Online" && datagram.UserName == "" &&
datagram.PeerName == currentUser {
                    friendSet := strings.Split(datagram.Body
[1:len(datagram.Body)-1], ",")                                //解析消息体 Body
                    for i, item := range friendSet {          //遍历数组
                        username := item[1 : len(item)-1]
                        friendItem := widgets.NewQTableWidgetItem3
(gui.NewQIcon5("data/photo/"+username+".jpg"), username, 0)
                        dialog.TbwFriendList.InsertRow(i)     //在表格中添加行
                        dialog.TbwFriendList.SetRowHeight(i, 60)
                                                              //设置行高
                        dialog.TbwFriendList.SetItem(i, 0, friendItem)
                    }
                } else if datagram.Type == "Message" && datagram.UserName ==
peerUser && datagram.PeerName == currentUser {
                    showPeerData(datagram)                    //显示对方发送的消息
                }
                //实现其他功能的代码
                ...
            }
        }
    }
```

说明：TableWidget 控件支持显示带图标的列表项，只需在创建列表项对象时额外传入一个图标类型的参数即可，语句形式如下：

```
    列表项 := widgets.NewQTableWidgetItem3(gui.NewQIcon5(图片文件),列表项文本,0)
```

12.3.2　文字聊天

1．消息发送

在聊天过程中，消息以类型为 Message 的 UDP 消息形式在网络上传播。发送方在工具栏下的文本输入区中输入文字，单击“发送”按钮将消息发送出去。“发送”按钮的单击事件会启动一个 sendData 协程函数用于发送消息，在客户端 initUi 函数中将“发送”按钮的单击信号关联到 sendData 函数中：

```
addr, _ := net.ResolveUDPAddr("udp", "127.0.0.1:23232")
conn, _ := net.DialUDP("udp", nil, addr)
dialog.PbSend.SetStyleSheet("background-color: whitesmoke; border: 1px solid black")
dialog.PbSend.SetFlat(true)
dialog.PbSend.ConnectClicked(func(checked bool) {
    go sendData(conn)                              //单击事件启动发送消息的协程
})
```

sendData 函数代码如下：

```
func sendData(conn *net.UDPConn) {
    text := dialog.TeChatEdit.ToPlainText()
    datagram := Datagram{Type: "Message", UserName: currentUser, PeerName: 
peerUser, Body: text, DateTime: time.Now().Format("2006-01-02 15:04:05")}
    jsongram, _ := json.Marshal(datagram)
    conn.Write(jsongram)                              //发送消息
    showSelfData(datagram)                            //显示自己发送的消息
}
```

sendData 函数在发出消息的同时马上调用 showSelfData 函数在客户端聊天内容区显示己方发送的消息内容。

2．消息显示

对方收到消息后还有一个如何把它呈现在聊天内容区中的问题，微信聊天文字的显示风格比较独特，聊天双方所发的文字分别显示在聊天内容区的不同侧，并且加了不同的底纹及带有各自的用户头像，如图 12.14 所示。对于这种较为复杂的呈现方式，需要对消息的收发方分别设计独立的函数来实现各自的显示样式。

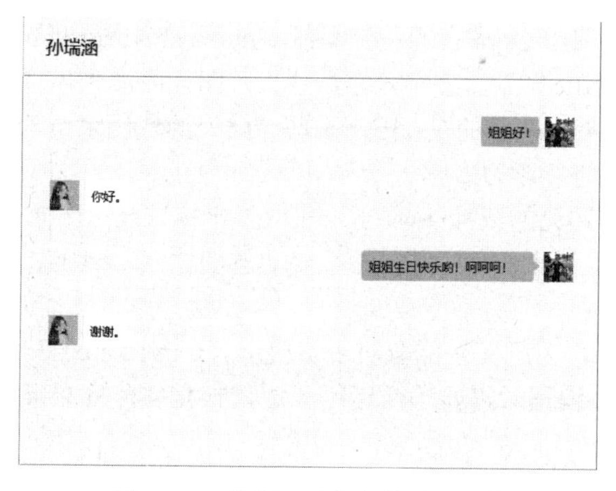

图 12.14　微信聊天文字的显示风格

1）显示己方消息

用户自己发送的文字加草绿色底纹，显示在聊天内容区右侧，用户头像位于文字右侧。

设计 showSelfData 函数，实现己方消息的显示样式，代码如下：

```
func showSelfData(d Datagram) {
    w := 100
    h := 30
    texture := gui.NewQPixmap3("image/TextureSelf.jpg", "", 0)
    w = len(d.Body) / 3 * 16                          //根据文字内容长度设置宽度
    h = 32
    x := (dialog.GvWeChatView.Width() / 2) - w - 5 - 32 - 30
    y := y0
    texture = texture.Scaled2(w, h, core.Qt__IgnoreAspectRatio,
core.Qt__FastTransformation)
    textureItem := widgets.NewQGraphicsPixmapItem(nil) //显示文字底纹
    textureItem.SetPixmap(texture)
    textureItem.SetPos2(float64(x), float64(y))
    dialog.Scene.AddItem(textureItem)                  //添加到场景中
    y0 = y + h + 40
    textItem := widgets.NewQGraphicsTextItem(nil)      //显示文字内容
    font := gui.NewQFont()
    font.SetPointSize(10)
    textItem.SetFont(font)
    textItem.SetPlainText(d.Body)
    textItem.SetPos2(float64(x+5), float64(y+5))
    dialog.Scene.AddItem(textItem)
    photo := gui.NewQPixmap3("data/photo/"+d.UserName+".jpg", "", 0)
    photo = photo.Scaled2(32, 32, core.Qt__KeepAspectRatio,
core.Qt__FastTransformation)
    photoItem := widgets.NewQGraphicsPixmapItem(nil)   //显示己方用户头像
    photoItem.SetPixmap(photo)
    photoItem.SetPos2(float64(x+w+5), float64(y))
    dialog.Scene.AddItem(photoItem)
}
```

说明：上述函数代码使用 Qt 语言的图元系统 GraphicsPixmapItem 显示文字底纹（图片）和用户头像，用 GraphicsTextItem 显示文字内容，并将各图元添加到场景中，这样就可以在图形视图中看到想要的效果了。需要注意的是，限于篇幅，此处的代码未全部列出，读者可通过查看本书配套资源中提供的源码进行学习。

难点：如何正确设置图元的尺寸（w、h）和位置坐标（x、y）？

- 宽度 w 必须根据要显示的文字内容的长度动态变化（w = len(d.Body) / 3 * 16），高度 h 固定不变（h = 32）。
- 由于内容靠右显示，因此 x 坐标取决于宽度 w（x := (dialog.GvWeChatView.Width() / 2) - w - 5 - 32 - 30），在编程时需要不断运行程序，根据实际效果反复调整才能达到满意的显示效果。

• y 坐标会随着聊天过程的进行等距增大，这里采用的方法是：固定一个初始值 y0（第一条聊天消息的纵向显示位置，笔者在界面初始化 initUi 函数中将其设为 y0 = -(dialog.GvWeChatView.Height() / 2) + 40），以后每显示一条消息就在其上加一个固定值（y0 = y + h + 40）。

以上代码中的相关数值都是笔者在编程实践中反复调整所得的满意值，读者在练习时可以先用书上的代码运行，再按照自己的感官喜好适当地做出调整，不一定非要与书上设置的值完全一样。

2）显示对方消息

对方发送的文字加亮白色底纹，显示在聊天内容区左侧，用户头像位于文字左侧。

设计 showPeerData 函数，实现对方消息的显示样式，代码如下：

```
func showPeerData(d Datagram) {
    w := 100
    h := 30
    texture := gui.NewQPixmap3("image/TexturePeer.jpg", "", 0)
    w = len(d.Body) / 3 * 16                            //根据文字内容长度设置宽度
    h = 32
    x := -(dialog.GvWeChatView.Width() / 2) + 30
    y := y0
    photo := gui.NewQPixmap3("data/photo/"+d.UserName+".jpg", "", 0)
    photo = photo.Scaled2(32, 32, core.Qt__KeepAspectRatio,
core.Qt__FastTransformation)
    photoItem := widgets.NewQGraphicsPixmapItem(nil)   //显示对方用户头像
    photoItem.SetPixmap(photo)
    photoItem.SetPos2(float64(x), float64(y))
    dialog.Scene.AddItem(photoItem)
    texture = texture.Scaled2(w, h, core.Qt__IgnoreAspectRatio,
core.Qt__FastTransformation)
    textureItem := widgets.NewQGraphicsPixmapItem(nil) //显示文字底纹
    textureItem.SetPixmap(texture)
    textureItem.SetPos2(float64(x+32+5), float64(y))
    dialog.Scene.AddItem(textureItem)
    y0 = y + h + 40
    textItem := widgets.NewQGraphicsTextItem(nil)      //显示文字内容
    font := gui.NewQFont()
    font.SetPointSize(10)
    textItem.SetFont(font)
    textItem.SetPlainText(d.Body)
    textItem.SetPos2(float64((x+32+5)+5), float64(y+5))
    dialog.Scene.AddItem(textItem)
}
```

同样地，在编程时要根据实际显示效果反复调整程序中相关的变量数值，但由于对方发送的消息是靠左显示的，x 坐标与宽度 w 不再相关（x := -(dialog.GvWeChatView.Width() / 2) + 30），因此调整起来要容易一些。

3．消息暂存与转发

在日常生活中使用微信时，读者可能会有这样的体验：当长时间没看手机，重新打开微信时会收到离线这段时间好友们发送给自己的消息，这是通过微信的离线用户消息暂存与转发功能实现的。

简版微信系统的服务器在收到客户端发送的 Message 类型（聊天文字）的消息时，如果发现对方用户不在线（根据用户文档的 Online 键值判断，为 0 表示不在线），就将发送给他的消息暂存到 MongoDB 的 chatinfotemp 集合中，待该用户的客户端重新上线时再将其离线期间其他人发送给他的消息转发给他。该功能只需在服务器处理用户上线的代码块后紧接着编写相应的功能代码即可实现，这个就留给读者做练习，在编程时需要注意以下两点。

（1）暂存的消息在转发给用户后要及时清除，以免在服务器上累积垃圾消息。

（2）服务器在收到 UDP 解析的报文后得到的是 JSON 数据，可以直接将其作为参数写入 MongoDB 中而无须进行任何转换。

12.4 微信增强功能开发

12.4.1 功能演示

微信在聊天中除了可以发送普通文字，还可以传文件，发送表情、图片和语音甚至可以直接进行实时的语音通话和视频通话。下面来演示简版微信的一些增强功能。

1．传文件

用户在聊天时可单击工具栏上的“发送文件”按钮，选择本地计算机中的文件发送给对方，如图 12.15 所示；对方在聊天内容区中会收到一个带文件图标和文件名的消息项，双击文件名可将该文件下载至本地计算机中，且程序自动打开文件的存放目录，如图 12.16 所示。

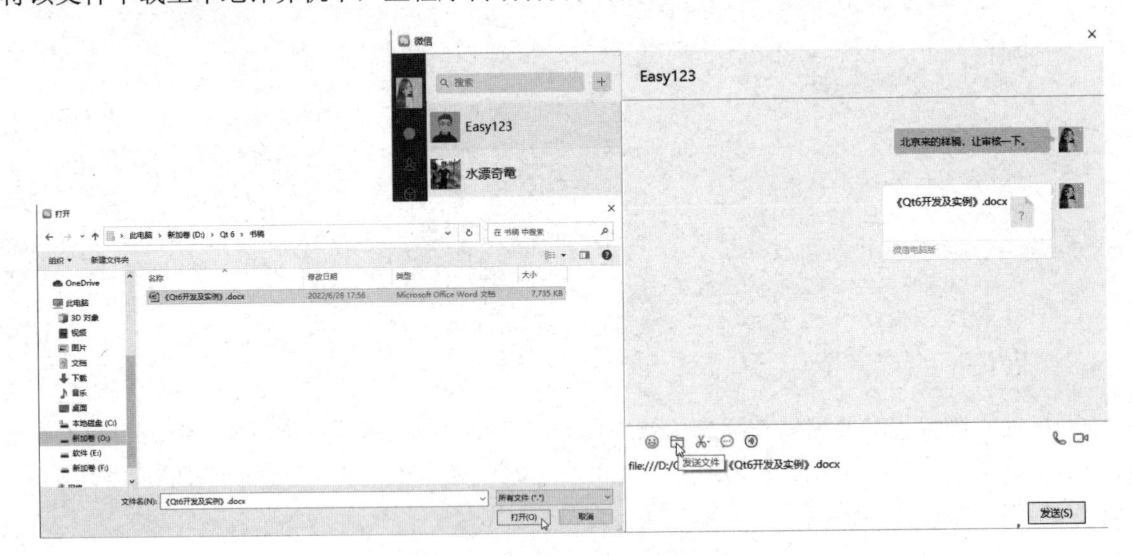

图 12.15　选择文件发送给对方

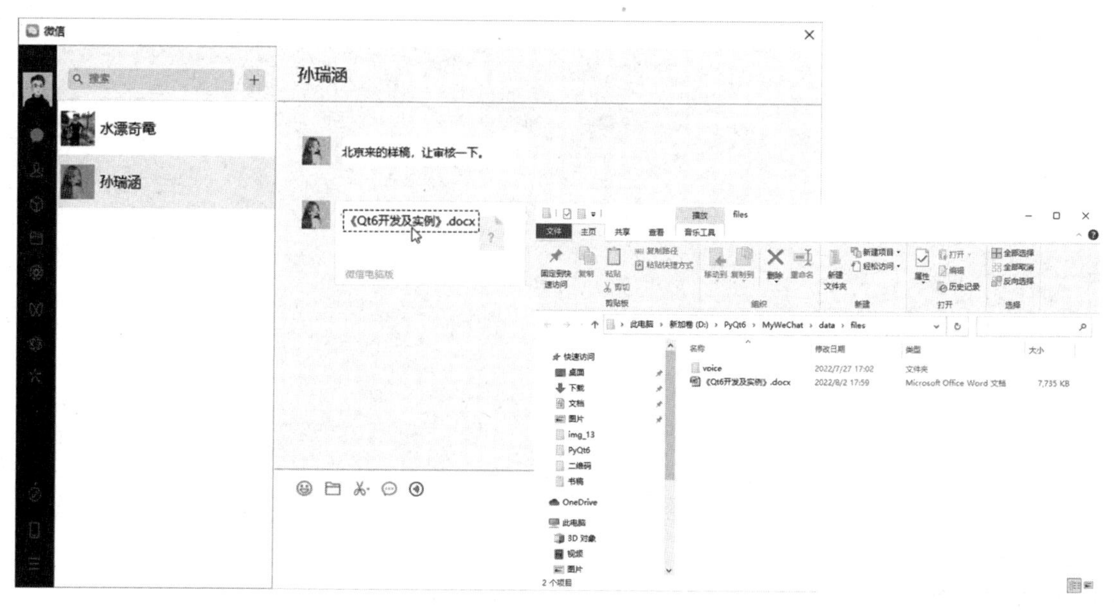

图 12.16　对方接收文件

2. 发送图片

用户在聊天时单击工具栏上的“发送文件”按钮，选择本地计算机中的图片发送给对方，对方在聊天内容区中能直接看到图片，双击还可启动 Windows 的图片查看器预览大图，效果如图 12.17 所示。

图 12.17　收到图片和预览大图的效果

3. 发送语音

在使用微信聊天时，发送语音是我们常做的一件事，它可以避免手动输入大段文字的麻烦，高效且便捷。用户单击工具栏上的🔊图标，图标变为⌨且旁边出现“按住说话”按钮，在单击按钮的同时说话，说完后释放鼠标，聊天内容区就会出现发送的语音消息，对方收到消息后双击就能听到语音，过程如图 12.18 所示。

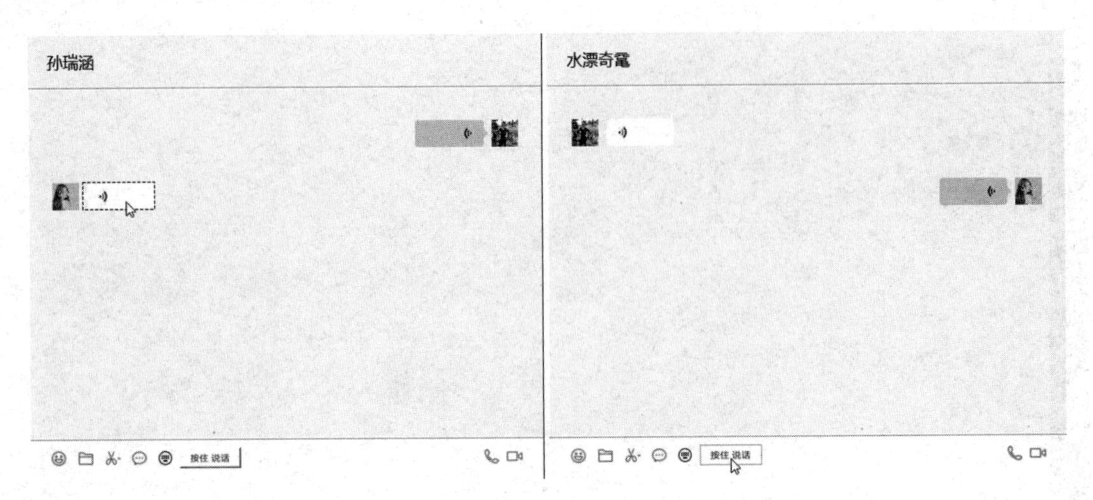

图 12.18　在聊天时收发语音

12.4.2　实现思路

看似收发的内容类型（文件、图片、语音）不一样，实则其存在共同点。

（1）图片本身就是一种文件，语音也是以音频（.mp3、.wav 等）格式的文件保存的，所以三者都可以统一作为文件来处理。

（2）对方要能对收到的内容进行操作（双击）：下载文件、预览图片、收听语音。

鉴于以上两点，考虑将文件、图片和语音的传输用同一种机制来编程实现。

（1）对方收到消息后未必立即下载、预览或收听，所以这个过程不同于文字聊天，用户发送的内容必须先作为"资源"由服务器保存，对方可在任何时候有选择地从服务器下载接收。

（2）聊天内容区必须能响应用户的双击操作，且在发生双击事件时要能正确判断用户操作的是哪一个对象，所以这还涉及对象类型及相应文件资源的识别问题，而在这些方面 Qt 语言的 GraphicsView 功能提供了强大的基础支持，很容易实现此类功能。

（3）为保证接收内容的完整可靠，传输需要通过 TCP 进行。在上传内容时，客户端扮演的角色是"TCP 服务器"，服务器扮演的角色则是"TCP 客户端"，而在下载内容时则相反。

根据上述思路，可分以下 4 个阶段实现增强功能的开发。

- 内容产生：选择要发送的文件、图片或录入语音。
- 内容上传：将所选文件、图片或录入的语音上传给服务器保存。
- 内容呈现：在聊天内容区中根据收到的不同内容类型显示不同样式的消息。例如，图片就直接显示，而语音则显示为一个带喇叭的消息底图 。
- 内容接收：对方向服务器请求下载文件、预览图片或收听语音。

限于篇幅，本实训就留给读者做练习，读者可以按照上面所讲的实现思路并结合第 7 章的 Go 语言 TCP 程序设计知识，以及充分利用 Qt 图元系统的特性（可参考 Qt 编程方面的书籍）来实现。

第 13 章

与 Go 语言微服务交互数据库实训：PHP 学生成绩管理系统

13.1 系统架构

PHP 与 Go 是两种不同的编程语言，PHP 主要用在 Web 前端开发中，而 Go 更擅长实现服务器上的高并发、高性能程序。在某些实际应用场景中可以将它们结合起来使用以发挥各自的优势。本章开发一个“学生成绩管理系统”作为这方面的典型案例，用到了第 6 章数据库（MySQL）操作和第 7 章 Socket 编程相关的知识，并使用了不同于第 8 章的另外一种基于 Go 语言内置 net/rpc 库的原生微服务开发方式。

学生成绩管理系统由 PHP 客户端与 Go 服务器组成，PHP 客户端运行于 Apache 上，服务器端程序包括两部分：客户端代理与微服务。PHP 以 Socket 方式与客户端代理交互，客户端代理根据请求的不同类型调用不同的微服务执行相应的操作完成所需功能。服务器上运行了两个微服务，即学生管理微服务和成绩管理微服务，学生管理微服务负责管理学生信息，成绩管理微服务则负责管理课程和成绩信息。所有的学生信息、课程信息和成绩信息都存储在 MySQL 中。“学生成绩管理系统”架构如图 13.1 所示。

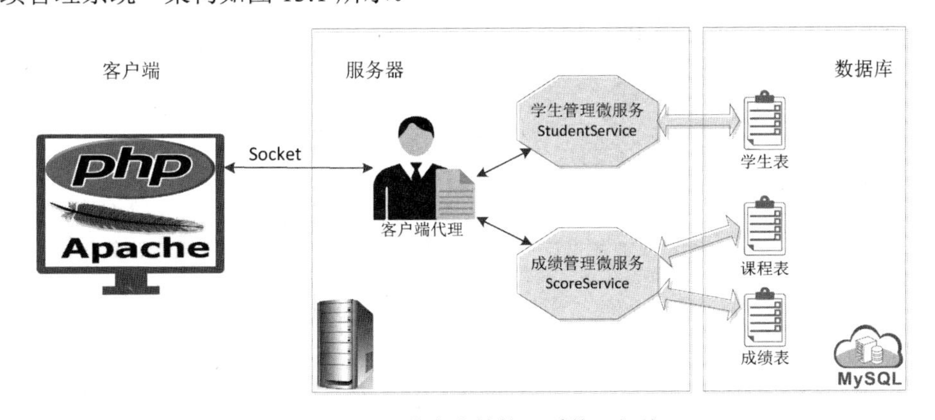

图 13.1 “学生成绩管理系统”架构

13.1.1 开发平台搭建

本系统的开发要求在计算机上安装 PHP 环境及开发工具、Go 语言环境、MySQL 及可视化工具等，整个开发平台的搭建过程较为复杂，步骤如下。

1．准备操作系统

PHP 环境需要使用操作系统的 80 端口，为防止该端口被操作系统中的其他进程占用，必须预先对操作系统进行如下设置。

打开 Windows“注册表编辑器”界面（方法：在 Windows 命令行下输入 regedit 命令并按回车键），在 HKEY_LOCAL_MACHINE\SYSTEM\CurrentControlSet\Services\HTTP 路径下，找到一个名为“Start”的项（REG_DWORD 类型），将其数值数据修改为“0”，如图 13.2 所示。

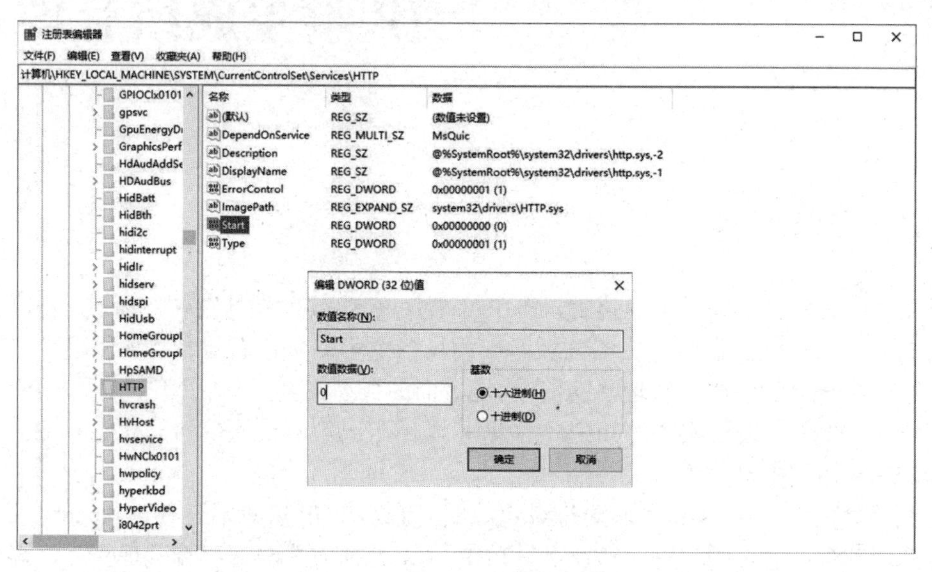

图 13.2　修改“Start”项的值

将“Start”项所在的 HTTP 文件夹的 SYSTEM 的权限（完全控制和读取）设为拒绝，如图 13.3 所示。

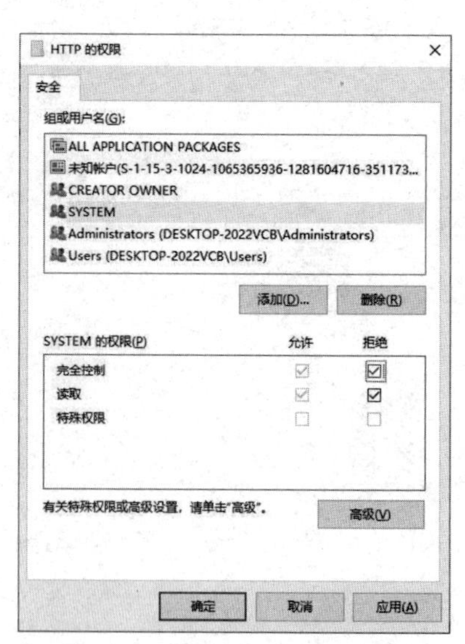

图 13.3　设置 SYSTEM 的权限

2. 安装 Apache 服务器

1）获取 Apache 软件包

Apache 是开源软件，可以免费获得。访问 Apache 官方网站下载页面，得到安装包 httpd-2.4.54-o111s-x64-vs16.zip。

2）定义服务器根目录

将安装包解压缩至 C:\Program Files\Php\Apache24 目录下，进入其下的 conf 子目录，找到 Apache 的配置文件 httpd.conf，用 Windows 记事本打开，在其中定义服务器根目录（见图 13.4）：

```
Define SRVROOT "C:/Program Files/Php/Apache24"
```

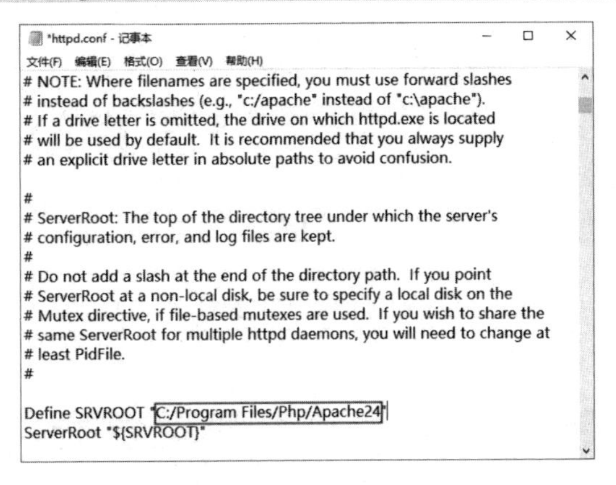

图 13.4　定义 Apache 服务器根目录

3）安装 Apache 服务

以管理员身份打开 Windows 命令行，进入安装包解压缩目录下的 bin 子目录，输入以下命令安装 Apache 服务（见图 13.5）：

```
httpd.exe -k install -n apache
```

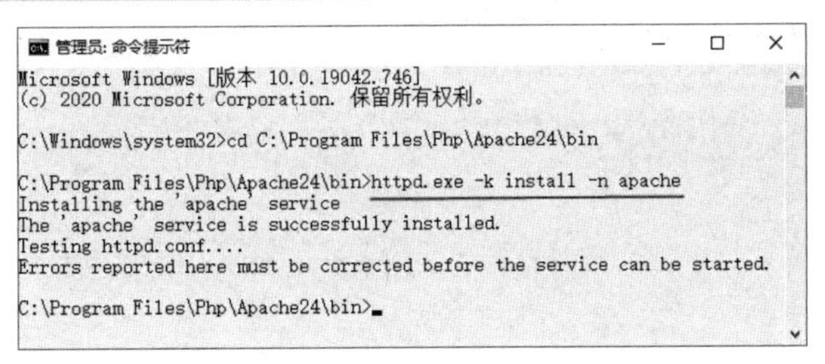

图 13.5　安装 Apache 服务

4）启动 Apache 服务

进入 C:\Program Files\Php\Apache24\bin 目录，双击其中的 ApacheMonitor.exe 文件，在桌面任务栏右下角出现一个图标，图标内的形状为绿色时表示服务正在运行，为红色时表示服务已停止运行。

双击该图标会弹出“Apache Service Monitor”界面，如图 13.6 所示，单击其上的“Start”、“Stop”和“Restart”按钮可分别启动、停止和重启 Apache 服务。

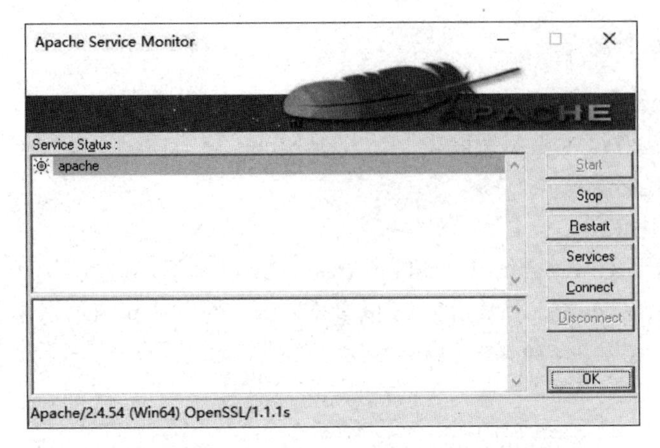

图 13.6　“Apache Service Monitor”界面

至此，Apache 服务器安装完成。读者可以测试一下 Apache 服务器是否已安装成功，在浏览器地址栏中输入 http://localhost 或 http://127.0.0.1 后按回车键。如果安装成功，则会出现图 13.7 所示的页面。

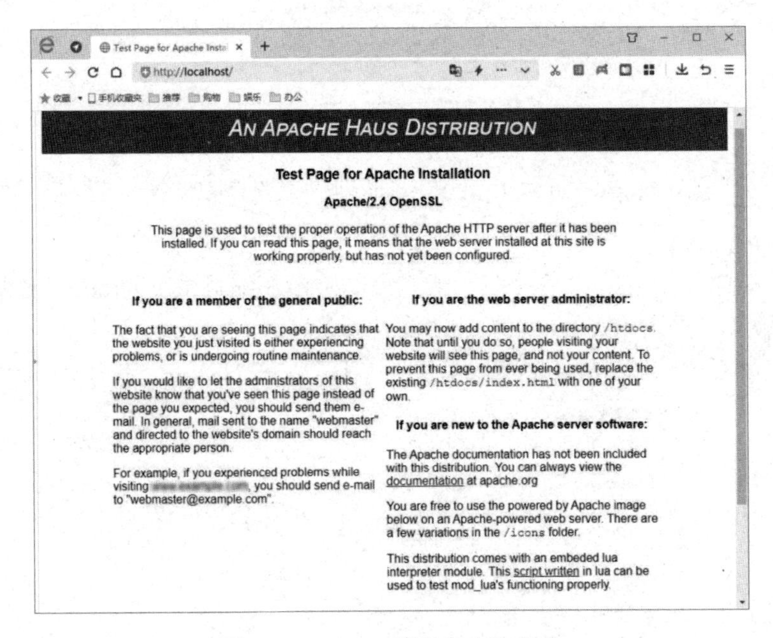

图 13.7　Apache 服务器安装成功

3. 安装 PHP

Windows 专用的 PHP 请读者自行登录 PHP 官方网站下载。本实训选择的版本为 PHP 7.4，下载得到的安装包为 php-7.4.33-Win32-vc15-x64.zip（线程安全），将其解压缩至 C:\Program Files\Php\php7 目录下。

1）指定扩展库目录

进入 C:\Program Files\Php\php7 目录，找到一个名为“php.ini-production”的文件，将其在原目录下复制一份并重命名为“php.ini”（作为 PHP 的配置文件使用），用 Windows 记事本打开，在其中指定扩展库目录（见图 13.8）：

```
extension_dir = "C:/Program Files/Php/php7"
```

```
On windows:
extension_dir = "C:/Program Files/Php/php7/ext"
```

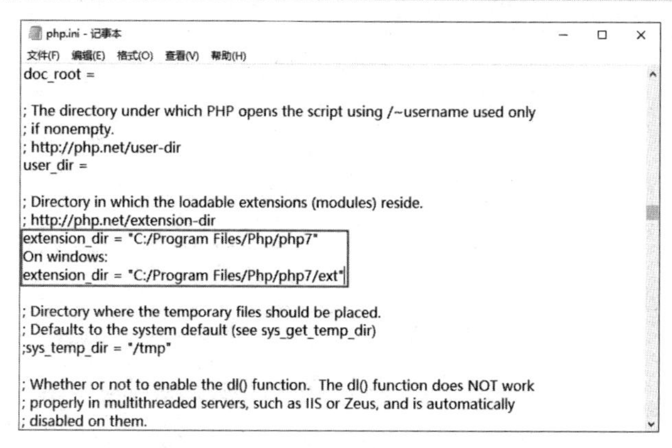

php.ini - 记事本
文件(F) 编辑(E) 格式(O) 查看(V) 帮助(H)
doc_root =

; The directory under which PHP opens the script using /~username used only
; if nonempty.
; http://php.net/user-dir
user_dir =

; Directory in which the loadable extensions (modules) reside.
; http://php.net/extension-dir
extension_dir = "C:/Program Files/Php/php7"
On windows:
extension_dir = "C:/Program Files/Php/php7/ext"

; Directory where the temporary files should be placed.
; Defaults to the system default (see sys_get_temp_dir)
;sys_temp_dir = "/tmp"

; Whether or not to enable the dl() function. The dl() function does NOT work
; properly in multithreaded servers, such as IIS or Zeus, and is automatically
; disabled on them.

图 13.8　指定 PHP 扩展库目录

2）开放基本扩展库

在 php.ini 文件中，开放（去掉行前分号）以下这些基本扩展库（见图 13.9）：

```
extension=curl
extension=gd2
extension=mbstring
extension=mysqli
extension=pdo_mysql
```

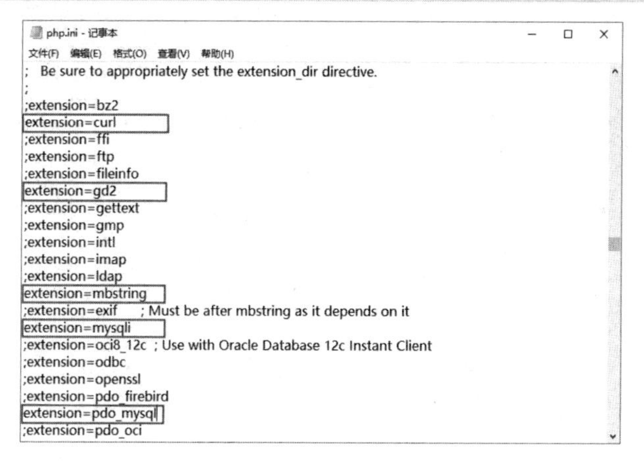

php.ini - 记事本
文件(F) 编辑(E) 格式(O) 查看(V) 帮助(H)
;   Be sure to appropriately set the extension_dir directive.
;
;extension=bz2
extension=curl
;extension=ffi
;extension=ftp
;extension=fileinfo
extension=gd2
;extension=gettext
;extension=gmp
;extension=intl
;extension=imap
;extension=ldap
extension=mbstring
;extension=exif   ; Must be after mbstring as it depends on it
extension=mysqli
;extension=oci8_12c ; Use with Oracle Database 12c Instant Client
;extension=odbc
;extension=openssl
;extension=pdo_firebird
extension=pdo_mysql
;extension=pdo_oci

图 13.9　开放 PHP 基本扩展库

4. Apache 整合 PHP

进入 C:\Program Files\Php\Apache24\conf 目录，打开 Apache 配置文件 httpd.conf，在其中添加如下配置（见图 13.10）：

```
LoadModule php7_module "C:/Program Files/Php/php7/php7apache2_4.dll"
AddType application/x-httpd-php .php .html .htm
PHPIniDir "C:/Program Files/Php/php7/"
```

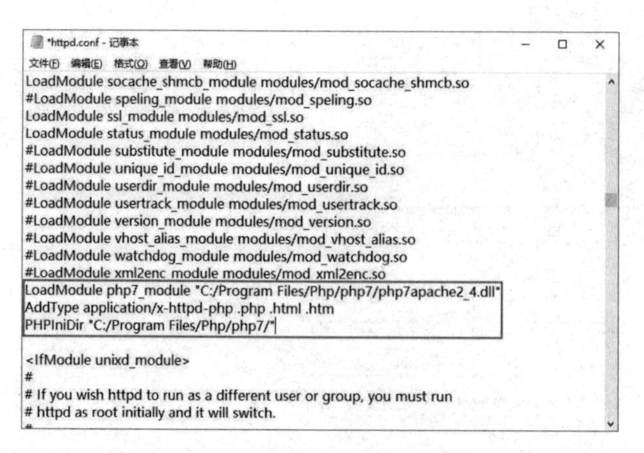

图 13.10　Apache 2.4 整合 PHP 7 的配置

将 php 解压缩文件中的 libssh2.dll 放入 Apache 2.4 解压缩目录的 bin 子目录中。

配置完成后重启 Apache 服务管理器，“Apache Service Monitor”界面下方的状态栏上会显示“Apache/2.4.54 (Win64) OpenSSL/1.1.1s PHP/7.4.33”，这说明 Apache 已支持 PHP，如图 13.11 所示。

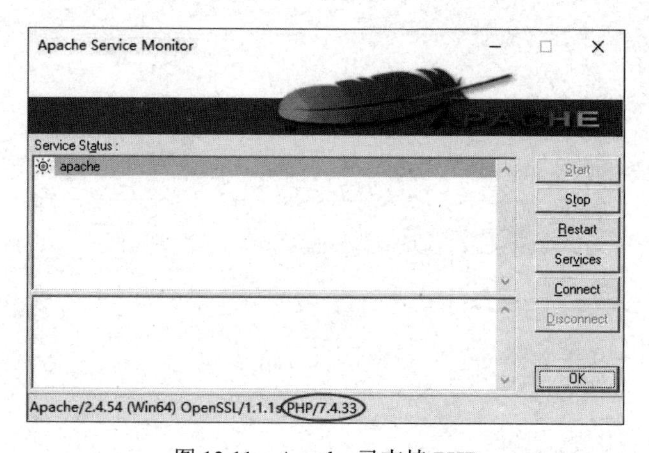

图 13.11　Apache 已支持 PHP

5．安装与配置 Eclipse

本实训使用 Eclipse 作为客户端 PHP 程序的开发工具，安装与配置过程如下。

1）安装 JDK

Eclipse 需要 JRE 的支持，而 JRE 包含在 JDK 中，所以要先安装 JDK。读者可以从 Oracle 官方网站上下载目前最新版本的、适合自己计算机操作系统的 JDK。笔者下载的是 JDK 17（Oracle 经常会发布 JDK 的更新版本，读者可试用最新版本），得到的文件为“jdk-17_windows-x64_bin.exe”，这个文件的大小为 152MB。

进入浏览器中下载安装文件的位置，并双击该文件开始安装，将会打开安装向导，如图 13.12 所示。单击“下一步”按钮，系统进入指定安装目录对话框。在 Windows 中，JDK 安装程序的默认路径为 C:\Program Files\Java\。如果要更改安装目录的位置，则可单击“更改”按钮。这里安装到默认路径，如图 13.13 所示。

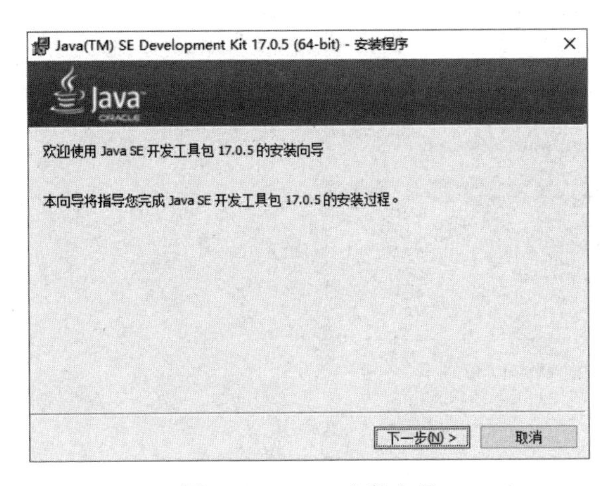

图 13.12　JDK 安装向导

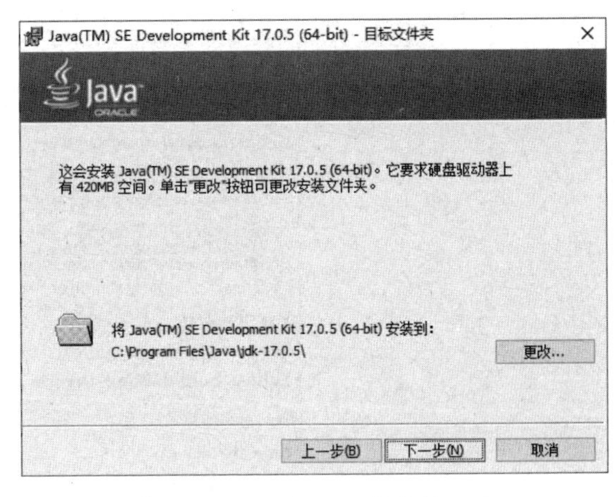

图 13.13　选择 JDK 的安装目录

按照安装向导的指引往下操作，直到安装完成显示安装完成对话框，单击“关闭”按钮，结束安装。

2）安装 Eclipse

目前 Eclipse 官方只提供了安装器的下载文件，获取到的文件为 eclipse-inst-jre-win64.exe。

在实际安装时必须先确保计算机处于联网状态，然后启动 eclipse-inst-jre-win64.exe，选择要安装的 Eclipse IDE 类型为“Eclipse IDE for PHP Developers”（PHP 版），如图 13.14 所示，安装的全过程要始终确保计算机处于联网状态，以实时下载所需的文件。单击“INSTALLING”按钮开始安装，如图 13.15 所示。

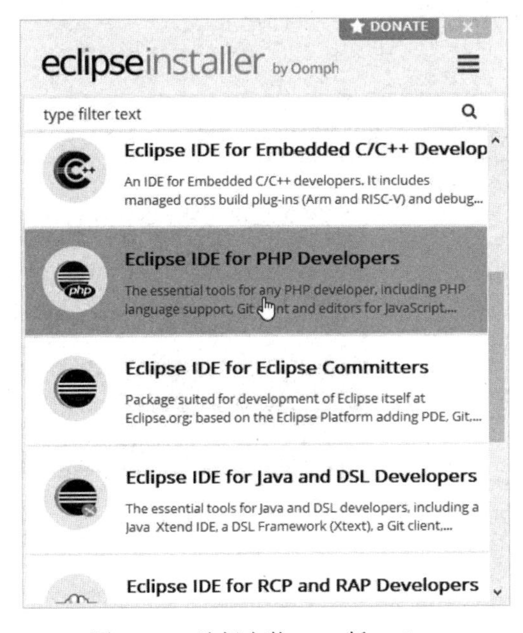

图 13.14　选择安装 PHP 版 Eclipse

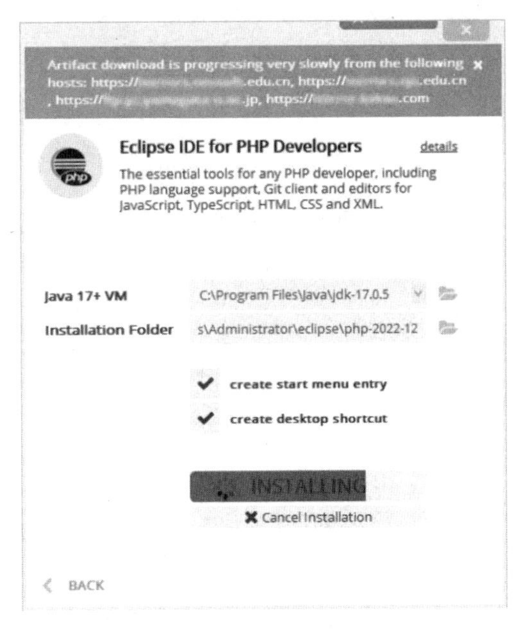

图 13.15　开始安装 Eclipse

在安装过程中会出现对话框让用户确认是否接受许可协议条款，单击“Accept Now”按钮接受全部许可协议条款，如图 13.16 所示。

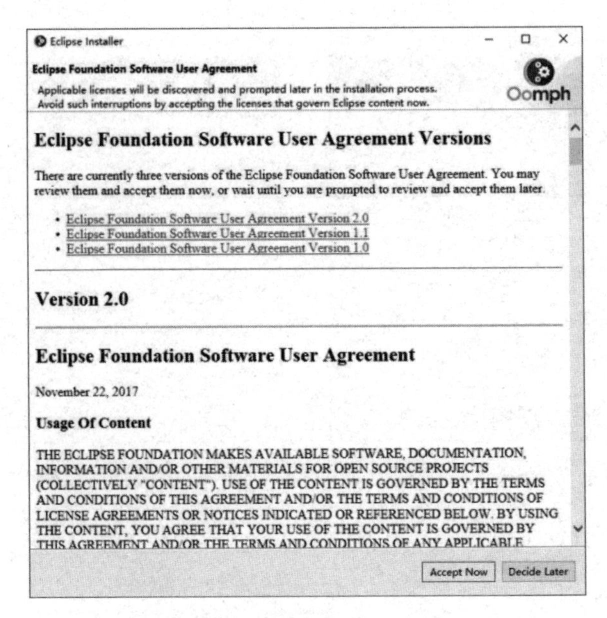

图 13.16　接受全部许可协议条款

安装完成后单击“LAUNCH”按钮启动 Eclipse，如图 13.17 所示。

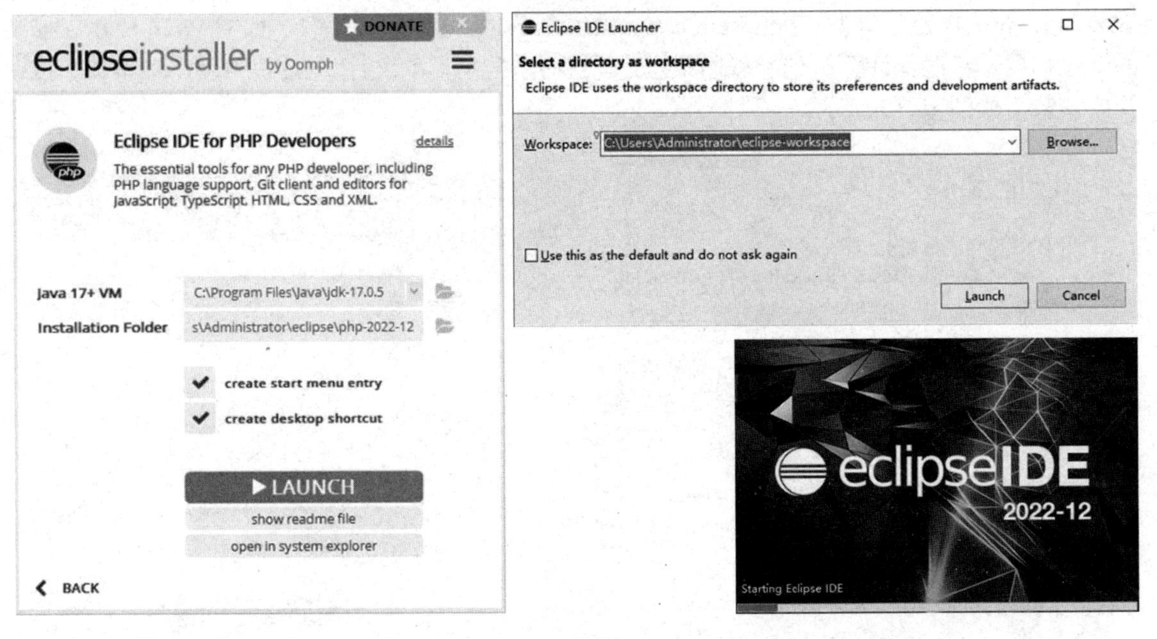

图 13.17　初次启动 Eclipse

3）更改工作区

启动 Eclipse 后首先出现欢迎页面，关闭欢迎页面即可进入 Eclipse 开发环境页面，如图 13.18 所示。

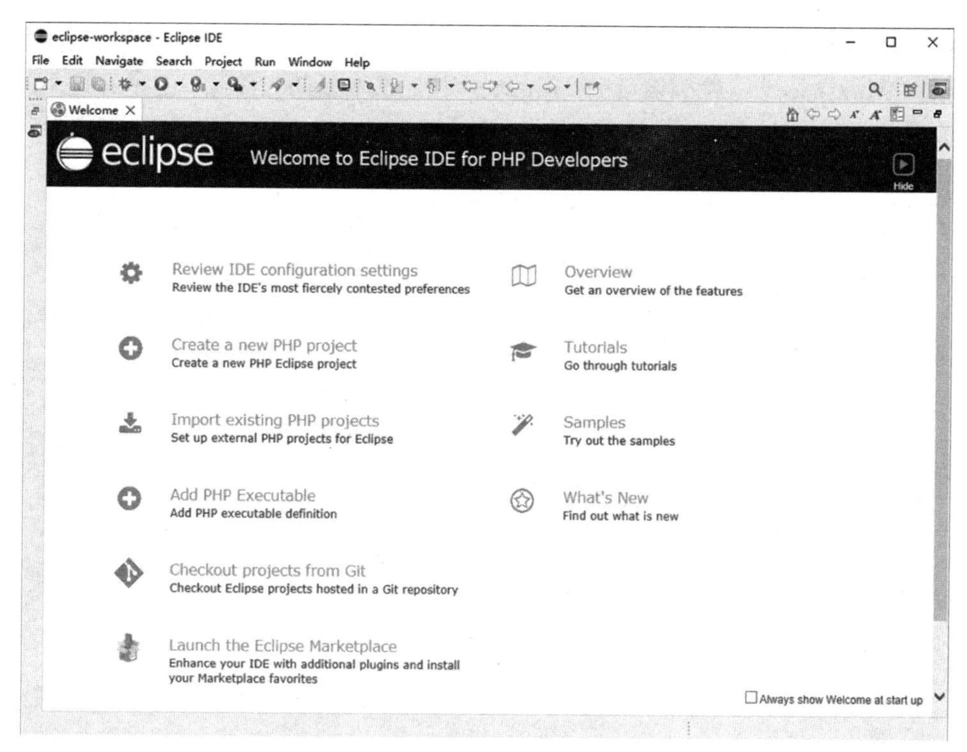

欢迎页面

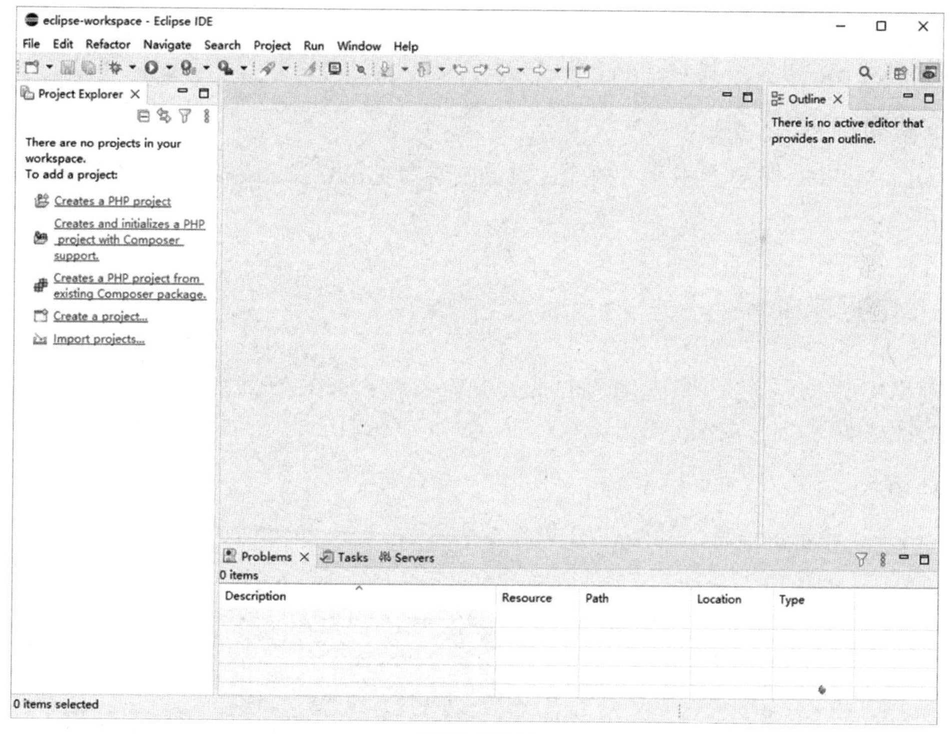

开发环境页面

图 13.18　Eclipse 欢迎页面及开发环境页面

Apache 服务器默认的网页路径为“C:\Program Files\Php\Apache24\htdocs”，为方便开发与运行程序，我们将 Eclipse 的工作区更改为与此路径一致。

选择主菜单中的“File”→“Switch Workspace”→“Other”命令，弹出“Eclipse IDE Launcher”界面，单击“Workspace”下拉列表后的“Browse”按钮选取新的工作区，这里设为“C:\Program Files\Php\Apache24\htdocs”，如图 13.19 所示，单击“Launch”按钮重启 Eclipse 使设置生效。

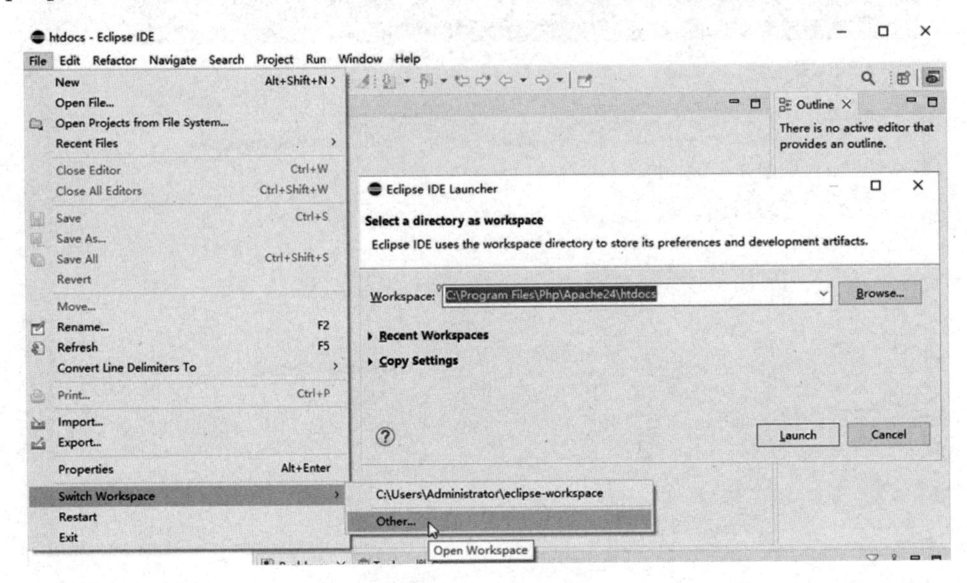

图 13.19　选取新的工作区

6．安装 Go 语言环境

本实训使用 Go 语言及其 GoLand 集成开发环境，安装与配置过程参见第 1 章。

7．安装 MySQL

MySQL、MySQL 驱动程序及可视化工具的安装参见第 6 章，或参考相关的专业书籍和网络资料。

13.1.2　数据库设计

在 MySQL 中创建学生成绩管理数据库，并命名为 pxscj，在其中创建 3 张表：xs（学生）表、kc（课程）表和 cj（成绩）表。

1．xs 表

xs 表用来存储学生信息，其结构如表 13.1 所示。

表 13.1　xs 表结构

项　目　名	字　段　名	数 据 类 型	不　可　空	说　　明
姓名	xm	char(4)	✓	主键
性别	xb	tinyint	✓	1 为男，0 为女
出生时间	cssj	date	✓	
总学分	zxf	int		
备注	bz	text		
照片	zp	blob		

创建 xs 表后，往其中录入几条测试用的学生信息记录，如图 13.20 所示。

xm	xb	cssj	zxf	bz	zp
周何骏	1	1998-09-25	11	通信工程转入	(BLOB) 4.56 KB
徐鹤	1	1997-11-08	9	(Null)	(Null)
林雪	0	1997-10-19	0	(Null)	(Null)
王新平	1	1998-03-06	2	(Null)	(Null)
王林	1	1998-02-10	0	(Null)	(Null)

图 13.20　xs 表记录

2. kc 表

kc 表用来存储课程信息，其结构如表 13.2 所示。

表 13.2　kc 表结构

项　目　名	字　段　名	数 据 类 型	不　可　空	说　　明
课程名	kcm	varchar(10)	✓	主键
学分	xf	tinyint	✓	范围：1～6
考试人数	krs	int		
平均成绩	pjcj	float(5.2)		

创建 kc 表后，往其中录入几条测试用的课程信息记录，如图 13.21 所示。

kcm	xf	krs	pjcj
C++	4	1	82.00
Java	5	3	66.67
PHP	3	0	0.00
大数据	3	0	0.00
计算机导论	2	2	73.50
计算机网络	4	1	85.00

图 13.21　kc 表记录

3. cj 表

cj 表用来存储成绩记录，其结构如表 13.3 所示。

表 13.3　cj 表结构

项　目　名	字　段　名	数 据 类 型	不　可　空	说　　明
姓名	xm	char(4)	✓	主键
课程名	kcm	varchar(10)	✓	主键
成绩	cj	tinyint		范围：0～100

创建 cj 表后，往其中录入几条测试用的成绩记录，如图 13.22 所示。

xm	kcm	cj
周何骏	C++	82
周何骏	Java	70
周何骏	计算机导论	82
徐鹤	Java	80
徐鹤	计算机网络	85
林雪	Java	50
王新平	计算机导论	65

图 13.22　cj 表记录

13.1.3 项目创建

搭建好开发平台后，接下来分别创建服务器端和客户端的项目工程。

1. 服务器端

服务器端项目在 GoLand 集成开发环境中创建，项目名为 XscjServer，结构如图 13.23 所示。

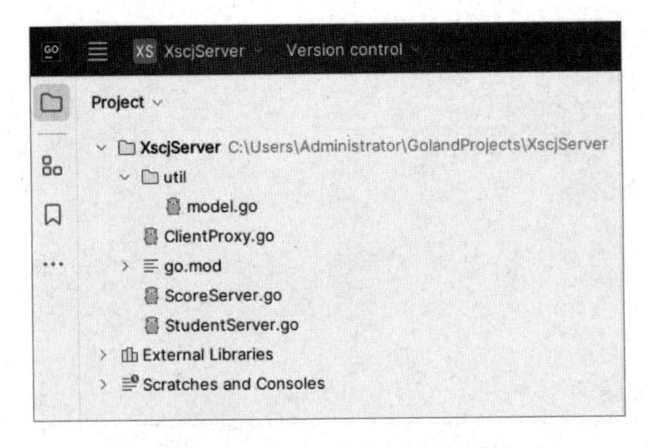

图 13.23 服务器端项目结构

该项目中包含 4 个.go 源文件，说明如下。

（1）model.go：位于 util 目录（包）下，其中定义了一些与数据库表字段信息对应的类（结构体），用于存取 MySQL 数据，它的作用等同于传统 MVC 开发中的模型。

（2）ClientProxy.go：用于实现系统架构中的客户端代理。

（3）ScoreServer.go：用于实现成绩管理微服务。

（4）StudentServer.go：用于实现学生管理微服务。

2. 客户端

客户端项目用 Eclipse 工具创建，项目名为 PhpClient，创建步骤如下。

（1）在 Eclipse 开发环境下，选择主菜单中的“File”→“New”→“PHP Project”命令。

（2）在弹出的“New PHP Project”界面（见图 13.24）的“Project name”输入框中输入项目名“PhpClient”，在“PHP Version”模块中选中“Use project specific settings: PHP Version”单选按钮，并在其右侧的下拉列表中选择所用的 PHP 版本，这里选择“7.4(arrow funtions,spread operator in arrays,…)”选项。

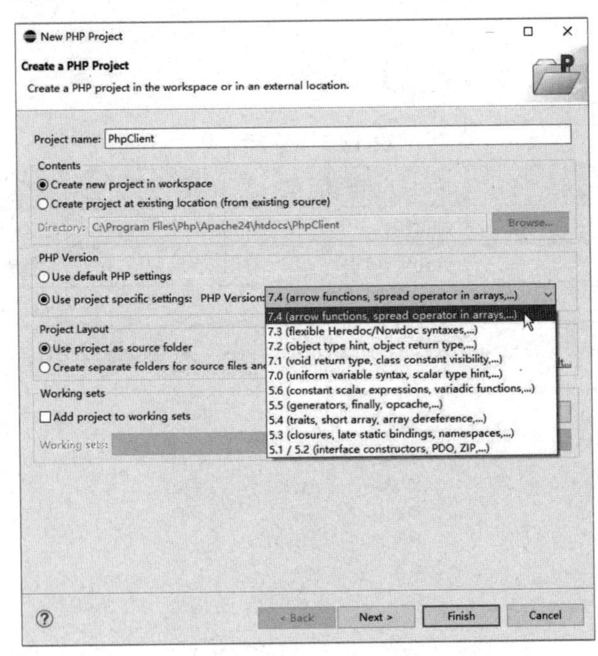

图 13.24 “New PHP Project”界面

（3）单击“Finish”按钮，Eclipse 会在 Apache 安装目录的 htdocs 子目录下自动创建一个名为“PhpClient”的文件夹，并创建项目文件。

（4）项目创建完成后，开发环境页面的“Project Explorer”窗格中会出现一个“PhpClient”项目树，右击该项目，在弹出的快捷菜单中选择“New”→“PHP File”命令，并在弹出的“New PHP File”界面中输入文件名就可以创建 PHP（.php）源文件，如图 13.25 所示。

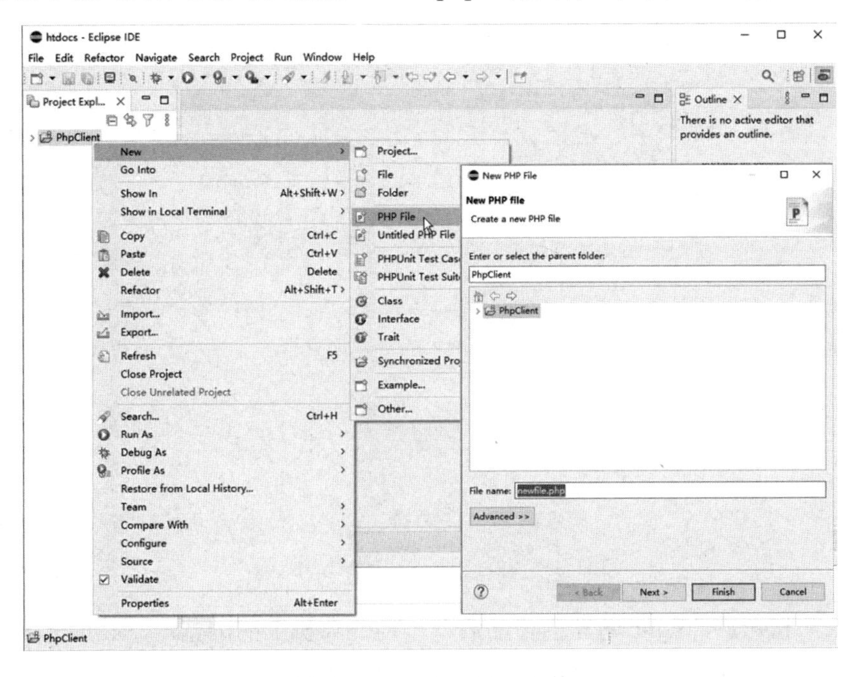

图 13.25　创建 PHP 源文件

（5）运行 PHP 项目。

Eclipse 默认创建的 PHP 文件名为 newfile.php，在其中输入如下代码：

```
<?php
    phpinfo();
?>
```

修改 PHP 的配置文件 php.ini，在其中找到如下语句：

```
short_open_tag = Off
```

将 Off 修改为 On，如图 13.26 所示，以使 PHP 能支持<??>和<%%>标记方式。确认修改后，保存配置文件，重启 Apache 服务。

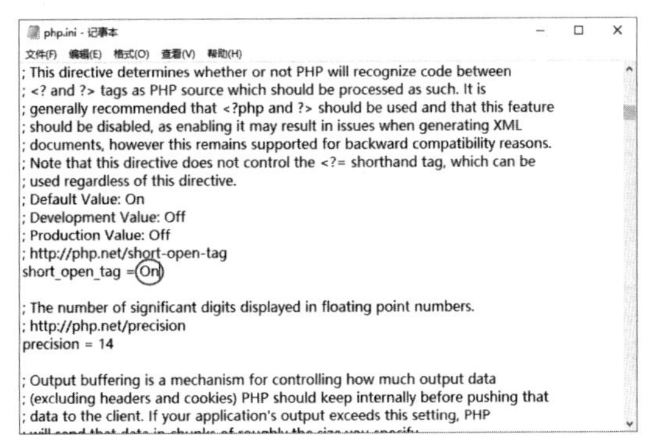

图 13.26　修改配置文件 php.ini

单击工具栏上 图标中的向下箭头，在弹出的下拉列表中选择“Run As”→“PHP Web Application”选项，弹出的对话框中显示出程序即将启动的 URL，如图 13.27 所示。

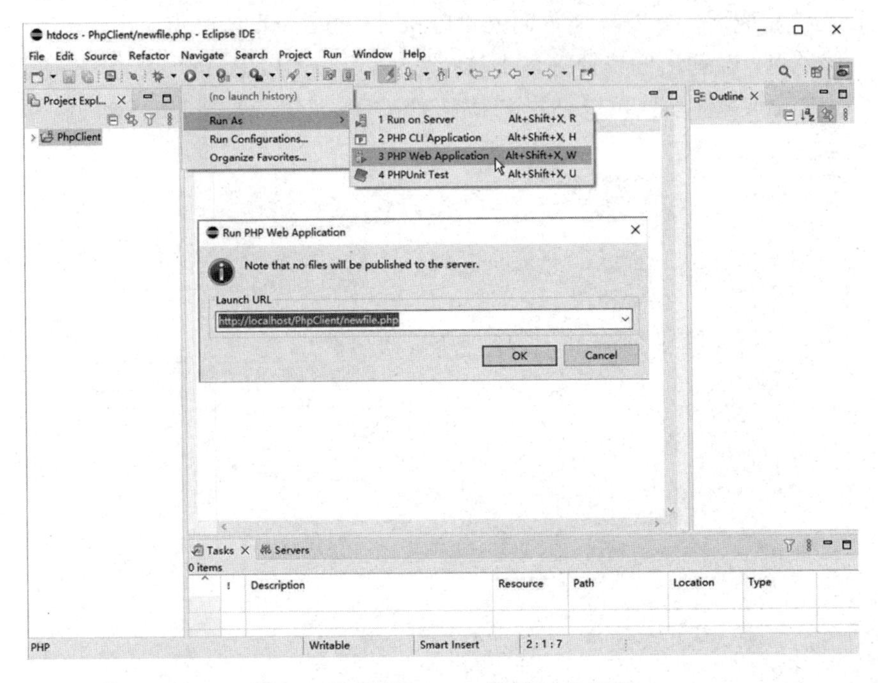

图 13.27 使用 Eclipse 运行 PHP 程序

单击“OK”按钮后，Eclipse 就会自动启动本地计算机上的浏览器，显示出 PHP 版本信息页面，如图 13.28 所示。

PHP 7.4.33 - phpinfo()

http://localhost/PhpClient/newfile.php

PHP Version 7.4.33

System	Windows NT DESKTOP-2022VCB 6.2 build 9200 (Windows 8) AMD64
Build Date	Nov 2 2022 15:57:50
Compiler	Visual C++ 2017
Architecture	x64
Configure Command	cscript /nologo /e:jscript configure.js "--enable-snapshot-build" "--enable-debug-pack" "--with-pdo-oci=c:\php-snap-build\deps_aux\oracle\x64\instantclient_12_1\sdk,shared" "--with-oci8-12c=c:\php-snap-build\deps_aux\oracle\x64\instantclient_12_1\sdk,shared" "--enable-object-out-dir=../obj/" "--enable-com-dotnet=shared" "--without-analyzer" "--with-pgo"
Server API	[illegible]
Virtual Directory Support	enabled
Configuration File (php.ini) Path	no value
Loaded Configuration File	C:\Program Files\Php\php7\php.ini
Scan this dir for additional .ini files	(none)
Additional .ini files parsed	(none)
PHP API	20190902
PHP Extension	20190902
Zend Extension	320190902

图 13.28 PHP 版本信息页面

当然，用户也可以手动打开浏览器，在地址栏中输入 http://localhost/PhpClient/newfile.php 后按回车键。

至此，“学生成绩管理系统”开发所依赖的一切软件环境就准备好了。

13.2　程序原理

在正式进入开发之前，为使读者对整个系统的程序原理有一个总体了解，以及在 13.3 节中讲开发过程的时候能够根据书上的指导顺利地试做，下面先按系统程序的工作流程介绍程序原理并给出相应的代码框架。

1．启动微服务

系统在运行时，首先在服务器上启动微服务，每个微服务都有自己唯一的服务端口，启动后就在这个端口上监听。本实训程序中的微服务都是以类（结构体）的形式定义的，其有一系列方法，不同方法对数据库执行不同的基本操作，代码框架如下：

```
import (
    ...
    "net/http"
    "net/rpc"                                   //Go 语言原生微服务包
)

type 服务类 struct {
}
func (s *服务类) 方法一(参数 1, 参数 2) error {
    ...
}
func (s *服务类) 方法二(参数 1, 参数 2) error {
    ...
}
...
func main() {
    微服务 := new(服务类)
    rpc.Register(微服务)
    rpc.HandleHTTP()
    log.Println("微服务运行中...")
    if err := http.ListenAndServe(":微服务端口", nil); err != nil {
        log.Println("微服务启动失败：", err)
        return
    }
}                                               //启动微服务并开始监听
```

2．启动客户端代理

客户端代理程序也位于服务器上，它是 PHP 客户端与 Go 语言微服务之间交互沟通的“桥梁”。客户端代理启动后在一个服务器公开的 TCP 端口（本系统设为 127.0.0.1:9600）上监听，它为到来的每个客户端请求都开启一个专门的处理协程，代码框架如下：

```
func handleRequest(conn net.TCPConn) {      //处理客户端请求的协程函数
    ...
}
...
func main() {
```

```
    addr, _ := net.ResolveTCPAddr("tcp", "127.0.0.1:9600")
    listener, _ := net.ListenTCP("tcp", addr)
    defer listener.Close()
    log.Println("客户端代理已开启。")
    for {
        conn, _ := listener.AcceptTCP()
        go handleRequest(*conn)            //启动协程
    }
}
```

3. 客户端发送命令

PHP 程序通过 Socket 向服务器公开的 TCP 端口发起请求，传递一个固定长度（6 个字符）的数据操作命令，代码框架如下：

```
<?php
    ...
    $socket = socket_create(AF_INET, SOCK_STREAM, SOL_TCP);
                                                //创建 Socket
    socket_connect($socket, '127.0.0.1', 9600);
    socket_write($socket, "命令字符串", 6);  //发送命令
    ...
    socket_close($socket);                      //关闭 Socket
?>
```

说明：

（1）为了能在 PHP 编程中使用 Socket 功能，需要打开 PHP 的 Socket 扩展，方法是在 PHP 的配置文件 php.ini 中找到下面这行语句并去掉前面的分号：

```
;extension=sockets
```

修改完成后保存文件，重启 Apache 服务。

（2）本程序中定义的几种客户端发送的命令字符串及其含义如表 13.4 所示。

表 13.4　客户端发送的命令字符串及其含义

命令字符串	含　义
INSERT	录入
DELETE	删除
UPDATE	修改
SELECT	查询
SWKCCJ	显示课程成绩
SWXSZP	显示学生照片

当然，读者在编程时也可根据自己的需要定义更多、更丰富的命令字符串来扩展系统功能。

4. 代理接收命令

代理在收到客户端发来的命令后，根据命令字符串的不同含义在处理函数 handleRequest 中启动不同的接收协程，代码框架如下：

```
func handleRequest(conn net.TCPConn) {
    dml := make([]byte, 6)
    len, _ := conn.Read(dml)
```

```
        switch strings.Trim(string(dml[:len]), "\r\n") {
        case "INSERT":
            go acceptInsert(conn)
        case "DELETE":
            go acceptDelete(conn)
        case "UPDATE":
            go acceptUpdate(conn)
        case "SELECT":
            go acceptSelect(conn)
        case "SWKCCJ":
            go acceptShowKcCj(conn)
        case "SWXSZP":
            go acceptShowXsZp(conn)
        }
    }
```

可见，每个接收协程都有其对应的形如“acceptXxx”名称的协程函数，这些函数的代码框架都一样：

```
    func acceptXxx(conn net.TCPConn) {
        defer conn.Close()
        addr, _ := net.ResolveTCPAddr("tcp", "127.0.0.1:接收端口")
        listener, err := net.ListenTCP("tcp", addr)
        defer listener.Close()
        if err == nil {
            log.Println("接收...")                    //输出日志
            conn.Write([]byte("OK"))                  //接收时返回 OK
            for {
                连接, _ := listener.AcceptTCP()
                go startXxx(*连接)
                break
            }
        } else {
            conn.Write([]byte("No"))                  //不接收时返回 No
        }
    }
```

说明：

（1）协程会另开一个接收端口以继续监听客户端接下来的动作，为避免冲突，每种命令字符串的接收端口都不一样，如表 13.5 所示。

表 13.5　服务器上各种命令字符串的接收端口

命令字符串	接 收 端 口
INSERT	9620
DELETE	9621
UPDATE	9622
SELECT	9623
SWKCCJ	9630
SWXSZP	9631

（2）一旦接收协程被成功开启，代理程序就会马上向客户端返回一个“OK”应答，通知客户端程序可以进行下一步操作了。

5．客户端传递数据

在命令被接收后，下一步操作则是由客户端向服务器传递数据，这个数据可以是简单参数（如要查询的学生姓名），也可以是完整信息记录（如要录入学生的各项信息）。

若是前者，则以字符串直接发送即可：

```
$socket = socket_create(AF_INET, SOCK_STREAM, SOL_TCP);
socket_connect($socket, '127.0.0.1', 接收端口);
socket_write($socket, 数据, strlen(数据));
```

若是后者，则需要先将其编码为 JSON 数据再传输：

```
$socket = socket_create(AF_INET, SOCK_STREAM, SOL_TCP);
socket_connect($socket, '127.0.0.1', 接收端口);
JSON 数据 = json_encode(数据);                    //编码为 JSON 数据
socket_write($socket, JSON 数据, strlen(JSON 数据));
```

6．代理调用微服务

服务器上的代理程序在收到客户端传来的数据后，访问微服务端口，调用微服务的特定方法来完成所需的业务功能。在调用方法时，它会将从客户端得到的数据作为方法的参数传入调用接口，并用一个匹配的模型来接收微服务的执行结果。

调用微服务方法的函数名称形如“startXxx”，且具有相同的代码结构，代码框架如下：

```
func startXxx(连接 net.TCPConn) {
    defer 连接.Close()
    数据 := make([]byte, 长度)
    len, _ :=连接.Read(数据)
    var reply util.模型类                          //模型用于接收微服务的执行结果
    client, _ := rpc.DialHTTP("tcp", ":微服务端口")
    client.Call("服务类.方法名", 数据[:len], &reply)
                                                   //调用微服务方法
    log.Println("...")                             //输出日志
    JSON 数据, _ := json.MarshalIndent(reply, " ", " ")
    连接.Write(JSON 数据)
}
```

注意： 从模型接收的执行结果也需要编码为 JSON 数据才能返回客户端。

7．微服务执行操作

最终由微服务对数据库执行操作。微服务中执行操作的方法也都具有相同的代码结构，方法的入口为固定的两个参数，第 1 个是来自客户端（经由代理传入）的数据，若为 JSON 数据，则需要先解码；第 2 个是模型，用于存储接收或将要返回客户端的结果数据。

代码框架如下：

```
import (
    "XscjServer/util"                              //引用模型
```

```
    "database/sql"
    "encoding/json"                              //使用 JSON 编码库
    _ "git***.com/go-sql-driver/mysql"           //MySQL 驱动程序
    "log"
    ...
    "net/http"
    "net/rpc"                                    //Go 语言原生微服务包
)

func (s *服务类) 方法(JSON 数据 []byte, 模型 *util.模型类) error {
    mydb, _ := sql.Open("mysql", "root:123456@tcp(127.0.0.1:3306)/pxscj")
    defer mydb.Close()
    json.Unmarshal(JSON 数据, &模型)              //JSON 数据需要先解码
    mydb.Exec(含参数?的 SQL 语句, 模型.字段, ...)
                                                 //执行操作
    log.Println("执行...操作。")                  //记录操作日志
    rs, _ := mydb.Query(SELECT 语句)
    defer rs.Close()
    for rs.Next() {
        rs.Scan(&模型.字段, ...)                  //结果数据被存放在模型中返回
    }
    return nil
}
```

在系统运行过程中，代理程序会随时在命令行中输出交互日志，微服务程序也会记录下自己的操作日志，让用户能很容易地看清楚后台的工作过程。例如，在执行学生信息查询功能时服务器端程序输出的日志信息如图 13.29 所示。

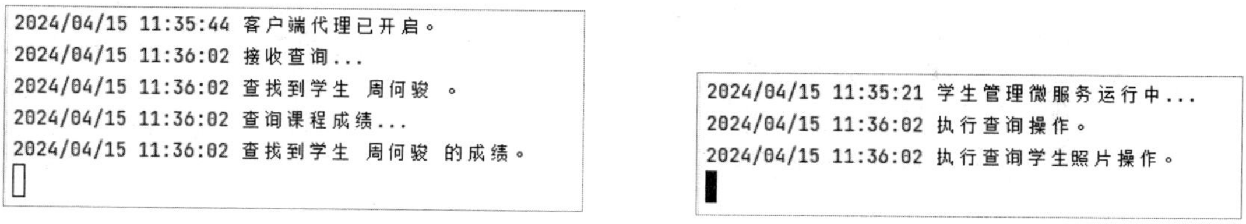

```
2024/04/15 11:35:44 客户端代理已开启。
2024/04/15 11:36:02 接收查询...
2024/04/15 11:36:02 查找到学生 周何骏 。
2024/04/15 11:36:02 查询课程成绩...
2024/04/15 11:36:02 查找到学生 周何骏 的成绩。
```

代理程序输出

```
2024/04/15 11:35:21 学生管理微服务运行中...
2024/04/15 11:36:02 执行查询操作。
2024/04/15 11:36:02 执行查询学生照片操作。
```

微服务程序输出

图 13.29　服务器端程序输出的日志信息

8. 返回客户端处理

微服务操作所生成的结果数据以 JSON 数据的形式存储在模型中经由代理转发，返回客户端，在 PHP 代码中对结果数据进行解析，并用会话传到页面上显示出来，所用代码语句如下：

```
$response = socket_read($socket, 长度);
$data = json_decode($response);                  //解码 JSON 数据
$_SESSION['变量'] = $data->字段;
...
echo "<script>alert('提示消息');location.href='PHP 页面';</script>";
```

以上 8 步就是整个系统程序的工作流程和原理，下面正式进入开发阶段。

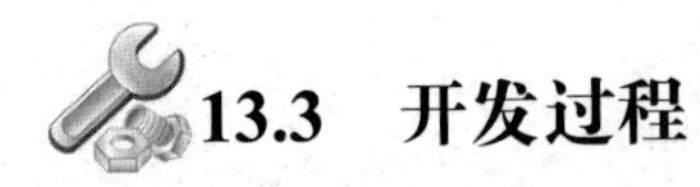

13.3 开发过程

13.3.1 系统主页设计

1. 主页

本系统主页采用框架网页实现，下面先给出各客户端页面的 HTML 源代码。

1）启动页

启动页为 index.html，代码如下：

```
<html>
<head>
    <title>学生成绩管理系统</title>
</head>
<body topMargin="0" leftMargin="0" bottomMargin="0" rightMargin="0">
 <table width="675" border="0" align="center" cellpadding="0" 
cellspacing="0" style="width: 778px; ">
    <tr>
        <td>
            <img src="images/学生成绩管理系统.gif" width="790" height="97">
        </td>
    </tr>
    <tr>
        <td>
        <iframe src="main_frame.html" width="790" height="313"></iframe>
        </td>
    </tr>
    <tr>
        <td><img src="images/底端图片.gif" width="790" height="32"></td>
    </tr>
  </table>
 </body>
 </html>
```

启动页分为上、中、下三部分，其中，上、下两部分都只有一张图片，中间部分为一个框架页（加粗代码为源文件名），在运行时往框架页中加载具体的导航页和相应功能页。

2）框架页

框架页为 main_frame.html，代码如下：

```
<html>
<head>
    <meta http-equiv="Content-type" content="text/html; charset=GB2312"/>
    <title>学生成绩管理系统</title>
</head>
<frameset cols="217,*">
    <frame frameborder=0 src="http://localhost/PhpClient/main.php" 
name="frmleft" scrolling="no" noresize>
```

```
        <frame frameborder=0 src="body.html" name="frmmain" scrolling="no"
noresize>
    </frameset>
    </html>
```

其中，加粗代码“http://localhost/PhpClient/main.php”是导航页的启动 URL，页面加载后位于框架左区。

框架右区则用于显示各个功能页，初始页面默认为 body.html，代码如下：

```
<html>
<head>
    <title>内容网页</title>
</head>
<body topMargin="0" leftMargin="0" bottomMargin="0" rightMargin="0">
    <img src="images/主页.gif" width="678" height="500">
</body>
</html>
```

这只是一个填充了背景图片的空白页，在运行时，系统会根据用户操作，往框架右区中动态加载不同功能的 PHP 页面来替换该页。

在项目根目录下创建 images 文件夹，在其中放入用到的 3 张图片资源：“学生成绩管理系统.gif”、“底端图片.gif”和“主页.gif”。

2．功能导航

本系统的导航页上有 3 个按钮，单击后可以分别进入“学生管理”、“课程管理”和“成绩管理”3 个不同的功能页。

在源文件 main.php 中实现导航页，代码如下：

```
<html>
<head>
    <title>功能选择</title>
</head>
<body bgcolor="D9DFAA">
    <table bgcolor="D9DFAA" width="200" height="85">
        <tr>
            <td align="center"><input type="button" value="学生管理"
             onclick=parent.frmmain.location="studentManage.php"></td>
        </tr>
        <tr>
            <td align="center"><input type="button" value="课程管理"
             onclick=parent.frmmain.location="courseManage.php"></td>
        </tr>
        <tr>
            <td align="center"><input type="button" value="成绩管理"
             onclick=parent.frmmain.location="scoreManage.php"></td>
        </tr>
    </table>
</body>
</html>
```

说明：加粗代码是 3 个导航按钮分别要定位到的 PHP 源文件：studentManage.php 用于实现

“学生管理”页面，courseManage.php 用于实现“课程管理”页面，scoreManage.php 用于实现“成绩管理”页面。

打开浏览器，在地址栏中输入 http://localhost/PhpClient/index.html，显示图 13.30 所示的页面。

图 13.30 “学生成绩管理系统”主页

13.3.2 学生管理

1. 客户端开发

本系统的 PHP 客户端页面按职能不同分为两类，即界面页与功能页，界面页只负责渲染网页效果，而功能页则负责与后台程序进行交互。

1）页面设计

“学生管理”页面如图 13.31 所示，它对应界面页 studentManage.php。

设计思路：

（1）将页面表单提交给功能页 studentAction.php。

（2）功能页 studentAction.php 对从后台得到的结果数据进行解析后通过 SESSION 会话返回并渲染在网页上，在页面表单中显示学生的各项信息。

（3）查询到的当前学生各门课程的成绩信息以表格<table></table>的形式输出到页面中显示。

（4）在 img 控件的 src 属性中访问功能页 showpicture.php，显示学生照片。

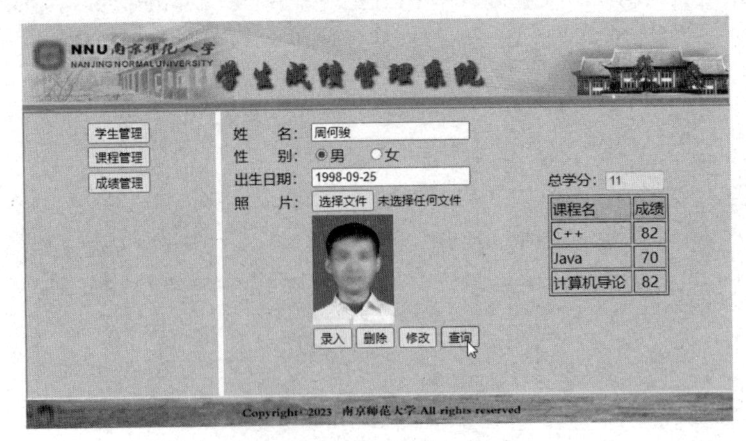

图 13.31 “学生管理”页面

界面页 studentManage.php 的代码如下：

```
<?php
    session_start();                                    //启动 SESSION 会话
?>
<html>
<head>
    <title>学生管理</title>
</head>
<body bgcolor="D9DFAA">
<?php
    //接收会话传回的变量值以便渲染页面
    $XM = $_SESSION['XM'];                              //姓名
    $XB = $_SESSION['XB'];                              //性别
    $CSSJ = $_SESSION['CSSJ'];                          //出生日期
    $ZXF = $_SESSION['ZXF'];                            //总学分
    $StuName = $_SESSION['StuName'];                    //姓名变量用于查找并显示照片
    $KCCJ = $_SESSION['KCCJ'];                          //课程成绩
?>
<form method="post" action="studentAction.php" enctype="multipart/form-
data">                                                  // (a)
    <table>
        <tr>
            <td>
                <table>
                    <tr>
                        <td>姓       名:
</td>                       <td><input type="text" name="xm"
                             value="<?php echo @$XM;?>"/></td>
                    </tr>
                    <tr>
                        <td>性       别:
</td>
                        <?php
                            if(@$XB == 1) { //变量值为 1 表示“男”
                        ?>
                        <td>
                            <input type="radio" name="xb" value="1"
                                                checked="checked">男
                               
                            <input type="radio" name="xb" value="0">女
                        </td>
                        <?php
                            }else {          //变量值为 0 表示“女”
                        ?>
                        <td>
                            <input type="radio" name="xb" value="1">男
                               
                            <input type="radio" name="xb" value="0"
```

```
                                    checked="checked">女
                    </td>
                    <?php
                        }
                    ?>
                </tr>
                <tr>
                    <td>出生日期：</td>
                    <td><input type="text" name="cssj"
                        value="<?php echo @$CSSJ;?>"/></td>
                </tr>
                <tr>
                    <td>照       片：
</td>                   <td><input name="photo" type="file"></td>
                </tr>
                <tr>
                    <td></td>
                    <td>
                    <?php
                        echo "<img src='showpicture.php?studentname=
$StuName&time=".time()."' width=90 height=120 />";          //(b)
                    ?>
                    </td>
                </tr>
                <tr>
                    <td></td>
                    <td>
                        <input name="btn" type="submit" value="录入">
                        <input name="btn" type="submit" value="删除">
                        <input name="btn" type="submit" value="修改">
                        <input name="btn" type="submit" value="查询">
                    </td>
                </tr>
            </table>
        </td>
        <td>
            <table>
                <tr>
                    <td>总学分：<input type="text" name="zxf" size="4"
                        value="<?php echo @$ZXF;?>" disabled/></td>
                </tr>
                <tr>
                    <td align="left">
                    <?php
                        //输出表格
                        echo "<table border=1>";
                        echo "<tr bgcolor=#CCCCC0>";
                    echo "<td>课程名</td><td align=center>成绩</td></tr>";
```

```
                                //遍历各门课程成绩结果集（为一个 JSON 数组）
                                foreach ($KCCJ->Kc_Cj as $item) {
                                    if ($item->Cj != 0) {
                                    echo "<tr><td>$item->Kcm </td><td
align=center>$item->Cj</td></tr>";              // (c)
                                    }
                                }
                                echo "</table>";
                            ?>
                            </td>
                        </tr>
                    </table>
                </td>
            </tr>
        </table>
    </form>
    </body>
    </html>
```

说明：

（a）<form method="post" action="studentAction.php" enctype="multipart/form-data">：当用户在“姓名”输入框中输入学生姓名后单击“查询”按钮，就可以将数据提交到功能页 studentAction.php 中，该功能页与后台代理程序交互，获取到该学生的信息数据，通过 SESSION 会话传回界面页 studentManage.php 后显示在页面表单中。

（b）echo "<img src='showpicture.php?studentname=$StuName&time=".time()."' width=90 height=120 />";：使用 img 控件调用功能页 showpicture.php 来显示照片，studentname 用于保存当前学生姓名值，time 函数用于产生一个时间戳，以防止服务器重复读取缓存中的内容。

功能页 showpicture.php 通过接收学生姓名值并传递给后台来查找该学生的照片并显示，其代码如下：

```
<?php
    //以 GET 方法从 studentManage.php 页面的 img 控件的 src 属性中获取学生姓名值
    $StuXm = $_GET['studentname'];
    $socket = socket_create(AF_INET, SOCK_STREAM, SOL_TCP);
    socket_connect($socket, '127.0.0.1', 9600);
                                                //连接服务器公开的 TCP 端口
    socket_write($socket, "SWXSZP", 6);         //发送“显示学生照片”命令字符串
    $response = socket_read($socket, 2);
    if ($response == 'OK') {
        $xszp_socket = socket_create(AF_INET, SOCK_STREAM, SOL_TCP);
        socket_connect($xszp_socket, '127.0.0.1', 9631);
        socket_write($xszp_socket, $StuXm, strlen($StuXm));
                                                //向该功能的接收端口传递学生姓名
        $response = socket_read($xszp_socket, 8192);
                                                //获取照片数据
        echo $response;                         //返回并输出照片
        socket_close($xszp_socket);
    } else {
```

```
        echo "服务器拒绝！";
      }
      socket_close($socket);
  ?>
```

（c）echo "<tr><td>$item->Kcm </td><td align=center>$item->Cj</td></tr>";：在表格中显示“课程名”和“成绩”信息。

2）功能实现

本实训的学生管理功能页由 studentAction.php 实现，该功能页以 POST 方法接收从界面页 studentManage.php 提交的表单数据，并向后台代理程序发送各种数据操作命令要求微服务对学生信息进行增、删、改、查等操作，同时将服务器返回的更新结果数据保存在 SESSION 会话中传回界面页加以显示。

学生管理功能页 studentAction.php 的代码如下：

```
  <?php
      include "studentManage.php";              //包含界面页 studentManage.php
      $StudentName = @$_POST['xm'];             //姓名
      $Sex = @$_POST['xb'];                     //性别
      $Birthday = @$_POST['cssj'];              //出生日期

      /**以下为各学生管理操作按钮的功能代码*/
      /**录入功能*/
      if(@$_POST["btn"] == '录入') {            //单击“录入”按钮
          $socket = socket_create(AF_INET, SOCK_STREAM, SOL_TCP);
          socket_connect($socket, '127.0.0.1', 9600);
                                                //连接服务器公开的 TCP 端口
          socket_write($socket, "INSERT", 6); //发送“录入”命令字符串
          $response = socket_read($socket, 2);
          if ($response == 'OK') {
              $insert_socket = socket_create(AF_INET, SOCK_STREAM, SOL_TCP);
              socket_connect($insert_socket, '127.0.0.1', 9620);
              $xs = array("Xm"=>$StudentName, "Xb"=>$Sex, "Cssj"=>$Birthday,
"Zxf"=>0);
              $jxs = json_encode($xs);
              socket_write($insert_socket, $jxs, strlen($jxs));
                                                //向录入功能的接收端口传递学生记录
              $response = socket_read($insert_socket, 1024);
              $data = json_decode($response);
              $_SESSION['XM'] = $data->Xm;
              $_SESSION['XB'] = $data->Xb;
              $_SESSION['CSSJ'] = $data->Cssj;
              $_SESSION['ZXF'] = $data->Zxf;
              echo "<script>alert('添加成功！');location.href=
'studentManage.php';</script>";
              socket_close($insert_socket);
          } else {
        echo "服务器拒绝！";
          }
          socket_close($socket);
```

```
        }

        /**删除功能*/
        if(@$_POST["btn"] == '删除') {             //单击“删除”按钮
            $socket = socket_create(AF_INET, SOCK_STREAM, SOL_TCP);
            socket_connect($socket, '127.0.0.1', 9600);
                                                   //连接服务器公开的 TCP 端口
            socket_write($socket, "DELETE", 6); //发送“删除”命令字符串
            $response = socket_read($socket, 2);
            if ($response == 'OK') {
                $delete_socket = socket_create(AF_INET, SOCK_STREAM, SOL_TCP);
                socket_connect($delete_socket, '127.0.0.1', 9621);
                socket_write($delete_socket, $StudentName, strlen($StudentName));
                                                   //向删除功能的接收端口传递学生姓名
                $response = socket_read($delete_socket, 1024);
                $data = json_decode($response);
                $_SESSION['XM'] = $data->Xm;
                $_SESSION['XB'] = $data->Xb;
                $_SESSION['CSSJ'] = $data->Cssj;
                $_SESSION['ZXF'] = $data->Zxf;
                echo "<script>alert('删除成功！');location.href=
'studentManage.php';</script>";
                socket_close($delete_socket);
            } else {
        echo "服务器拒绝！";
            }
            socket_close($socket);
        }

        /**修改功能*/
        if(@$_POST["btn"] == '修改') {             //单击“修改”按钮
            $_SESSION['StuName'] = $StudentName;//将用户输入的姓名用 SESSION 会话保存
            $socket = socket_create(AF_INET, SOCK_STREAM, SOL_TCP);
            socket_connect($socket, '127.0.0.1', 9600);
                                                   //连接服务器公开的 TCP 端口
            socket_write($socket, "UPDATE", 6); //发送“修改”命令字符串
            $response = socket_read($socket, 2);
            if ($response == 'OK') {
                $update_socket = socket_create(AF_INET, SOCK_STREAM, SOL_TCP);
                socket_connect($update_socket, '127.0.0.1', 9622);
                $xs = array("Xm"=>$StudentName, "Xb"=>$Sex, "Cssj"=>$Birthday);
                $jxs = json_encode($xs);
                socket_write($update_socket, $jxs, strlen($jxs));
                                                   //向修改功能的接收端口传递更新记录
                $response = socket_read($update_socket, 1024);
                $data = json_decode($response);
                $_SESSION['XM'] = $data->Xm;
                $_SESSION['XB'] = $data->Xb;
```

```
            $_SESSION['CSSJ'] = $data->Cssj;
            $_SESSION['ZXF'] = $data->Zxf;
            echo "<script>alert('修改成功！');location.href=
'studentManage.php';</script>";
            socket_close($update_socket);
        } else {
    echo "服务器拒绝！";
        }
        socket_close($socket);
    }

    /**查询功能*/
    if(@$_POST["btn"] == '查询') {              //单击“查询”按钮
        $_SESSION['StuName'] = $StudentName;//将姓名传给其他页面
        $socket = socket_create(AF_INET, SOCK_STREAM, SOL_TCP);
        socket_connect($socket, '127.0.0.1', 9600);
                                                //连接服务器公开的 TCP 端口
        socket_write($socket, "SELECT", 6); //发送“查询”命令字符串
        $response = socket_read($socket, 2);
        if ($response == 'OK') {
            $select_socket = socket_create(AF_INET, SOCK_STREAM, SOL_TCP);
            socket_connect($select_socket, '127.0.0.1', 9623);
            socket_write($select_socket, $StudentName, strlen($StudentName));
                                                //向查询功能的接收端口传递学生姓名
            $response = socket_read($select_socket, 1024);
            $data = json_decode($response);
            $_SESSION['XM'] = $data->Xm;
            $_SESSION['XB'] = $data->Xb;
            $_SESSION['CSSJ'] = $data->Cssj;
            $_SESSION['ZXF'] = $data->Zxf;
            socket_close($select_socket);
        } else {
    echo "服务器拒绝！";
        }
        socket_close($socket);
        //下面开始查询该学生的成绩
        $socket = socket_create(AF_INET, SOCK_STREAM, SOL_TCP);
        socket_connect($socket, '127.0.0.1', 9600);
                                                //连接服务器公开的 TCP 端口
        socket_write($socket, "SWKCCJ", 6); //发送“显示课程成绩”命令字符串
        $response = socket_read($socket, 2);
        if ($response == 'OK') {
            $kccj_socket = socket_create(AF_INET, SOCK_STREAM, SOL_TCP);
            socket_connect($kccj_socket, '127.0.0.1', 9630);
            socket_write($kccj_socket, $StudentName, strlen($StudentName));
                                                //向该功能的接收端口传递学生姓名
            $response = socket_read($kccj_socket, 1024);
            $data = json_decode($response);
```

```
            $_SESSION['KCCJ'] = $data;
            echo "<script>location.href='studentManage.php';</script>";
            socket_close($kccj_socket);
        } else {
    echo "服务器拒绝！";
        }
        socket_close($socket);
    }
?>
```

2. 代理程序开发

在服务器端，代理程序负责直接与客户端的功能页交互，它能根据功能页发送的命令，调用不同微服务的对应方法。

ClientProxy.go 用于实现代理程序，其代码如下：

```
package main
import (
    "XscjServer/util"
    "encoding/json"
    "log"
    "net"
    "net/rpc"
    "strings"
)

func handleRequest(conn net.TCPConn) {
    dml := make([]byte, 6)
    len, _ := conn.Read(dml)
    switch strings.Trim(string(dml[:len]), "\r\n") {
    case "INSERT":
        go acceptInsert(conn)
    case "DELETE":
        go acceptDelete(conn)
    case "UPDATE":
        go acceptUpdate(conn)
    case "SELECT":
        go acceptSelect(conn)
    case "SWKCCJ":
        go acceptShowKcCj(conn)
    case "SWXSZP":
        go acceptShowXsZp(conn)
    }
}

func acceptInsert(conn net.TCPConn) {        //“录入”命令的接收协程
    defer conn.Close()
    addr, _ := net.ResolveTCPAddr("tcp", "127.0.0.1:9620")
    listener, err := net.ListenTCP("tcp", addr)
```

```
    defer listener.Close()
    if err == nil {
        log.Println("接收录入...")
        conn.Write([]byte("OK"))
        for {
            insconn, _ := listener.AcceptTCP()
            go startInsert(*insconn)
            break
        }
    } else {
        conn.Write([]byte("No"))
    }
}

func startInsert(insconn net.TCPConn) {     //调用学生管理微服务的Add方法
    defer insconn.Close()
    jxs := make([]byte, 1024)
    len, _ := insconn.Read(jxs)
    var reply util.Xs
    client, _ := rpc.DialHTTP("tcp", ":8086")
    client.Call("StudentService.Add", jxs[:len], &reply)
    log.Println("录入学生", reply.Xm, "完毕！")
    jsondata, _ := json.MarshalIndent(reply, " ", " ")
    insconn.Write(jsondata)
}

func acceptDelete(conn net.TCPConn) {       //“删除”命令的接收协程
    defer conn.Close()
    addr, _ := net.ResolveTCPAddr("tcp", "127.0.0.1:9621")
    listener, err := net.ListenTCP("tcp", addr)
    defer listener.Close()
    if err == nil {
        log.Println("允许删除...")
        conn.Write([]byte("OK"))
        for {
            delconn, _ := listener.AcceptTCP()
            go startDelete(*delconn)
            break
        }
    } else {
        conn.Write([]byte("No"))
    }
}

func startDelete(delconn net.TCPConn) {     //调用学生管理微服务的Remove方法
    defer delconn.Close()
    xm := make([]byte, 12)
    len, _ := delconn.Read(xm)
```

```
        var reply util.Xs
        client, _ := rpc.DialHTTP("tcp", ":8086")
        client.Call("StudentService.Remove", strings.Trim(string(xm[:len]),
"\r\n"), &reply)
        log.Println("已删除学生", strings.Trim(string(xm[:len]), "\r\n"), "。")
        jsondata, _ := json.MarshalIndent(reply, " ", " ")
        delconn.Write(jsondata)
    }

    func acceptUpdate(conn net.TCPConn) {              //“修改”命令的接收协程
        defer conn.Close()
        addr, _ := net.ResolveTCPAddr("tcp", "127.0.0.1:9622")
        listener, err := net.ListenTCP("tcp", addr)
        defer listener.Close()
        if err == nil {
            log.Println("允许修改...")
            conn.Write([]byte("OK"))
            for {
                updconn, _ := listener.AcceptTCP()
                go startUpdate(*updconn)
                break
            }
        } else {
            conn.Write([]byte("No"))
        }
    }

    func startUpdate(updconn net.TCPConn) {            //调用学生管理微服务的 Modify 方法
        defer updconn.Close()
        jxs := make([]byte, 1024)
        len, _ := updconn.Read(jxs)
        var reply util.Xs
        client, _ := rpc.DialHTTP("tcp", ":8086")
        client.Call("StudentService.Modify", jxs[:len], &reply)
        log.Println("修改学生", reply.Xm, "成功！")
        jsondata, _ := json.MarshalIndent(reply, " ", " ")
        updconn.Write(jsondata)
    }

    func acceptSelect(conn net.TCPConn) {              //“查询”命令的接收协程
        defer conn.Close()
        addr, _ := net.ResolveTCPAddr("tcp", "127.0.0.1:9623")
        listener, err := net.ListenTCP("tcp", addr)
        defer listener.Close()
        if err == nil {
            log.Println("接收查询...")
            conn.Write([]byte("OK"))
            for {
```

```
            selconn, _ := listener.AcceptTCP()
            go startSelect(*selconn)
            break
        }
    } else {
        conn.Write([]byte("No"))
    }
}

func startSelect(selconn net.TCPConn) {          //调用学生管理微服务的 Query 方法
    defer selconn.Close()
    xm := make([]byte, 12)
    len, _ := selconn.Read(xm)
    var reply util.Xs
    client, _ := rpc.DialHTTP("tcp", ":8086")
    client.Call("StudentService.Query", strings.Trim(string(xm[:len]),
"\r\n"), &reply)
    if reply.Xm != "" {
        log.Println("查找到学生", reply.Xm, "。")
    } else {
        log.Println("不存在学生", strings.Trim(string(xm[:len]), "\r\n"), "。")
    }
    jsondata, _ := json.MarshalIndent(reply, " ", " ")
    selconn.Write(jsondata)
}

func acceptShowKcCj(conn net.TCPConn) {          //"显示课程成绩"命令的接收协程
    defer conn.Close()
    addr, _ := net.ResolveTCPAddr("tcp", "127.0.0.1:9630")
    listener, err := net.ListenTCP("tcp", addr)
    defer listener.Close()
    if err == nil {
        log.Println("查询课程成绩...")
        conn.Write([]byte("OK"))
        for {
            selconn, _ := listener.AcceptTCP()
            go startShowKcCj(*selconn)
            break
        }
    } else {
        conn.Write([]byte("No"))
    }
}

func startShowKcCj(selconn net.TCPConn) {  //调用成绩管理微服务的 QueryKcCj 方法
    defer selconn.Close()
    xm := make([]byte, 12)
    len, _ := selconn.Read(xm)
```

```
        var reply util.KcCj
        client, _ := rpc.DialHTTP("tcp", ":8088")
        client.Call("ScoreService.QueryKcCj", strings.Trim(string(xm[:len]),
"\r\n"), &reply)
        if reply.Kc_Cj[0].Xm != "" {
            log.Println("查找到学生", reply.Kc_Cj[0].Xm, "的成绩。")
        } else {
            log.Println("无成绩记录。")
        }
        jsondata, _ := json.MarshalIndent(reply, " ", " ")
        selconn.Write(jsondata)
    }

    func acceptShowXsZp(conn net.TCPConn) {          //“显示学生照片”命令的接收协程
        defer conn.Close()
        addr, _ := net.ResolveTCPAddr("tcp", "127.0.0.1:9631")
        listener, err := net.ListenTCP("tcp", addr)
        defer listener.Close()
        if err == nil {
            conn.Write([]byte("OK"))
            for {
                selconn, _ := listener.AcceptTCP()
                go startShowXsZp(*selconn)
                break
            }
        } else {
            conn.Write([]byte("No"))
        }
    }

    func startShowXsZp(selconn net.TCPConn) {  //调用学生管理微服务的 QueryXsZp 方法
        defer selconn.Close()
        xm := make([]byte, 12)
        len, _ := selconn.Read(xm)
        var reply util.XsZp
        client, _ := rpc.DialHTTP("tcp", ":8086")
        client.Call("StudentService.QueryXsZp", strings.Trim(string(xm[:len]),
"\r\n"), &reply)
        selconn.Write(reply.Zp)
    }

    func main() {
        addr, _ := net.ResolveTCPAddr("tcp", "127.0.0.1:9600")
        listener, _ := net.ListenTCP("tcp", addr)
        defer listener.Close()
        log.Println("客户端代理已开启。")
        for {
            conn, _ := listener.AcceptTCP()
```

```
        go handleRequest(*conn)
    }
}
```

3. 微服务开发

1）学生管理微服务

系统底层对学生信息（包括其照片）的增、删、改、查操作由学生管理微服务 StudentService 完成。

学生管理微服务的源文件是 StudentServer.go，其代码如下：

```
package main
import (
    "XscjServer/util"
    "database/sql"
    "encoding/json"
    _ "git***.com/go-sql-driver/mysql"
    "log"
    "net/http"
    "net/rpc"
)

type StudentService struct {                    //学生管理微服务类
}

//执行录入功能的方法
func (s *StudentService) Add(jxs []byte, xs *util.Xs) error {
    mydb, _ := sql.Open("mysql", "root:123456@tcp(127.0.0.1:3306)/pxscj")
    defer mydb.Close()
    json.Unmarshal(jxs, &xs)
    mydb.Exec("INSERT INTO xs VALUES(?, ?, ?, ?, NULL, NULL)", xs.Xm, xs.Xb,
xs.Cssj, xs.Zxf)
    log.Println("执行录入操作。")
    rs, _ := mydb.Query("SELECT xm,xb,cssj,zxf FROM xs WHERE xm = '" + xs.Xm
+ "'")
    defer rs.Close()
    for rs.Next() {
        rs.Scan(&xs.Xm, &xs.Xb, &xs.Cssj, &xs.Zxf)
    }
    return nil
}

//执行删除功能的方法
func (s *StudentService) Remove(xm string, xs *util.Xs) error {
    mydb, _ := sql.Open("mysql", "root:123456@tcp(127.0.0.1:3306)/pxscj")
    defer mydb.Close()
    mydb.Exec("DELETE FROM xs WHERE xm = '" + xm + "'")
    log.Println("执行删除操作。")
    rs, _ := mydb.Query("SELECT xm,xb,cssj,zxf FROM xs WHERE xm = '" + xm + "'")
```

```
	defer rs.Close()
	for rs.Next() {
		rs.Scan(&xs.Xm, &xs.Xb, &xs.Cssj, &xs.Zxf)
	}
	return nil
}

//执行修改功能的方法
func (s *StudentService) Modify(jxs []byte, xs *util.Xs) error {
	mydb, _ := sql.Open("mysql", "root:123456@tcp(127.0.0.1:3306)/pxscj")
	defer mydb.Close()
	json.Unmarshal(jxs, &xs)
	mydb.Exec("UPDATE xs SET xb = ?, cssj = ? WHERE xm = ?", xs.Xb, xs.Cssj,
xs.Xm)
	log.Println("执行修改操作。")
	rs, _ := mydb.Query("SELECT xm,xb,cssj,zxf FROM xs WHERE xm = '" + xs.Xm
+ "'")
	defer rs.Close()
	for rs.Next() {
		rs.Scan(&xs.Xm, &xs.Xb, &xs.Cssj, &xs.Zxf)
	}
	return nil
}

//执行查询功能的方法
func (s *StudentService) Query(xm string, xs *util.Xs) error {
	mydb, _ := sql.Open("mysql", "root:123456@tcp(127.0.0.1:3306)/pxscj")
	defer mydb.Close()
	rs, _ := mydb.Query("SELECT xm,xb,cssj,zxf FROM xs WHERE xm = '" + xm + "'")
	log.Println("执行查询操作。")
	defer rs.Close()
	for rs.Next() {
		rs.Scan(&xs.Xm, &xs.Xb, &xs.Cssj, &xs.Zxf)
	}
	return nil
}

//执行显示学生照片功能的方法
func (s *StudentService) QueryXsZp(xm string, xszp *util.XsZp) error {
	mydb, _ := sql.Open("mysql", "root:123456@tcp(127.0.0.1:3306)/pxscj")
	defer mydb.Close()
	rs, _ := mydb.Query("SELECT zp FROM xs WHERE xm = '" + xm + "'")
	log.Println("执行查询学生照片操作。")
	defer rs.Close()
	for rs.Next() {
		rs.Scan(&xszp.Zp)
	}
	return nil
```

```
    }

    func main() {
        studentService := new(StudentService)
        rpc.Register(studentService)
        rpc.HandleHTTP()
        log.Println("学生管理微服务运行中...")
        if err := http.ListenAndServe(":8086", nil); err != nil {
            log.Println("学生管理微服务启动失败: ", err)
            return
        }
    }
```

2）成绩管理微服务

“学生管理”页面上需要显示该学生所修课程的成绩，而对课程成绩的操作是由另一个微服务（成绩管理微服务 ScoreService）负责的，该微服务类中有显示课程成绩的 QueryKcCj 方法。

成绩管理微服务的源文件是 ScoreServer.go，其代码如下：

```
package main
import (
    "XscjServer/util"
    "database/sql"
    _ "git***.com/go-sql-driver/mysql"
    "log"
    "net/http"
    "net/rpc"
)

type ScoreService struct {                    //成绩管理微服务类
}

//执行显示课程成绩功能的方法
func (s *ScoreService) QueryKcCj(xm string, kccj *util.KcCj) error {
    mydb, _ := sql.Open("mysql", "root:123456@tcp(127.0.0.1:3306)/pxscj")
    defer mydb.Close()
    rs, _ := mydb.Query("SELECT xm,kcm,cj FROM cj WHERE xm = '" + xm + "'")
    defer rs.Close()
    log.Println("执行查询操作。")
    i := 0
    for rs.Next() {
        rs.Scan(&kccj.Kc_Cj[i].Xm, &kccj.Kc_Cj[i].Kcm, &kccj.Kc_Cj[i].Cj)
        i++
    }
    return nil
}

func main() {
    scoreService := new(ScoreService)
    rpc.Register(scoreService)
```

```
        rpc.HandleHTTP()
        log.Println("成绩管理微服务运行中...")
        if err := http.ListenAndServe(":8088", nil); err != nil {
            log.Println("成绩管理微服务启动失败：", err)
            return
        }
}
```

3）模型类

学生管理微服务和成绩管理微服务直接通过与 MySQL 数据结构匹配的模型来操作 MySQL。本实训的模型类被定义为结构体，其代码位于项目 util 包的源文件 model.go 中，内容如下：

```
package util
type Xs struct {                                          //学生模型类
    Xm   string
    Xb   byte
    Cssj string
    Zxf  int
}

type Cj struct {                                          //成绩模型类
    Xm  string
    Kcm string
    Cj  int
}

type KcCj struct {                                        //课程成绩模型类
    Kc_Cj [10]Cj
}

type XsZp struct {                                        //学生照片模型类
    Zp []byte
}
```

说明：

（1）由于某个学生的所有课程成绩是一个成绩记录的集合，因此这里专门定义了一个课程成绩模型类。其 Kc_Cj 属性为一个课程成绩模型类对象的数组，这样就可以将同一个学生所修的全部课程成绩记录存放在一起，客户端解码后通过遍历数组得到每门课程的成绩信息。

（2）由于客户端对照片数据的获取途径独立于学生的其他信息项，因此这里将照片数据单独存储在一个学生照片模型类中，从而使前后端程序可以更为灵活地存取照片。

13.3.3　成绩与课程管理

“成绩管理”页面如图 13.32 所示，它对应界面页 scoreManage.php。

图 13.32 “成绩管理”页面

该页面使用脚本在初始时就从数据库 kc 表中查询出所有课程的名称并将其加载到“课程名”下拉列表中，以方便用户执行选择操作，运行时的效果如图 13.33 所示。

“课程管理”页面如图 13.34 所示，它对应界面页 courseManage.php。

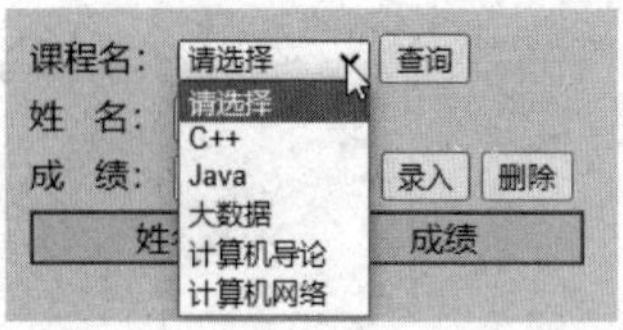

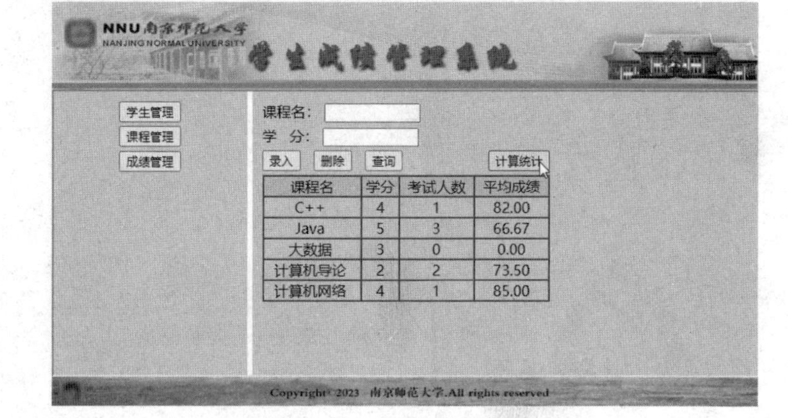

图 13.33 查询出所有课程的名称并将其加载到“课程名”下拉列表中

图 13.34 “课程管理”页面

该页面用于实现对课程信息的录入、删除和查询功能，该页面上有一个“计算统计”按钮，单击该按钮可统计每门课程的考试人数和平均成绩。

限于篇幅，成绩管理与课程管理功能的开发留给读者做练习。由上可见，成绩管理与课程管理的操作密不可分，都要频繁地访问数据库 kc 表和 cj 表，因此在后台可先用一个微服务实现相应功能，再由代理程序根据具体需求将结果数据分发到“成绩管理”与“课程管理”页面中。读者可仿照 13.3.2 节学生管理的设计思路定义各个功能的请求命令、接收端口，并在成绩管理微服务中编写底层操作数据库的方法。另外，为保证数据操作的安全性和一致性，对考试人数和平均成绩的统计可借助 MySQL 存储过程执行，具体内容读者可参考 MySQL 相关书籍或官方文档，本书不展开介绍。